# 压水堆核岛主系统安装与调试

刘永阔　晁　楠　主编
夏　虹　主审

哈尔滨工程大学出版社
Harbin Engineering University Press

## 内 容 简 介

本书内容共分 7 章,以国内现有的压水堆核电站为例,系统地介绍了压水堆核电厂的组成,以及核岛主系统安装与调试的基本概念和过程,重点阐述了压水堆核岛主系统和关键设备、核岛主系统工程的土建施工、核岛系统主设备的安装施工、项目施工管理与验收、压水堆核电厂的调试启动、压水堆核电厂的运行与维护等内容,力求全面反映我国压水堆核岛主系统安装与调试的整体过程,以及具体实施方案。

本书可作为高等院校核反应堆工程、核工程与核技术、核能科学与工程等相关专业的教材,也可作为从事核工程方面研究的科研人员、设计人员及高等院校其他相关专业的师生参考用书。

**图书在版编目(CIP)数据**

压水堆核岛主系统安装与调试 / 刘永阔,晁楠主编.
——哈尔滨:哈尔滨工程大学出版社,2020.12
ISBN 978 - 7 - 5661 - 2887 - 4

Ⅰ.①压…　Ⅱ.①刘…　②晁…　Ⅲ.①压水型堆 - 核电站 - 机械设备 - 安装②压水型堆 - 核电站 - 机械设备 - 调试方法　Ⅳ.①TM623.91

中国版本图书馆 CIP 数据核字(2020)第 251726 号

| | |
|---|---|
| 选题策划 | 刘凯元 |
| 责任编辑 | 卢尚坤　章　蕾 |
| 封面设计 | 李海波 |

| | |
|---|---|
| 出版发行 | 哈尔滨工程大学出版社 |
| 社　　址 | 哈尔滨市南岗区南通大街 145 号 |
| 邮政编码 | 150001 |
| 发行电话 | 0451 - 82519328 |
| 传　　真 | 0451 - 82519699 |
| 经　　销 | 新华书店 |
| 印　　刷 | 北京中石油彩色印刷有限责任公司 |
| 开　　本 | 787 mm × 1 092 mm　1/16 |
| 印　　张 | 18.25 |
| 字　　数 | 455 千字 |
| 版　　次 | 2020 年 12 月第 1 版 |
| 印　　次 | 2020 年 12 月第 1 次印刷 |
| 定　　价 | 49.00 元 |

http://www.hrbeupress.com
E-mail:heupress@ hrbeu.edu.cn

# 前　言

核能的利用对电力发展起到了极为重要的作用,它不仅能够解决能源短缺问题,也为实现清洁低碳的电力供应提供了选择。我国投入运行并建造的核电厂绝大部分采用了压水堆型,压水堆核岛主系统的安装与调试是核电厂投产前的一个工程阶段。在整个核电厂建造完成后,使安装好的系统和部件运转,并验证其性能是否满足设计要求和有关安全、运行准则,这也是区别于常规火力发电厂的关键环节。本书参考了大量压水堆核岛主系统安装与调试的经验,将压水堆核岛主系统的安装与调试进行了系统的整合,从安装与调试两大方向进行了详细的论述。

本书阐述了压水堆核电厂的组成、概念和我国核电厂的发展概况,详细介绍了压水堆核岛主系统和关键设备。以国内现有的压水堆核电站为例,系统地介绍了压水堆核岛主系统安装与调试的基本概念和过程,从核岛主系统工程的土建施工、核岛系统主设备的安装施工、项目施工管理与验收、压水堆核电厂的调试启动、压水堆核电厂的运行与维护等方面进行了重点介绍。

本书由刘永阔、晁楠主编,夏虹主审。第 1 章由晁楠编写,第 2~7 章由刘永阔编写。晁楠与研究生吴国华、陈志涛参与了书稿的整理及统编工作,在此表示感谢。本书在编写过程中参考了大量的国内外文献,在此向所引用书籍和论文的作者表示衷心的感谢。由于编者水平有限,书中不当之处恳请大家批评指正。

编　者

2020 年 11 月

# 目　　录

# 第1章 压水堆核电厂概述

## 1.1 压水堆核电厂的组成

### 1.1.1 核能发电基本原理

压水堆全称为加压轻水慢化冷却反应堆。压水堆核电厂的反应堆采用普通高纯水作慢化剂和冷却剂,以低富集度的二氧化铀为燃料,为了把反应堆的出口水温提高到300 ℃左右,必须将压力提高到14～16 MPa,以防止沸腾,所以称这种类型的反应堆为加压水反应堆,简称压水堆。

在压水堆核电厂中,反应堆的作用是进行核裂变,将核能转化成热能,水作为冷却剂流经堆芯,将堆内释放的热量通过反应堆冷却剂管道传到蒸汽发生器,在那里传递给二次侧的给水(二回路工质),使其成为饱和蒸汽。冷却剂在蒸汽发生器中被冷却后由主冷却剂泵打回反应堆重新加热,形成一个封闭的吸热和放热的循环流动过程,这个循环回路称为一回路,也是核蒸汽供应系统的主要部分,其功能是冷却堆芯并带走热量。由于一回路的主要设备是反应堆,所以通常将一回路及其辅助系统和厂房统称为核岛(nuclear island,NI)。

二回路工质(汽轮机工质)在蒸汽发生器中被加热成饱和蒸汽后进入汽轮机膨胀做功,将热能转变为机械能,带动发电机发电,把机械能转换为电能。做完功的蒸汽被排入冷凝器,由循环冷却水进行冷却,凝结成水后由凝结水泵送入加热器预加热,再经由给水泵输入蒸汽发生器,完成了汽轮机工质的封闭循环,此回路被称为二回路。二回路系统功能与常规蒸汽动力装置基本相同,所以将它及其辅助系统和厂房统称为常规岛(conventional island,CI)。

综上所述,核能发电实际是核能→热能→机械能→电能的能量转换过程。其中热能→机械能→电能的能量转换过程与常规火力发电厂的工艺过程基本相同,只是设备的技术参数略有不同。核反应堆的功能相当于常规火电厂的锅炉系统,只是由于流经堆芯的反应堆冷却剂带有放射性,不宜直接送入汽轮机,所以压水堆核电厂比常规火电厂多一套动力回路。压水堆核电厂流程原理如图1－1所示。

### 1.1.2 压水堆核电厂系统构成

1. 核岛系统

一回路系统通常由并联到反应堆的2～4条相同的传热环路组成,反应堆外壳是一个耐高压容器,被称为压力容器或压力壳,堆芯安装在其内部。每一条环路有一台反应堆冷却剂泵、一台蒸汽发生器和相应的反应堆冷却剂管道,与反应堆构成一条封闭的回路。整个一回路的运行压力由一台与其中一条环路热段连接的稳压器来维持,并控制其可能产生的压力波动。系统作为压力边界提供了一个防止在反应堆里产生放射性释放的屏障,并用来确保在核电厂整个寿期内的完整性。

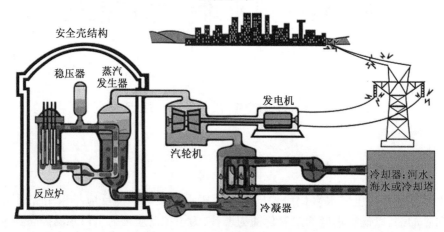

图1-1 压水堆核电厂流程原理

此外,核岛系统还包括一些安全系统和辅助系统,按照功能大体分为四类。

(1)专设安全系统

该系统在反应堆发生大量失水事故时可以自动投入,阻止事故的进一步发展扩大,保护反应堆的安全,同时防止放射性物质向大气中扩散。专设安全系统包括安全注入系统、安全壳喷淋系统、辅助给水系统、安全壳大气监测系统和安全壳隔离系统。

(2)核辅助系统

该系统保证反应堆和一回路正常启动、运行及停堆。核辅助系统主要包括化学和容积控制系统,反应堆硼和水补给系统,蒸汽发生器排污系统,核取样系统,核岛疏水排气系统,余热排出系统,反应堆换料水池与乏燃料水池冷却和处理系统,硼回收系统,设备冷却水系统,核燃料装卸、运输和储存系统等。

(3)三废处理系统

该系统回收和处理放射性废物以保护和监测环境。三废处理系统主要包括废气处理系统、废液处理系统、固体废物处理系统、核岛污水回收系统、放射性洗衣房系统等。

(4)电厂辅助系统

该系统包括采暖空调系统、水处理系统、压缩空气系统等常规系统。

2.常规岛系统

常规岛系统可划分为汽轮机回路、循环冷却水系统和电气系统三大部分。

(1)汽轮机回路

汽轮机回路的主要设备有汽轮机、汽水分离再热器、冷凝器、凝结水泵、低压加热器、除氧器、给水泵和高压加热器等。蒸汽发生器的出口饱和蒸汽进入汽轮机带动发电机发电,然后排入凝汽器,在凝汽器中由循环冷却水冷凝成凝结水,凝结水由凝结水泵经低压加热器加热后送入除氧器进行除氧,再由给水泵经高压加热器加热后输入蒸汽发生器,作为给水产生蒸汽循环使用。由于蒸汽发生器传热管将一、二回路隔离开,因此这个汽水循环回路中的水和蒸汽是不带放射性的。高、低压加热器的加热热源分别由汽轮机的高压缸和低压缸中间级抽汽提供。

由于汽轮机的进口蒸汽为饱和蒸汽,高压缸的排汽含有较多水分,为防止或降低蒸汽对汽轮机叶片的冲蚀作用,在高压缸和低压缸之间设置了汽水分离再热器,以分离高压缸排汽中的水分,并使进入低压缸的蒸汽变为微过热蒸汽。

为了在汽轮机大负荷瞬间变化或汽轮机紧急跳闸时使反应堆能维持适当负荷,不至于停堆,另外设置了蒸汽旁路系统,主蒸汽可由主蒸汽汽联箱直接通往凝汽器和除氧器或直接排向大气。

(2)循环冷却水系统

该系统亦称三回路,其主要功能是向凝汽器供给冷却水,确保汽轮机凝汽器的有效冷却。对于滨海核电厂,该系统是个开放式回路,循环水从海中抽取,流经凝汽器管路后,又流回海里。对于内陆核电厂,循环冷却水可以是封闭循环,通过冷却塔向大气排放热量。

(3)电气系统

电气系统包括发电机、励磁机、主变压器、厂用变压器等。发电机输出电压经主变压器升压后与主电网相连。在正常运行时,整个厂用设备的配电设备由发电机的输出电压经过厂用变压器降压供电,当发电机停机时则由主电网经过主变压器反向供电。若此时主电网失电,则由另一外部电网经过辅助变电器向厂内供电。当上述电源均发生故障不可用时,则由备用的柴油发电机组向厂内应急设备供电,以保障核电厂设备的安全。

### 1.1.3 厂房布置

1.总体布置

在核电厂设计中,厂房的布置一般分成三个区域:核岛、常规岛和核电厂配套设施(BOP)。核岛一般包括反应堆厂房、电气厂房、燃料厂房、核辅助厂房和应急柴油发电机厂房等。几乎所有与核安全有关的厂房均放置在核岛内。常规岛主要放置汽轮发电机厂房和与它相关的厂房。BOP是指与上述配套的厂房,如泵房、仓库、办公楼和生活用房等,其中联合泵房是核电厂中重要的构筑物,承担着核岛厂房和常规岛厂房的冷却水供应。在核电厂设计中,核岛厂房和BOP中的联合泵房是与核安全有关的。为了保证反应堆在事故情况下放射性物质不泄漏到大气中,在核岛的反应堆厂房中设置了安全壳,它是防泄漏的最后一道屏障。鉴于核岛厂房的重要性,要求核岛厂房比一般厂房的安全度要高,考虑的荷载作用要大、要多。例如,要考虑到飞机的撞击荷载、龙卷风产生的压力和飞射物等。地震的考虑也比普通建筑物大,要考虑厂区可能遭遇的最大地震震动。

2.核安全相关厂房的布置原则

核安全相关厂房在布置时应遵守下列原则:

(1)建筑物的布置要满足核电厂功能的要求。

(2)尽可能减少运输距离和工作人员步行距离。

(3)动力机组在相邻的动力机组发生事故时能正常运行。

(4)建筑物和结构物根据它们的安全功能进行分隔。

(5)结构物的功能是确保尽量减少外部极端事故对安全相关物项的效应,以及确保能承受设计基准事故和超设计基准事故所产生的效应。

3.核岛厂房及其功能

(1)反应堆厂房

反应堆厂房(RX)位于核岛中心,其他厂房围绕反应堆厂房布置。反应堆厂房主要放置核反应堆,一回路设备、换料水池和乏燃料储存水池也位于该厂房内。为了保证反应堆在事故情况下放射物质不泄漏到大气中,在核岛的反应堆厂房中设置了安全壳,它是防泄漏的最后一道屏障。以前,反应堆厂房大多设置单层安全壳,为了提高核电厂的安全性,现在大多设置双层安全壳。外层安全壳主要用来抵御外部的各种作用,如风荷载、爆炸冲击波、外部飞射物和飞机撞击等,一般多采用普通钢筋混凝土结构。内层安全壳主要用来抵御反应堆发生事故时的气体压力,防止放射性物质泄漏到周围环境中去,一般采用预应力混凝土结构或钢结构,为了密封,内层混凝土安全壳一般都带有钢衬里。

(2)电气厂房

电气厂房(LX)内主要集中了电力配电设备、仪表和控制设备,如配电盘、蓄电池、充电器/整流器、逆变器、继电器回路、控制柜、计算机等。主控室、应急停堆盘也布置在该厂房内。

(3)燃料厂房

燃料厂房(KX)内有新燃料和乏燃料的临时燃料储存池及相关的装卸设备。

(4)核辅助厂房

核辅助厂房(NX)内放置有一回路辅助系统的设备、气-水净化系统的设备、废物处理设备和控制区通风系统设备。

(5)应急柴油发动机厂房

应急柴油发动机厂房(DX)内放置多台柴油发动机,为核电厂全厂失去电源时提供电力。

4.常规岛厂房

常规岛厂房建构筑物主要包括:汽轮发电机厂房(简称"汽机房")、汽机房辅助间、辅助设备厂房、主变压器及辅助变压器区建构筑物。

(1)汽轮发电机厂房

在布置汽轮发电机厂房时要考虑到汽轮机飞射物撞击核岛厂房的潜在风险,应进一步计算核岛厂房群受汽轮机飞射物撞击的概率,以确定是否需要进行处理。如概率值表明必须考虑汽轮机飞射物撞击的作用,为了避免汽轮机高速旋转时叶片被撕裂形成的飞射物对核岛的影响,应加强防飞射物屏障,如将汽轮机和核岛之间的汽机房外墙的一定部位设置为防撞墙或在核岛厂房设计中加以考虑。

汽轮发电机厂房的柱距及跨度等尺寸按其工艺布置决定,汽轮发电机厂房结构形式与其工艺布置密切相关,不同的设备供应商有不同的设计方案和布置,一般分为全速机方案和半速机方案。半速机方案布置更为紧凑。

(2)汽机房辅助间

汽机房辅助间是汽轮发电机厂房的一部分。汽机房辅助间与汽轮发电机厂房主厅共用一列柱,其柱距和跨度等尺寸由工艺布置决定,辅助间共分四层,即底层、电缆夹层、通风间和除氧层。一般情况下,下部采用钢筋混凝土结构,上部采用钢结构,钢结构安装在下部钢筋混凝土结构上,采用螺栓连接。

各层楼板均采用以压型钢板为永久模板的现浇钢筋混凝土楼面板。运转层及以下支撑楼面板的梁采用现浇钢筋混凝土梁,运转层以上采用钢梁。

(3)辅助设备厂房

辅助设备厂房紧靠汽轮发电机厂房的外墙,包括润滑油传送间、通风设备间、树脂再生间。辅助设备厂房的建筑色调必须与汽轮发电机厂房、核岛及其他建构筑物协调一致。

辅助设备厂房均为单层厂房,各厂房框架为钢筋混凝土柱结构。

(4)主变压器及辅助变压器区建构筑物

主变压器及辅助变压器区的变压器基础和防火墙均为露天构筑物,每台变压器用钢筋混凝土防火墙隔开,并在周边设电镀钢栅栏。

5. BOP

BOP 建构筑物是指核电厂除核岛及常规岛厂房以外的建筑物及构筑物。它主要包括联合泵站、泵站辅助建筑、全范围模拟机培训楼、热机修车间和仓库、废水处理站、厂区实验室、废液储存罐、废物储存厂房、除盐水生产厂房、行政办公楼、厂区餐厅、重要厂用水取水管廊、综合技术廊道和浅沟等。

其中联合泵房是 BOP 中最重要的构筑物,它承担着核岛厂房和常规岛厂房的冷却水供应任务。在核电厂设计中联合泵房是与核安全有关的构筑物。

6. 国内某核电厂核岛平面布置图

国内某核电厂核岛平面布置图如图 1 - 2 所示;国内某核电厂核岛厂房三维图如图 1 - 3 所示。

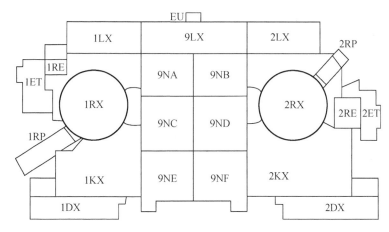

ET—停堆用更衣室;RE—辅助给水储存罐;RP—核岛龙门架;
9NA、9NB、9NC、9ND、9NE、9NF—核辅助厂房(NX 中 X 包括在 A、B、C、D、E、F),
其中 9 代表 1,2 号核反应堆的公用区域。

**图 1 - 2 某核电厂核岛平面布置图**

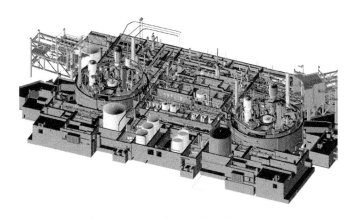

**图 1 - 3 某核电厂核岛厂房三维图**

## 1.2　核电厂运行的特点

核电厂运行的基本原则和常规火力发电厂一样,都是根据电厂负荷量来调节"锅炉"的发热量,使得热功率与电负荷相平衡。核电厂与火力发电厂的不同之处在于核电厂是以原子核裂变时产生的能量作为能源。因此,核电厂中供应蒸汽的"锅炉"就是由反应堆、冷却剂回路系统及其辅助系统所组成的核蒸汽供应系统。这样,在控制和运行操作上也就带来一些与常规火力发电厂不同的特殊问题,主要有下列几点:

(1)在火力发电厂中,可以连续不断地向锅炉供给燃料,而压水堆核电厂的反应堆,却只能对堆芯一次装料,定期停堆换料。因此在堆芯换新料后初期,过剩反应性往往很大,在现代压水堆中,对堆芯反应性的控制调节已普遍采用棒束型控制棒组件和溶于冷却剂中的化学"毒物"——硼酸相结合的方法。反应堆冷却剂中加入硼酸以后,会给一回路系统及其辅助系统的运行和控制带来一定的复杂性。

(2)反应堆的堆芯内,核燃料发生裂变反应释放核能的同时,也放出瞬发中子和瞬发 γ 射线。由于裂变产物的积累,以及堆内构件、压力容器等受中子的辐照而活化,所以反应堆不管在运行中或停闭后,都有很强的放射性,运行时要注意防止事故的发生,特别要防止放射性物质的外逸而污染环境。从维修上来说,放射性也带来了很多常规火力发电厂所没有的特殊问题。

(3)反应堆在停闭后,运行过程中积累起来的裂变碎片的 β、γ 衰变,将使堆芯产生剩余发热,即衰变热,因此堆停闭后不能立即停止冷却,否则有燃料元件因过热而烧毁的危险。即使在核电厂长时间停闭情况下,也必须继续除去衰变热。当核电厂发生停电、一回路管道破裂等重大事故时,事故电源、应急堆芯冷却系统应立即自动投入使用,做到在任何情况下保证反应堆有冷却。

(4)核电厂在运行过程中,会产生气体、液体及固体放射性废物,它们的处理和贮存问题在火力发电厂中是不存在的。为了确保工作人员和居民的健康,经过处理的放射性废物向周围环境中排放时,必须严格遵照国家的放射防护规定,力求降低排放物的放射性水平。

(5)与火力发电厂相比,核电厂的建设费用高,但燃料所需费用较为便宜,为了提高经济性,极为重要的是要维持高的电厂利用率,为此:①应在额定功率或尽可能接近额定功率的工况下连续运行;②尽可能缩短电厂的停闭时间。

## 1.3　核电厂安全设计常用概念

### 1.3.1　安全目标和纵深防御概念

1.核电厂安全目标

总的核安全目标是在核电厂中建立并保持对放射性危害的有效防御,以保护人员、社会和环境免受危害。

总的核安全目标包括辐射防护目标和技术安全目标,这两个目标互相补充、相辅相成,技术措施与管理性和程序性措施一起保证对电离辐射危害的防御。

（1）辐射防护目标

辐射防护目标是保证在所有运行状态下核电厂内的辐射照射或由于该核电厂任何计划排放放射性物质引起的辐射照射保持低于规定限值并且合理可行、尽量低，保证减轻任何事故的放射性后果。

（2）技术安全目标

技术安全目标是采取一切合理可行的措施防止核电厂事故，并在发生事故时减轻其后果；对于在设计该核电厂时考虑过的所有可能事故，包括概率很低的事故，要以高可信度保证任何放射性后果尽可能小且低于规定限值；保证有严重放射性后果的事故发生的概率极低。

2. 纵深防御原则

纵深防御原则是核电厂设计、运行总的指导思想，即在核电厂设计中，设置重叠的多层次保护措施，使得核电厂安全功能在即使某一层次防御失效时，其功能也将得到其他层次的补偿或纠正。纵深防御原则在核电厂设计中有两种应用。

第一种应用为设置多层次的工程设施，以防止事故的发生或在状态偏离正常时提供适当的纠正措施。一旦发生事故，有缓解措施将事故的后果限制在一定范围内，以确保核电厂事故下的放射性危害尽可能低。核电厂一般有五个层次的安全保护：第一层次，稳妥保守的设计，高质量的建造和运行，保证电站正常运行，防止偏离和系统失效；第二层次，监测和纠正对正常运行工况的偏离，防止预计运行事件升级为事故工况；第三层次，设置专用安全系统，制定运行规程防止或尽量减少假设始发事件所造成的损坏，同时提供固有安全特性、失效安全设计、附加的设备和规程控制这些事件的后果，并使核电厂达到稳定的可接受状态；第四层次，运用防止事故进一步发展的补充措施和规程，以及选定的严重事故的缓解措施来保护反应堆的放射性包容功能，并保证放射性释放尽可能低；第五层次，采用厂外应急对策保护和缓解事故后果对周围居民及环境的影响。作为一个基本要求，任何时候各防御层次必须按照不同的运行方式的规定——齐备，在缺少一个防御层次，而其他防御层次虽然存在，但是继续运行也没有足够的基础了。

第二种应用是设置多道实体屏障，防止放射性产物外逸。这些屏障包括燃料本身、燃料元件包壳、反应堆冷却剂系统压力边界和安全壳，设计必须保证每一道屏障的有效性，并为之提供保护。

3. 实体屏障

压水堆核电厂为防止放射性产物逸出一般采用三道实体密封屏障。

第一道屏障一般指燃料元件包壳。正常运行时，大部分放射性裂变产物保持在燃料芯块内，部分气态的裂变产物在芯块与包壳之间的气隙内，燃料元件包壳将全部裂变产物密封在其内部。

第二道屏障一般指反应堆冷却剂压力边界。在燃料元件包壳有破损的情况下，燃料元件包壳内放射性裂变产物将释放到反应堆冷却剂中。反应堆冷却剂系统将这部分裂变产物密封在其内部，并通过净化和除气系统加以去除。

第三道屏障一般指安全壳和安全壳系统。在燃料元件包壳有破损的同时，反应堆冷却剂压力边界失效的情况下，裂变产物将释放到安全壳内，安全壳及安全壳系统将裂变产物密封在安全壳厂房内进行处理并控制对环境的释放。实体屏障是纵深防御的基础，大部分安全系统都是为了保持实体屏障的完整性而设置的。只有在实体屏障全部完好且能发挥其设计功能时,才允许反应堆带功率运行。

### 1.3.2 安全功能和分级

1. 安全功能

为了保证安全,在各种运行状态下、在发生设计基准事故期间和之后,以及在发生所选定的超设计基准事故的事故工况下,都必须执行下列基本安全功能:①控制反应性;②排出堆芯热量;③包容放射性物质和控制运行排放,以及限制事故释放。这是核电厂三个最主要的安全功能。

压水堆核电厂的三种基本安全功能详细分类如下:①防止发生不可接受的反应性瞬变;②在所有停堆动作完成后,将反应堆保持在安全停堆状态;③在需要时停堆以防止预计运行事件发展为设计基准事故和停堆以减轻设计基准事故的后果;④在事故工况(不包括反应堆压力边界失效)期间和之后,保持足够的反应堆冷却剂总量用以冷却堆芯;⑤在设计基准中所考虑的所有假设始发事件期间和之后,保持足够的反应堆冷却剂总量用以冷却堆芯;⑥在反应堆冷却剂压力边界失效之后,从堆芯排出热量以限制燃料损坏;⑦在反应堆冷却剂压力边界完整的情况下,在适当的运行状态和事故工况期间,从堆芯排出余热;⑧将其他安全系统的热量传递到最终热阱;⑨作为一种支持性功能,为安全系统提供必要的公用设施(如电、气、液压、润滑等);⑩保持堆芯内的燃料包壳可接受的完整性;⑪保持反应堆冷却剂压力边界的完整性;⑫限制放射性物质在事故工况期间和之后从反应堆安全壳内向外释放;⑬在设计基准事故和选定的严重事故期间和之后,限制由反应堆安全壳以外的辐射源释放的放射性物质对于公众和厂区人员的辐射照射;⑭在所有运行状态下将放射性废物和气载放射性物质的排放或释放限制在规定限值以内;⑮对核动力厂内的环境状况保持控制,以便各安全系统能够正常运行,并为进行安全上重要操作的运行人员提供必要的可居留性;⑯在所有运行状态下,对在反应堆冷却剂系统以外,但仍在厂区以内运输或储存中的已辐照燃料的放射性释放进行控制;⑰从储存在反应堆冷却剂系统以外,但仍在厂区以内的已辐照燃料中排出衰变热;⑱使储存在反应堆冷却剂系统以外,但仍在厂区以内的燃料保持足够的次临界度;⑲当某一构筑物、系统或部件的损坏会损害某一安全功能时,防止其发生损坏或限制其损坏所引起的后果。这些安全功能包括为预防事故工况和为减轻事故工况后果所必需的安全功能。根据情况利用为正常运行、为防止预计运行事件发展为事故工况或为减轻事故工况的后果而设置的构筑物、系统或部件,就能完成这些安全功能。

上述安全功能可用来作为确定某一构筑物、系统或部件是否执行或有助于执行某一项或多项安全功能的基础,并为确定有助于执行安全功能的安全重要构筑物、系统或部件的适当安全分级提供基础。

2. 核安全等级

核电厂的构筑物、系统和部件按其是否执行安全功能及此种功能的重要性而划分的等级,称之为安全分级。凡执行安全功能的物项均属核安全级,不执行安全功能的则属非核安全级。在核电厂中包容流体的安全级承压机械设备所占份额很大,且所处的条件及具有的重要性也各不相同,所以安全级承压机械设备又分为三级。非承压的安全设备则划为安全相关级。对于各种安全级设备,在设计、制造、试验和检查等方面都有特定的要求,还要求规定相应的设计和制造规范等级、质量保证等级、抗震分类和环境鉴定等级。设备的安全等级,对核电厂的安全性和经济性有重要影响,降低等级会影响核电厂的安全性,不适当地提高等级会增加核电厂的造价。在一座压水堆核电厂中,安全级设备数量约占设备总量的40%,而一件设备由非安全级改为安全级,造价将提高数倍,由此可见恰当分级的重要意义。

**3.核承压设备安全等级**

核承压设备根据特定的用途,执行一项或几项安全功能,将每项功能按其对安全的重要性大小排序,然后按照这一顺序将安全功能分组,每组称为一个安全等级。核承压设备安全等级共分三组:安全1级、安全2级、安全3级。安全1级对安全的重要性最大,安全2级和安全3级对安全的重要性则依次减小。例如,反应堆压力容器和控制棒驱动机构壳体为安全1级,安全壳构筑物及其隔离系统为安全2级,乏燃料水池冷却系统的设备部件为安全3级。而反应堆堆内构件,因不承压,则划为安全相关级。

### 1.3.3 设计基准

**1.核电厂状态分类**

核电厂状态分类如图1-4所示,分为运行状态和事故状态。运行状态又分为正常运行和预计运行事件;事故状态又分为设计基准事故(稀有事故和极限事故)及严重事故。核电厂状态按发生频率由高至低共分为正常运行、预计运行事件、稀有事故、极限事故和严重事故五类。核电厂设计中,必须遵循这样的原则:高辐射剂量或放射性大量释放的状态应使其发生频率低,而发生频率较高的状态要使其辐射后果小。核电厂状态分类的目的在于对不同的状态规定不同的系统响应上的限制,即给予对应的可接受限值,从而使设计能满足安全要求。

| 核电厂状态 | | | | |
|---|---|---|---|---|
| 运行状态 | | 事故(事故状态) | | |
| 正常运行 | 预计运行事件 | 设计基准事故 | | 严重事故 |
| | | 稀有事故 | 极限事故 | |

**图1-4 核电厂状态图**

**2.假设始发事件**

可能导致预计运行事件或事故工况及其后续故障效应的事件,从可信的设备故障、人员失误、人为事件或自然事件等单一事件到各种事件的复杂组合均属于假设始发事件的范畴。核电厂的设计应使大部分假设始发事件的后果较小,其余有可能导致事故的假设始发事件的后果仍然可以接受。在设计中对假设始发事件必须考虑全面,不遗漏潜在后果严重的和(或)频率高的始发事件。

**3.预计运行事件**

此事件又称中等频率事件。在核电厂的运行寿期内预期可能发生一次或数次偏离正常运行的工况,在发生这类事件的情况下,当核电厂的运行参数偏离正常限值时,保护系统应能关闭反应堆,但在进行了必需的校正动作后,反应堆可以重新投入运行。由于在核电厂设计中,已经采取了相应措施,这类事件不应导致后果更严重的事件。预计运行事件的接收准则为:①反应堆冷却剂系统的压力小于110%设计值;②燃料元件包壳表面不发生偏离泡核沸腾;③放射性释放低于正常运行限值。

4. 设计基准事故

设计基准事故是根据确定设计准则而在核电厂设计中采取了针对性措施的那些事故工况。这是一组有代表性的,能冲击核电厂安全并经有关规章确定下来的事故的集合。为应付这一组事故,核电厂设置有专设安全系统(这些系统在核电厂正常运行时不运行,专门用于事故状态)并对这些事故逐个进行分析计算,将结果与可接受限值相对比,可以评价核电厂是否符合安全要求。设计基准事故包括稀有事故和极限事故两类工况。在核电厂设计中,对一系列的预计运行事件也按确定的设计准则,采取了针对性的措施,故把稀有事故和极限事故合在一起,统称为设计基准事故。针对设计基准事故的分析方法和应对措施,国家核安全监督管理部门规定了强制性的分析方法和验收准则,必须严格遵守。

5. 安全组合

安全组合是指在特定的假设始发事件发生后,为使该事件后果不超过安全容许限值而要求其必须实现应有功能的所动用的那些设备组合。安全组合必须满足单一故障准则,即各安全组合在发生单一故障时仍能实现其安全功能。采用依次检查各安全组合是否满足单一故障准则的方法,可以方便地分析整个核电厂是否具有合适的冗余度。

6. 严重事故

严重事故是指反应堆堆芯严重损坏(如堆芯熔化),并有可能破坏安全壳的完整性,从而造成环境的放射性污染及可能的人身伤亡,产生巨大损失的事故。现有核电厂基于纵深防御原则,设置了多道屏障及专设安全设施,采取了严格的质量管理和操纵员选拔培训制度,同时对核电厂的选址也有严格要求,因而核电厂抵御外来灾害和内部事件的能力很强。设计基准事故,是假定其可能发生,且备有一套应对措施,使其后果不致很严重。而严重事故是假定其有可能发生,且后果可能很严重,因此严重事故又称为超设计基准事故。

### 1.3.4 构筑物、部件、系统的可靠性设计

1. 系统和部件的可靠性设计

可靠性是指系统和部件在规定条件下及规定时间内完成规定功能的能力,以概率来度量。在核电厂设计中执行安全功能的系统和部件都必须达到及保持与其重要性相当的可靠性,有些安全系统还采用最大不可用率的限值作为验收基准或接受准则。为保证达到应有的可靠性,在设计中需要考虑采取多种措施,如:①设备的多重性;②遵守单一故障准则;③应用多样性原则;④采用独立性原则(功能隔离和实体隔离);⑤应用故障安全原则;⑥辅助设施应具有相应的可靠性;⑦考虑设备停役的影响等。

2. 共因故障

共因故障是指由特定的单一事件或起因导致若干装置或部件功能同时失效的故障,而这种事件的起因可能是设计缺陷、制造缺陷、运行或维修差错、自然事件、人为事件、信号饱和、环境条件的变化、核电厂内任何其他运行或故障所引起的意外的级联效应。共因故障对于执行同一安全功能的多重部件的影响尤为严重,将导致这个安全功能失效。为了减轻共因故障效应,在设计中应采用多样性原则及实体隔离等措施。

3. 单一故障准则

任何设备组合在任何部位发生可信的单一随机故障时应当仍能执行其正常功能的要求。单一故障是指一个使某一部件不能执行其预定安全功能的随机故障及其所有继发性故障。有两类设备组合必须遵守单一故障准则:①为抑制特定假设始发事件的后果,使之

不超过设计限值的设备组合(或称安全组合);②设计规定要求遵守单一故障准则的安全系统,为检验是否符合单一故障准则,必须在各安全组合的每个单元上,依次假设发生一个单一故障,并逐一做出分析,如各安全组合均能完成应有的功能,则认为达到了单一故障准则的要求。

下列情况可容许不遵守单一故障准则:①极为罕见的假设始发事件;②假设始发事件不会造成极不可能的后果;③在因维护、检修或定期试验而让设备停止使用的规定时间内。

### 4. 故障安全原则

故障安全原则是指系统或部件发生故障时能使核电厂在无须任何触发动作的条件下进入有利于安全的状态的设计原则。在核电厂重要安全系统和部件的设计中应尽可能贯彻这个原则,可以简化系统和设备,并满足单一故障准则条件下仍能完成同样的安全功能。

### 5. 多样性

多样性是指为执行某一确定功能设置不同类型的多重部件或系统,这些部件或系统总结起来说,具有一个或几个不同属性。例如,不同的工作原理、不同的物理方法、不同类型的设备、不同的制造厂、不同的运行条件等。采用多样性原则能减少某些共因故障,从而提高系统的可靠性。应该核查这类潜在故障的原因,以确定在何种场合下能有效地应用多样性原则。

### 6. 多重性(冗余度)

为完成一项特定安全功能而采取多于必需的最少套数的设备,即多重性。它是提高安全重要系统的可靠性并借以满足单一故障准则的重要设计原则。在运用多重性原则的条件下,一套设备出现故障或失效是可以接受的,不至于导致功能的丧失。如 $N+1$ 原则,当满足某一功能必须有 $N$ 套设备时,共设有 $N+1$ 套设备,其中 1 套设备为备份,如果 $N$ 套设备均可用,则这 1 套备份设备不用,否则自动投入使用。

### 7. 功能隔离

功能隔离是为避免系统多重部分之间不利的相互作用而采取的措施。这种相互作用是由正常或异常的运行,或系统中任一部件的故障所引起的。它可能是由电磁感应、静电干扰、短路、开路、接地障碍等事件所产生的,防止这些相互作用的设计可包括功能放大器、光电隔离器、电缆屏蔽、内部机械结构等设备。

### 8. 实体隔离

将各安全设备或完成同一安全功能的设备,采用几何方法(距离或方位)、结构屏障或两者结合的方法分割开来,以使单一设备失效而不会导致多重设备失效。对于某些故障原因来说,实体隔离还对功能隔离起到增强的作用。实体隔离的选择应随核电厂内的不同场所而异,并取决于对设计基准中考虑到的所有假设始发事件,还应考虑发生火灾、水淹等自然现象和化学爆炸、飞机坠毁等人为事件时能提供必要的保护。安全系统的冗余部分必须实体隔离,隔离程度要足以减少在这些系统中发生运行和维修失误的可能性。

### 9. 飞射物防护

飞射物防护是指对核电厂内具有动能并能离开其设计位置的物体(飞射物)的防护。飞射物对安全的破坏作用是由其一次效应和二次效应或两者的总和造成的。一次效应是飞射物第一次打击造成的直接后果,二次效应是指飞射物一次效应的后果而导致的随后发生的所有效应。飞射物防护要针对具体情况采取措施,将飞射物破坏作用的风险减小到可以接受的程度。有三个概率关系到飞射物破坏作用带来的风险:①产生飞射物的概率 $P_1$;

②击中安全重要靶物的概率 $P_2$；③靶物被击中后产生一次和二次损坏并造成的不可接受后果的组合概率 $P_3$。由任何一个飞射物事件所造成的不可接受后果的组合概率是 $P_1 \sim P_3$ 的乘积。如果上述三个概率中的任何一个足够小，那么总的概率是可以接受的。因此最好的设计方法，首先是从实质上消除飞射物的产生，使 $P_1$ 小到可以接受的程度；其次是将重要靶物与飞射物源隔离（距离、方位或屏障），使 $P_2$ 小到可以接受的程度；最后是选择后果可以接受的方法（多重安全系统的实体隔离、设备采用故障安全准则），使 $P_3$ 小到可以接受的程度。在某些场合可能需要把三种方法组合使用。

### 1.3.5 安全分析

安全分析很重要一部分是对事故过程的进程分析，又称事故分析。核电厂事故分析是研究核电厂可能发生的事故种类和发生频率，确定事故发生后系统的响应及预计事故的进程，评价各种安全设施及安全屏障的有效性，研究各种因素及操作员干预对事故进程的影响，估计事故情况下核电厂的放射性释放量及计算工作人员与居民所受的辐射剂量。在核电厂的设计过程中，事故分析用于选取停堆保护信号，确定停堆参数整定值和停堆延迟时间，确定缓解事故的专设安全设施的参数。对于设计基准事件的分析是核电厂安全分析报告中必要的一章，分析的目的在于表明该核电厂设计足以控制这些事件的后果，使工作人员、公众和环境不致受到不恰当的放射性风险。近年来，严重事故的分析已经受到应有的重视，通过严重事故分析，可以找到核电厂的薄弱环节，有助于提高核电厂的安全性。严重事故分析还可作为制订应急计划的依据。

核电厂安全分析涉及反应堆物理、热工、水力、控制、运行、辐射防护等各个方面，是评价核电厂安全的一个结合点。事故分析采用确定论及概率论两种方法。设计基准事件的分析，以确定论方法为主；严重事故分析，两种方法并用，侧重于概率论方法。

## 1.4　我国压水堆核电厂发展概况

截至 2020 年 4 月，我国共有 62 个核电机组，其中 47 个机组装料投入运行，分布在 18 座核电厂中。自 1991 年我国自行设计建造的秦山 30 万千瓦原型压水堆核电厂运行发电以来，引进法国技术建造了大亚湾及岭澳四台 90 万千瓦压水堆核电机组，自主设计建造了秦山二期两台 60 万千瓦压水堆核电机组；采用俄罗斯技术建造了田湾两台 100 万千瓦压水堆核电机组，自主设计建造秦山二期扩建工程两台 65 万千瓦和岭澳扩建工程两台 100 万千瓦压水堆核电机组。此外，采用美国西屋公司开发的 AP1000 第三代压水堆技术，在三门核电规划建设 6 台 125 万千瓦的核电机组；采用二代改进型压水堆 M310 及国产的三代核电技术"华龙一号"，于福清核电建设了 6 台核电机组；采用我国自主品牌的压水堆核电技术 CPR1000 及其改进型技术，在阳江核电连续建设 6 台百万千瓦级的核电机组等。我国核电从起步阶段逐步迈向大批量发展阶段，国产化率不断上升，已采用"交钥匙"方式向巴基斯坦恰希玛核电厂一、二期出口了两台 30 万千瓦压水堆核电机组。

### 1.4.1 秦山核电厂

秦山核电厂是我国独立自主研发的 30 万千瓦原型压水堆核电厂，厂址位于浙江省嘉兴市海盐县城东南 11 km 外的秦山山麓,距杭州市 92 km,离上海市 126 km。秦山核电厂工程建设自 1985 年 3 月 20 日开工,1991 年 12 月 15 日并网发电。秦山核电厂的建成发电,结束了中国内地无核电的历史,实现了零的突破。我国出口到巴基斯坦恰希玛核电厂的就是秦山核电厂的 30 万千瓦核电机组,恰希玛核电厂一期工程已经成功建成并网发电,二期工程正在建设之中。

秦山核电厂主要技术指标和技术参数见表 1 - 1。

表 1 - 1　秦山核电厂主要技术指标和技术参数

| 技术指标 | 技术参数 |
| --- | --- |
| 核蒸汽供应系统额定热功率 | 966 MW |
| 机组电功率 | 300 MW |
| 设计压力 | 17.17 MPa(绝对) |
| 环路数 | 2 |
| 布置方式 | 单堆布置 |
| 机组可以利用率 | >70% |
| 电站设计寿命 | 40 年 |
| 换料周期 | 12 个月 |
| 燃料组件数 | 121 |
| 极限安全地震(SL - 2) | 0.25 $g$ |

### 1.4.2　秦山第二核电厂

秦山第二核电厂是我国自主设计、自主建造、自主组织采购、自主管理和自主运营的第一座大型商用核电厂,距离秦山核电一期工程和三期工程约 2.5 km。

秦山第二核电厂是完全由我国国内设计院自主设计的装机容量为 2 × 65 万千瓦级的压水堆核电机组,工程总投资 148 亿人民币,电站设计寿命 40 年。1 号机组于 2002 年 4 月 15 日投入商业运行,比计划提前 47 天;2 号机组于 2004 年 3 月 11 日实现首次并网发电,5 月 3 日正式投入商业运行。秦山第二核电厂主要技术指标和技术参数见表 1 - 2。

秦山第二核电厂自建成以来运行状况良好,各项运行技术指标均达到或高于设计值,这表明我国首台 60 万千瓦级核电机组的设计是成功的,具有较高的安全技术性能和经济性能。核反应堆热工余量大、反应堆等设备设计裕量大,整体上达到了目前国际上核电厂(第二代)设计的相应水平,部分性能指标接近或达到发达国家为新建核电厂制定的用户要求文件(URD)的要求。工程安全和质量完全符合国家核安全法规和国际规范的要求,投资远低于我国同期引进的核电项目,是当时世界上建成和在建核电厂中较低的,国产化率达到 55%,在 55 项关键设备中有 47 项是国内翻造的,一批大宗核电专用材料通过研制,实现了国产化。秦山第二核电厂是继秦山核电厂实现我国大陆核电零的突破后,我国核电发展新的里程碑,实现了我国自主建设大型商用核电厂的重大跨越。

表 1－2　秦山第二核电厂主要技术指标和技术参数

| 技术指标 | 技术参数 |
|---|---|
| 核蒸汽供应系统额定热功率 | 1 936 MW |
| 机组名义电功率 | 650 MW |
| 设计压力 | 17.2 MPa(绝对) |
| 环路数 | 2 |
| 布置方式 | 双堆布置 |
| 电厂设计负荷因子 | 75% |
| 电站设计寿命 | 40 年 |
| 换料周期 | 12 个月 |
| 堆芯燃料组件 | AFA－2G(正向 AFA－3G 过渡) |
| 燃料组件数 | 121 |
| 极限安全地震(SL－2) | 0.15$g$ |

### 1.4.3　秦山核电二期扩建工程

由于秦山第二核电厂 1,2 号机组的成功建成及投产后的良好运行业绩,国家同意秦山第二核电厂同一厂址扩建两台同类型核电机组,即 3,4 号机组。扩建的 3,4 号机组一字形布置在距 1,2 号机组西侧 392 m 处,3,4 号机组现已投入商业运行。目前,秦山第二核电厂的装机容量达到 260 万千瓦,每年可向华东电网输送超过 160 亿千瓦·时的电力。

秦山核电二期扩建工程根据国家核安全法规的要求,结合在 1,2 号机组调试、运行中发现的设计问题和运行经验反馈,以及为进一步提高安全性、改善经济性,在设计中进行了包括 10 项重大改进和 18 项重要改进的 800 余项改进,使扩建工程的总体安全、技术、经济指标达到国际核电二代的水平。同时,秦山核电二期扩建工程继续贯彻"以我为主",通过工程建设实现自主设计、自主翻造、自主建设、自主运管,提高国产化比例,设备制造本地化率不低于 70%。

### 1.4.4　大亚湾核电厂

大亚湾核电厂是我国借助外方信贷、引进全套技术设备和管理进行建设的第一座大型商用压水堆核电厂,厂址位于中国南海大亚湾的西侧,大鹏湾澳口北岸的麻岭角。厂址与西边深圳市中心的直线距离约 45 km,与西南边香港地区中心的直线距离约 52 km。该核电厂是采用法国 M310 压水堆技术,装机容量 2×98.4 万千瓦,设计寿命 40 年。1 号机组于 1987 年 8 月 7 日开工建设,2 号机组于 1988 年 4 月 7 日开工建设,这两台机组于 1994 年并网发电,投入商业运行。大亚湾核电厂年发电能力约为 140 亿千瓦·时,目前电站上网电量的 80% 输入香港,20% 供应广东。大亚湾核电厂主要技术指标和技术参数见表 1－3。

大亚湾核电厂的建设和运行,实现了我国大型商用核电厂的起步,在人才培训、施工管理、调试运行等方面为我国百万千瓦级商用核电厂自主化和国产化积累了经验,为我国核电建设跨越式发展做出了贡献。

表1-3 大亚湾核电厂主要技术指标和技术参数

| 技术指标 | 技术参数 |
|---|---|
| 核蒸汽供应系统额定热功率 | 2 905 MW |
| 机组名义电功率 | 984 MW |
| 设计压力 | 17.23 MPa(绝对) |
| 环路数 | 3 |
| 布置方式 | 双堆布置 |
| 电厂设计负荷因子 | 70% |
| 电站设计寿命 | 40 年 |
| 换料周期 | 12 个月 |
| 堆芯燃料组件 | AFA-2G(目前已过渡到 AFA-3G) |
| 燃料组件数 | 157 |
| 极限安全地震(SL-2) | 0.2$g$ |

### 1.4.5 田湾核电厂

田湾核电厂是中国、俄罗斯两国在核能领域开展的高科技合作,是两国间迄今最大的技术经济合作项目,也是我国"九五"计划开工的重点核电建设工程之一,由中国核工业集团公司控股建设。厂址位于江苏省连云港市连云区田湾,厂区按4台百万千瓦级核电机组规划,并留有再建2~4台的余地,一期工程建设2台单机容量106万千瓦的俄罗斯 AES-91 型压水堆核电机组,设计寿命40年,年平均负荷因子不低于80%,年发电量达140亿千瓦·时。

田湾核电厂采用的俄罗斯 AES-91 型核电机组是在总结 VVER-1000/V320 机组的设计、建造和运行经验基础上,按照国际现行核安全和辐射安全标准要求,并采用一些成熟的先进技术而完成的改进型设计。其安全系统的设计理念,已经达到第三代渐进型压水堆核电厂的水平。其主要技术特点包括:反应堆厂房采用双层安全壳、安全系统采用完全独立和实体隔离的4通道($N+3$);设置堆芯熔融物捕集与冷却系统等缓解严重事故后果的安全设施;使用铀-钆一体化全锆先进燃料组件,安全壳预应力张拉系统采用新型倒 U 形 55 束钢缆张拉方式和全数字化仪控系统等。

田湾核电厂采取"中俄合作,以我为主"的建设方式,俄方负责核电厂总的技术责任和核岛、常规岛设计及成套设备供应与核电厂调试,中方负责工程建设管理、土建施工、围墙内部分设备的第三国采购、电厂辅助工程和外围配套工程的设计、设备采购及核电厂大部分安装工程。与核电厂配套的输变电线路工程和调峰设施,由江苏省电力系统负责建设。

田湾核电厂一期工程 1 号机组于 1999 年 10 月 20 日正式开工,于 2003 年 10 月 25 日进入全面系统调试阶段;2 号机组于 2000 年 9 月 20 日开工建设,1,2 号机组分别于 2007 年 5 月 17 日和 8 月 16 日正式投入商运。二期工程 3 号机组于 2012 年 12 月 27 日开工建设,2018 年 2 月 15 日正式投入商运;4 号机组于 2013 年 9 月 27 日开工建设,2017 年 12 月 29 日完成一回路冷态功能试验,2018 年 8 月 23 日获得首次装料批准书,2018 年 10 月 27 日首次并网。三期工程 5 号机组于 2015 年 12 月 27 日正式开工建设,2020 年 7 月 9 日首次装料作业正式开始,为后续按计划并网发电奠定基础;6 号机组于 2016 年 10 月 29 日正式开工建设。截至2020年,田湾核电厂的4台商运机组累计发电量超2000亿千瓦·时。

### 1.4.6 岭澳核电厂

岭澳核电厂是中国广核集团有限公司按照中华人民共和国国务院确定的"以核养核,滚动发展"方针,继大亚湾核电厂投产后,在大亚湾兴建的第二座大型商用核电厂,由岭澳核电有限公司建设与经营。岭澳核电厂厂址位于大亚湾核电厂东1.2 km处,厂址规划建设4台百万千瓦级核电机组,一期工程建设两台装机容量为99万千瓦的压水堆核电机组,设计寿命40年。主体工程于1997年5月开工建设,2003年1月建成投入商业运行,2004年7月16日通过国家竣工验收。岭澳核电厂以大亚湾核电厂为参考,结合经验反馈、新技术应用和核安全发展的要求,实施了52项技术改进,全面提高了核电厂整体安全水平和机组运行的可靠性、经济性;实现了项目管理自主化、建筑安装施工自主化、调试和生产准备自主化;实现了部分设计自主化和部分设备制造国产化,整体国产化率达到30%。截至2020年3月15日,岭澳核电厂一期1号机组已经连续15年无非计划停堆,创造了国际同类型机组连续安全运行天数的最高纪录。

### 1.4.7 岭澳核电厂扩建工程

岭澳核电厂扩建工程是继大亚湾核电厂、岭澳核电厂后,在广东地区建设的第三座大型商用核电厂。项目规划建设两台百万千瓦级压水堆核电机组,厂址位于岭澳核电厂东北350 m处。2005年12月正式开工建设,两台机组分别于2010年和2011年建成并投入商业运行。该工程在"以我为主、中外合作、引进技术、推进国产化"的方针指导下,大力推进设计自主化和设备制造本地化,降低了造价。第一台机组制造的本地化率为50%左右,第二台机组不低于70%。

岭澳核电厂扩建工程参考电站为岭澳核电厂,主要运行参数维持不变,同时根据世界核电技术发展趋势,借鉴了国外对严重事故的研究成果,采取了适当的改进措施,提高了对严重事故的应对能力;为适应核电技术进步的要求,积极采用新技术、新标准;吸收参考电厂和同类核电厂的运行反馈经验,以及关于参考电厂的专项安全分析或专项经济分析成果,并据此进行适当的设计改进,在总体设计阶段已经初步论证完成的重要改进项(共15项)和可借鉴技术改进项(共34项),使岭澳核电厂扩建工程总体安全、技术、经济指标达到国际核电二代水平。岭澳核电厂扩建工程核岛及相关设计由中国核工业集团有限公司核工业第二研究设计院总承包,核岛主回路设计由中国核工业集团有限公司中国核动力研究设计院承担。通过岭澳核电厂扩建工程项目建设,我国加快了全面掌握第二代改进型百万千瓦级核电技术,基本形成百万千瓦级核电厂设计自主化和设备制造国产化能力,为高起点引进、消化、吸收第三代核电技术打下了坚实的基础。

### 1.4.8 红沿河核电厂

辽宁红沿河核电一期工程是国家"十一五"期间首个批准开工建设的核电项目,是东北地区第一个核电厂。辽宁红沿河核电项目规划建设6台百万千瓦级核电机组,一次规划,分期建设。其中一期工程采用中国广核集团有限公司经过渐进式改进和自主创新形成的中国改进型压水堆核电技术路线CPR1000,共建设4台机组。

红沿河核电一期工程1号机组于2007年8月18日正式开工,于2012年建成,投入商业运营。二期工程采用 ACPR1000 技术方案,扩建两台百万千瓦级机组(5,6 号机组),分别于 2015 年 3 月 29 日和 2015 年 7 月 24 日开工建设。辽宁红沿河核电一期工程的建设在国家核电发展中具有承上启下的作用,对进一步提高我国百万千瓦级核电厂的自主化、国产化水平,促进核电人才培养、技术经验积累和装备制造业升级,实现百万千瓦级核电厂标准化、系列化、批量化建设,以及对于满足辽宁省经济增长对电力的需求,优化东北电网结构和振兴东北老工业基地有着重要意义。

辽宁红沿河核电厂位于辽宁省大连市瓦房店市东岗镇,地处瓦房店市西端渤海辽东湾东海岸。厂址东距瓦房店市火车站约 50 km,南距大连港 110 km,北距海城市 160 km。厂区三面环海,一面与陆地接壤。

业主单位辽宁红沿河核电有限公司由中国广东核电集团有限公司、中电投核电有限公司、大连市建设投资公司按照 45:45:10 的股比投资组建,负责辽宁红沿河核电一期工程的建设和运营。2006 年 8 月 28 日,辽宁红沿河核电有限公司在大连市工商行政管理局注册成立。

### 1.4.9　三门核电厂

三门核电项目是中华人民共和国国务院正式批准实施的首个第三代核电自主化依托项目。该项目采用美国西屋公司开发的 AP1000 第三代压水堆技术,厂址位于浙江省东部沿海的台州市三门县健跳镇猫头山半岛上,西北距杭州市 171 km,北距宁波市 83 km,南距台州市 51 km,距温州市 150 km。

三门核电工程于 2004 年 7 月 21 日批准实施。2004 年 9 月 1 日,国家发展和改革委员会批复三门核电一期工程项目建议书,批准三门核电按 6 台百万千瓦级核电机组规划建设,一期工程建设 2 台,并明确将通过招标引进国际上先进的第三代压水堆核电技术。

国家核电自主化依托项目第三代技术招标工作从 2004 年 9 月 2 日发出招标书,2005 年 2 月 28 日收标,通过两年来的招标谈判,于 2006 年 12 月 16 日,中美两国政府签署了《中华人民共和国和美利坚合众国政府关于在中国合作建设先进压水堆核电项目及相关技术转让的谅解备忘录》,国家核电技术招标机构宣布选择美国西屋联合体作为优先中标方。

三门核电工程采用西屋公司 AP1000 技术建设,由国家核电技术公司联合美国西屋公司和绍尔工程公司负责实施自主化依托项目的工程设计、工程建造和项目管理。

三门核电工程规划建设 6 台 125 万千瓦的核电机组,总装机容量 750 万千瓦,一次规划,分三期建设。其中,1 号机组为全球首台 AP1000 核电机组。

AP1000 核电厂与传统的压水堆设计相比,最大的特点在于使用非能动的安全系统来减缓设计工况中有可能发生的意外事故,大大提高电站的安全性。

作为三门核电工程的业主,三门核电有限公司成立于 2005 年 4 月,由中核核电有限公司、浙江省能源集团有限公司、中电投核电有限公司、中国华电集团公司和中国核工业建设集团公司等共同出资组建,其中中核核电有限公司出资 51%。公司实行董事会领导下的总经理负责制,全面负责电站的建造、调试、运营和管理。

2007 年 12 月 31 日,项目启动零点(ATP)如期实现。2008 年 2 月 26 日,一期工程基坑负挖提前一个月开工,表明三门核电一期工程进入现场实质性建造施工阶段,标志着中国迈出了建设世界最先进核电厂的第一步。三门核电一期工程 1 号机组于 2009 年 3 月 29 日开工建设,2018 年 4 月 25 日获得首次装料批准书,2018 年 6 月 30 日首次并网,2018 年 9 月

21 日具备商业运行条件;2 号机组于 2009 年 12 月 17 日开工建设,2018 年 1 月 31 日热态功能试验顺利结束,全面验证了电厂的主系统、安全系统、辅助系统等在热态工况下的有效性和可用性,至此正式进入装料准备阶段,并于 2018 年 7 月 4 日获得首次装料批准书,2018 年 8 月 24 日首次并网,2018 年 11 月 15 日具备商业运行条件。

### 1.4.10 宁德核电厂

宁德核电厂位于福建省宁德市辖福鼎市太姥山镇,距宁德市 86 km,是国家颁布核电中长期发展规划(2005—2020 年)后第一座开工建设的核电厂,是海峡西岸经济区建设的第一个核电厂,也是我国第一个在海岛上建设的核电厂,由中国广核集团有限公司、中国大唐集团公司和福建省煤炭工业集团有限责任公司共同投资、建设和运营,一期工程总投资约 500亿元。

宁德核电项目规划建设 6 台百万千瓦级的压水堆核电机组,一次规划,分期建设。一期工程项目建设 4 台核电机组,采用 CPR1000 技术,以岭澳二期核电厂为参考电站,具有技术成熟、安全可靠、自主化程度高等特点,总装机容量为 435.6 万千瓦。1,2 号机组分别于2008 年 2 月 18 日和 11 月 12 日开工建设,并分别于 2013 年 4 月 18 日和 2014 年 5 月 5 日投入商业运行;3,4 号机组分别于 2010 年 1 月 8 日和 9 月 29 日开工建设,并分别于 2015 年6 月 10 日和 2016 年 7 月 21 日投入商业运行。一期 4 台机组定位为核电第二代加改进,充分利用 CPR1000 机组的批量化和标准化优势,综合国产化率达到 80%。

宁德核电厂是中国广核集团有限公司从大亚湾"走出广东、走向全国"的首个实例,为中国广核集团有限公司二代改进型压水堆核电技术(CPR1000)批量化投产奠定了基础。

### 1.4.11 福清核电厂

福清核电厂位于福建中部沿海福州市福清市三山镇前薛村,东、南、西三面环海,东北侧与陆地连接,由中国核工业集团公司、华电福建发电有限公司和福建省投资开发集团有限责任公司共同出资组建,总投资近千亿元。福清核电项目规划建设 6 台百万千瓦级二代改进型压水堆核电机组,实行一次规划,连续建设,是首次被允许所有发电机组工程实行连续建设的核电厂。

福清核电厂 1~4 号机组采用了二代改进型压水堆 M310。1 号机组于 2008 年 11 月 21日开工建设,并于 2014 年 11 月 22 日投入商业运行;2 号机组已于 2009 年 6 月 17 日正式开工,并于 2015 年 10 月 16 日投入商业运行;3 号机组于 2010 年 12 月 31 日开工建设,并于2016 年 10 月 24 日投入商业运行;4 号机组于 2012 年 11 月 17 日开工建设,并于 2017 年 9月 17 日投入商业运行。5,6 号机组采用国产的三代核电技术"华龙一号",设计寿命由 40年延长到 60 年,其中 5 号机组是"华龙一号"核电技术的首堆,于 2015 年 5 月 7 日开工建设,2020 年正式完工;6 号机组于 2015 年 12 月 22 日开工建设,2020 年 4 月 29 日 6 号机组两列汽水分离再热器全部吊装完成,标志着该机组常规岛所有辅机大件设备吊装工作圆满完成。

福清核电项目是中国核工业集团有限公司按照国家有关"统一技术路线和采用先进技术"的要求,遵循"以我为主、中外合作、引进技术、推进国产化"的核电发展原则开展的核电项目。该核电厂的标志性意义在于它的建设管理模式,首次采用了核电工程总承包模式,成为国内第一个核电厂"交钥匙"工程;在项目融资和保险策划等方面,充分借助中国核工业集团有限公司的专业优势,积极实施集团化运作、专业化运营、集成式管理,把项目融资和保险管理工作委托给中国核工业集团财务有限公司,这两大管理创新构成了中国核电建设的"福清模式"。

### 1.4.12　阳江核电厂

阳江核电厂位于广东省阳江市,是中国广核集团有限公司在广东地区的第二核电基地,是国家"十一五"规划重点能源建设项目。该核电厂采用我国自主品牌的压水堆核电技术 CPR1000 及其改进型技术,连续建设 6 台百万千瓦级核电机组,单台额定功率为 1 080 MW,关键设备国产化率超过 85%,6 台机组平均国产化率为 83%,是我国核电规模化、系列化、标准化发展的重要标志。截至 2020 年,该核电厂是我国一次核准机组数量最多和规模最大的核电项目。

阳江核电厂的 1,2 号机组分别于 2008 年 12 月 16 日和 2009 年 6 月 4 日开工建设,并分别于 2014 年 3 月 25 日和 2015 年 6 月 5 日陆续投入商业运行。1,2 号机组采用 CPR1000 技术路线,消化、吸收了法国 EPR 二代核电技术,国产化率达到 75%。3,4 号机组分别于 2010 年 11 月 15 日和 2012 年 11 月 17 日开工建设,并分别于 2016 年 1 月 1 日和 2017 年 3 月 15 日投入商业运行。3,4 号机组采用 CPR1000 + 技术,即 EPR 技术的国产化改进型,综合性能接近三代技术,国产化率达到 85%。5 号机组于 2013 年 9 月 18 日开工建设,2018 年 7 月 12 日正式具备商运条件,这是我国首个满足第三代核电主要安全指标的自主品牌核电机组。6 号机组于 2013 年 12 月 23 日开工建设,于 2019 年 7 月 24 日已完成所有调试工作,正式具备商运条件。5,6 号机组采用 ACPR1000 技术路线,具备三代核电主要技术特征,国产化率达到 90%。二者采用了中国自主研发的核级数字化仪控平台"和睦系统",首次实现了国内具有完全自主知识产权的核级数字化仪控系统的工程应用。6 台机组全部投产后,预计年发电量将达到 480 亿千瓦·时。截至 2019 年,阳江核电厂累计上网电量超过 1 000 亿千瓦·时。

根据中国核能行业协会发布的信息,2019 年 1—12 月全国发电量统计分布如图 1 – 5 所示(不含台湾地区),累计发电量为 71 422.10 亿千瓦·时,运行核电机组累计发电量为 3 481.31 亿千瓦·时,约占全国累计发电量的 4.88%。与燃煤发电相比,核能发电相当于减少燃烧标准煤 10 687.62 万吨,减少排放二氧化碳 28 001.57 万吨,减少排放二氧化硫 90.84 万吨,减少排放氮氧化物 79.09 万吨。

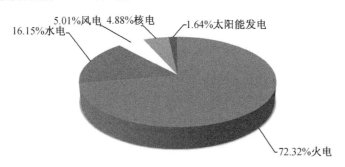

**图 1 – 5　2019 年 1—12 月全国发电量统计分布图(不含台湾地区)**

2019 年 1—12 月,各运行核电厂严格控制机组的运行风险,运行核电机组的三道安全屏障均保持完整状态,燃料元件包壳完整性、一回路压力边界完整性、安全壳完整性满足技术规范要求。发生一起国际核事件分级(INES)1级运行事件,未发生2级及2级以上的运行事件。各运行核电厂未发生一般及以上辐射事故、较大及以上安全生产事件、一般及以上环境事件、职业病危害事故及职业性超剂量照射。

# 第2章 压水堆核岛主系统和关键设备

根据核电厂的功率大小和设备制造厂的生产能力,一回路主系统一般由一个反应堆和二至四个并联的闭合环路组成。这些闭合环路以反应堆压力容器为中心呈辐射状布置,每个闭合环路都由一台或两台冷却剂泵、一台蒸汽发生器和相应的管道及仪表组成。另外,还有一个由带有三个安全阀组的稳压器和卸压箱组成的压力调节回路,与一回路主系统几个环路中的一个相连接,并用于系统的压力调节和超压保护。

## 2.1 一回路主系统

一回路主系统,又可称为压水堆冷却剂系统,其主要功用是由冷却剂将堆芯中因核裂变产生的热量传输给蒸汽动力装置并冷却堆芯,防止燃料元件烧毁。一回路主系统的典型流程如图 2 – 1 所示,带有三个环路的一回路主系统布置图如图 2 – 2 所示。

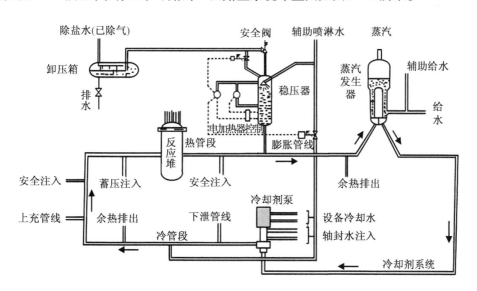

**图 2 – 1 一回路主系统流程图**

在压水反应堆中,采用除盐除氧的含硼水作为冷却剂(兼作慢化剂),高压、大流量的冷却剂在堆芯吸收了核燃料裂变放出的热量,从反应堆压力容器的出口流出,经热管段进入蒸汽发生器传热管,将热量传给传热管外二回路侧的给水,产生蒸汽,推动汽轮发电机组发电,冷却剂由蒸汽发生器传热管流出,从过渡段进入冷却剂泵,经主泵升压后,又流入反应堆。带有放射性的冷却剂始终循环流动于闭合的一回路主系统各环路中,与二回路系统是完全隔离的,这就使核蒸汽供应系统产生的蒸汽是不带放射性的,方便了二回路系统设备的运行与维修,并且可以对压水反应堆采用化学控制,即以调节冷却剂硼浓度的方法,配合控制棒组件来控制堆芯的反应性变化。

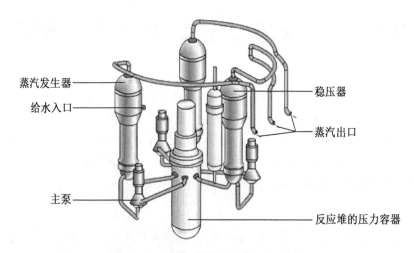

图 2-2 一回路主系统布置图(三环路)

一回路主系统中冷却剂的工作压力,目前一般取在 14.7~15.7 MPa 之间,常用的是 15.5 MPa。提高冷却剂工作压力有利于二回路蒸汽参数的提高,但是受到各主要设备特别是压力容器在技术上(如承压能力)或经济上的限制。这里的工作压力是指一回路的平均压力,因为当压水堆运行时,回路中各处的压力是略有差异的,通常以稳压器内蒸汽压力为准。

冷却剂在反应堆进口处温度一般为 280~300 ℃,反应堆出口的温度为 310~330 ℃,进出口的温差一般为 30~40 ℃。蒸汽发生器进口处的温度和反应堆出口温度相同(考虑热损失很小),蒸汽发生器的出口温度比反应堆进口温度低 0.1~0.3 ℃,这是由于冷却剂通过冷却剂泵后,温度略有升高的缘故。

一回路主系统中冷却剂的流量较大,当单个环路的电功率为 300 MW 时,可达 15 000~24 000 t/h。用单位热功率所需要的流量来表示,一般每 10 MW 热功率为 160~250 t/h。

当前,压水堆发展的趋势是不断提高单个环路的功率。近年来所设计制造的压水堆,一个环路所产生的电功率已经可达 300 MW(260~340 MW)。如能加大蒸汽发生器等主要设备的容量,单个环路产生的电功率可以达到 580~650 MW,这样就降低了核电厂每千瓦的造价和每度电价格,经济上有利。在相同堆功率的情况下,单个环路功率提高后,就可以减少环路的数目,减少相应的设备和部件,降低设备投资和维修费用。但是,出于冷却剂泵容量的限制,1 150~1 300 MW 电功率的压水堆虽然可以由两个环路组成,每个环路中仍需要两台冷却剂泵并联工作。

## 2.2 压水堆结构

压水堆的设计,经过 50 多年的发展与改进,技术已趋成熟。一个现代典型压水堆的本体结构如图 2-3 所示,它由压力容器(包括压力容器筒体及顶盖)、下部堆内构件、反应堆堆芯、上部堆内构件、控制棒组件及其驱动机构等组成。

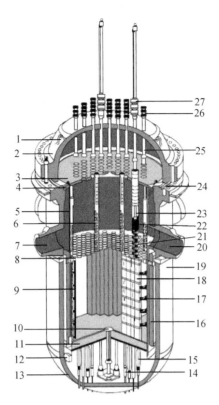

1—吊装耳环;2—压力壳顶盖;3—导向管支承板;4—内部支承凸缘;5—堆芯吊篮;6—上支承柱;7—进口接管;
8—堆芯上栅格板;9—围板;10—进出孔;11—堆芯下栅格;12—径向支承件;13—压力壳底封头;14—仪表引线管;
15—堆芯支承柱;16—热屏蔽;17—围板;18—燃料组件;19—反应堆压力壳;20—出口接管;21—控制棒束;
22—控制棒导向管;23—控制棒驱动杆;24—压紧弹簧;25—隔热套筒;26—仪表引线管进口;27—控制棒驱动机构。

**图 2-3　压水堆的本体结构**

压水堆压力容器,既起着包容整个堆芯、固定和支承控制棒驱动机构与堆内构件的作用,又要作为一回路系统的组成部分,在运行温度和压力条件下起容纳冷却剂的压力边界的作用。因此,当压水堆作为核电厂的热源运行时,必须注意压力容器的密封性,以防止冷却剂泄漏问题、材料的抗腐蚀和抗辐照问题,以及冷却剂在堆芯内循环流动过程中堆芯结构部件的松动监测问题等。

### 2.2.1　堆芯组成

堆芯又称活性区,是压水堆的心脏,可控的链式裂变反应在这里进行。现代压水堆的堆芯是由上百个横截面呈正方形或六角形的无盒燃料组件构成的,燃料组件按一定间距垂直坐放在堆芯下板上,使组成的堆芯近似于圆柱状,堆芯的质量通过堆芯下板及吊篮由压力容器法兰支持。堆芯的尺寸根据压水堆的额定功率和燃料组件装载数而定,功率较小(热功率约 1 800 MW)的压水堆,堆内装的燃料组件少,堆芯直径约为 2.5 m,大型压水堆(热功率约 3 800 MW)堆芯直径可达 3.9 m;堆的高度,等于燃料组件棒中核燃料的长度,通常在 3.6~4.3 m。

轻水冷却剂从压力容器上部的进口接管进入,先沿着堆芯吊篮与压力容器内壁之间的环状间隙向下流,在这一过程中冷却吊篮、热屏蔽层和压力容器壁,到达压力容器底部后,改变方向向上流经堆芯,带走核裂变反应产生的热量,高温的冷却剂从压力容器的出口接管流出堆外,在蒸汽发生器里把二回路给水加热成蒸汽。

堆芯的反应性可以用以下两个方法来加以控制:

(1)依靠棒束型控制棒组件的提升或插入,来实现电厂启动、停闭、负荷改变等情况下比较快速的反应性变化。控制棒组件靠控制棒驱动机构带动,可在燃料组件内上下移动,控制棒驱动机构安装在压力容器的顶盖上,当压水堆需要更换燃料组件时,控制棒驱动机构与压力容器顶盖一起被移走。

(2)调整溶解于冷却剂中硼的浓度来补偿因燃耗、氙、钐毒素、冷却剂温度改变等引起的比较缓慢的反应性变化。

在新的堆芯中,还将可燃毒物做成固定不动的控制棒(即可燃毒物棒)装入堆芯,用来补偿堆芯寿命初期的剩余反应性。

### 2.2.2 燃料组件

燃料组件是压水堆最重要的堆芯部件。早期压水堆的燃料组件是有盒的,所以那时的燃料组件叫作元件盒。从20世纪60年代后期开始,压水堆普遍采用了无盒、带棒束型控制棒组件的燃料组件,这种形式的燃料组件的优点是:减少了堆芯内的结构材料,冷却剂可以充分交混,改善了燃料棒表面的冷却效果。

一般燃料组件内的燃料棒按正方形排列,常用的有 $14 \times 14$、$15 \times 15$、$16 \times 16$ 及 $17 \times 17$ 等几种形式。这里主要介绍按 $17 \times 17$ 排列的燃料组件,其他几种排列的燃料组件的组成情况可参见表2-1。

表2-1 压水堆核电厂堆芯燃料组件类型

| 燃料棒径/mm | $\phi 10.75$ | | | $\phi 10$ | | $\phi 9.5$ | |
|---|---|---|---|---|---|---|---|
| 包壳壁厚/mm | 0.65 | 0.65 | 0.70 | 0.70 | 0.57 | 0.57 | 0.64 |
| 芯块直径/mm | $\phi 9.25$ | $\phi 9.28$ | $\phi 9.18$ | $\phi 8.43$ | $\phi 8.19$ | $\phi 8.19$ | $\phi 8.05$ |
| 棒间距/mm | 14.12 | 14.3 | 14.3 | 13.3 | 12.32 | 12.6 | 12.7 |
| 棒排列 | $14 \times 14^{-17}$ | $15 \times 15^{-21}$ | $16 \times 16^{-20}$ | $15 \times 15^{-21}$ | $16 \times 16^{-21}$ | $17 \times 17^{-25}$ | $18 \times 18^{-24}$ |
| 燃料棒数 | 179 | 204 | 236 | 204 | 235 | 264 | 300 |
| 组件尺寸/mm | $197.2 \times 197.2$ | $214 \times 214$ | $229.6 \times 229.6$ | $199.3 \times 199.3$ | $197.2 \times 197.2$ | $214 \times 214$ | $229.6 \times 229.6$ |
| 堆芯组件数 | 121 | 157 | 193 | 121 | $121 \sim 157$ | $157 \sim 193$ | 193 |
| 堆芯当量直径/m | 2.50 | 3.04 | 3.60 | 2.83 | $2.46 \sim 2.83$ | 3.04 | 3.60 |
| 堆芯有效高度/m | 2.65 | $2.98 \sim 3.66$ | 3.90 | 3.40 | $3.66 \sim 3.4$ | 3.66 | 3.90 |
| 堆芯高径比 | 1.06 | $0.98 \sim 1.20$ | 1.08 | 1.20 | $1.48 \sim 1.20$ | 1.20 | 1.08 |
| 电厂功率/MW | $300 \sim 700$ | $600 \sim 1\,150$ | $1\,300$ | 300 | 600 | $900 \sim 1\,200$ | $1\,000 \sim 1\,300$ |
| 核电厂举例 | 德国:奥布里希海姆核电站 日本:美滨核电厂 | 德国:新塔特核电厂 美国:勇士号核电站 | 德国:比布利斯核电厂 | 中国:泰山核电站 | 巴西:安格拉核电站 | 法国:费森海姆核电站 中国:大亚湾核电站 | 德国:卡洛伏核电站 |

现代大型压水堆核电厂所采用的 17×17 型燃料组件如图 2-4 所示。燃料组件由燃料棒、上管座、下管座、弹性定位格架、控制棒导向管、中子注量率测量管等组成。每一个组件中总共有 289 个棒位,其中 24 个棒位放控制棒(或可燃毒物棒)的导向管,1 个棒位放中子注量率测量管,其余 264 个棒位放燃料棒。在 1 个燃料组件的全长上,有 8 个弹性定位格架,组装时,由 24 根控制棒导向管,把弹性定位架与上管座、下管座连成一体,成为燃料组件的"骨架"。同时,沿燃料组件的高度,在燃料棒需要侧向支撑的位置上,将格架固定在导向管上,264 根燃料棒由"骨架"来定位、支撑,并保持棒的间距。

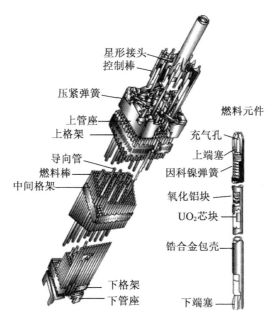

图 2-4　17×17 型燃料组件

弹性定位格架是燃料组件中极为重要的部件,它是由冲有插槽的镍基合金条状带插配在一起后,经钎焊而成的。在每个燃料棒位内的 6 个支撑点上,用指形弹簧对燃料棒施加夹紧力,它们既可以把燃料棒夹持住,保持必要的间距,不使它有横向的移动,又允许燃料棒在轴向滑动,即容许燃料棒可在轴向自由膨胀,以防止由于热膨胀使棒弯曲。弹性定位格架有两种形式:位于活性区的 6 个定位格架的条带有突出的混流翼,以利于在高热负荷区加强冷却剂的混合;燃料组件上、下两端两个弹性定位格架的条带上没有混流翼,而其他方面完全与前一种相同。

控制棒导向管是燃料组件整体的一部分,它插在没有燃料棒的位置上,与弹性定位格架固定在一起,成为燃料组件的骨架。导向管由锆-4 合金管制成,上下具有两种不同的直径,上部直径大,即具有较大的横截面,当反应堆要停闭时可以让控制棒快速插入,在正常运行时,管内有一股小流量冷却剂流过。在占导向管全长约 1/7 的下部,直径略为减小,当控制棒快要全部插入时,可以起缓冲作用。导向管的两个不同直径之间的过渡段做成锥形,其上部开有流水孔,在正常运行时,冷却剂由此进入;当反应堆停闭控制棒下插时,缓冲段的冷却剂由此处流出。控制棒导向管与弹性定位架间的固定,是用专门机械对导向管局部胀管来实现的。

中子注量测量导向管是一根上下直径相同的锆合金管,它用同控制棒导向管一样的方法固定到弹性定位格架上。

作为燃料组件上下支承的上下管座都是箱形结构。下管座作为燃料组件的下部结构，同时还控制着通过各燃料组件的冷却剂的流量分配；上管座是燃料组件的上部结构，中部有一空间，刚离开燃料组件的冷却剂在那里进行混合，然后再向上通过堆芯上板的流水孔。

燃料棒由二氧化铀（$UO_2$）陶瓷芯块及经过冷加工和消除应力的锆－4合金包壳组成，如图2－5所示。

芯块在包壳内，只叠装到所需要的高度，然后把一个压紧弹簧和隔热片放在芯块上部，用端塞压紧，再把端塞焊到包壳端部。端塞的设计要便于燃料组件的组装与修理，端塞有一圈径向槽，便于专用抽拔工具夹紧燃料棒。

包壳中留有足够的空间和间隙，用于补偿包壳和燃料芯块不同的热膨胀，以及芯块的辐照肿胀，并且作为容纳裂变气体的膨胀室，上端塞有一个小孔，用于制造时往包壳内充氦加压至2.0 MPa，以减少包壳蠕变和提高燃料棒的导热性及可靠性，用氦气加压后，用熔焊将小孔封死。包壳内的压紧弹簧，可以防止运输与操作过程中芯块窜动。

燃料芯块是圆柱体，由稍加富集的二氧化铀粉末冷压成形，再烧结成所需密度。每一片芯块的两面呈浅碟形，以减少燃料芯块因热膨胀和辐照肿胀引起的变形。一根燃料棒内装有275个燃料芯块。

在一个燃料组件的264根燃料棒中，所装填的二氧化铀芯块的富集度都是相同的，但是，在整个反应堆堆芯的157根燃料组件中芯块的富集度是不同的，按燃料组件富集度的不同，径向可分为几个区域：通常富集度最高的燃料组件放在最外区，几种富集度较低的则均匀分布在整个堆芯的其余部分。由157个燃料组件组成的反应堆堆芯的具体构成，见表2－2。

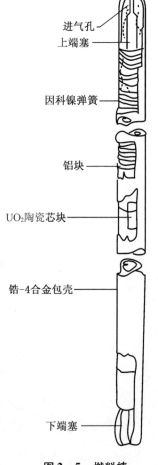

进气孔
上端塞
因科镍弹簧
铝块
$UO_2$陶瓷芯块
锆-4合金包壳
下端塞

图2－5　燃料棒

表2－2　反应堆堆芯（157根燃料组件）的具体构成

| 区域 | 组件数/根 | 第一次转载的富集度/% |
|---|---|---|
| 第一区 1/3 | 53 | 1.8 |
| 第二区 1/3 | 52 | 2.4 |
| 第三区 1/3 | 52 | 3.1 |

在压水堆的一个运行周期后，取出中心部分燃耗最深的燃料组件，第二区的燃料组件移入中心，再将最外区燃料组件移至第二区，而把新的富集度为3.25%的燃料组件补充在外围区域，装在各区的燃料组件仅仅是其燃料棒内芯块的浓缩度有所不同，而结构上都是相同的。这样，经过一个运行周期，堆芯按燃料富集度分成三区的压水堆中，大约有1/3的燃料组件需要更换，而每个燃料组件在反应堆堆芯内的时间一般是三个运行周期。

#### 2.2.3　控制棒组件

压水堆早期普遍采用十字形的控制棒。现代的压水堆,都已改用棒束型控制棒组件,如图 2 - 6 所示。每个棒束型控制棒组件都带有一束圆形吸收棒,各个吸收棒通过导向螺母固定在带有蛛脚状径向翼板的连接柄上,连接柄的中央是一个圆筒,圆筒的内部有环形槽,可与控制棒驱动机构的驱动轴相连,当控制棒驱动机构通过驱动轴带动连接柄上下运动时,棒束型控制组件中的各根吸收棒就在相应的控制棒导向管内上下移动。在连接柄的圆筒下端,装有螺旋形弹簧,当控制棒组件快速下插时,弹簧可起缓冲作用。

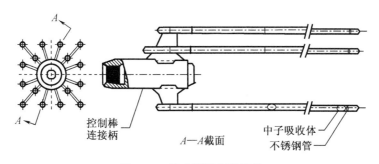

控制棒
连接柄

中子吸收体
不锈钢管

A—A截面

图 2 - 6　棒束型控制棒组件

棒束型控制棒组件,根据堆芯物理设计的需要,可以分为两类:

(1)长棒束控制棒组件,亦称长棒,它与冷却剂含硼量的调节相结合,可以控制和调节堆芯反应性,其中用作停堆的叫停堆棒组,用于补偿堆内部分剩余反应性或控制运行时各种扰动因素的叫调节棒组。

(2)短棒束控制棒组件,亦称短棒,是专为调节轴向功率分布、抑制氙振荡而用的。目前,大型压水堆已不采用。

长棒束控制棒组件又可分为作用于 A 运行模式的"黑"棒束组件和用于 G 运行模式的"灰"棒束组件两种。黑棒束控制棒组件的 24 根吸收棒是在不锈钢包壳的全长上封装有 80% Ag - 15% In - 5% Cd 合金的吸收杆,其两端用塞块焊住,吸收杆和包壳之间留有径向间隙,允许吸收杆有径向和轴向的热膨胀;灰棒束控制棒组件则由 8 根 Ag - In - Cd 吸收棒和 16 根对中子吸收较差的不锈钢棒组成。短棒束控制棒组件的结构与长棒束控制棒组件相似,只是它的每根吸收棒的下部才装有吸收体。

与十字形控制棒相比,棒束型控制棒组件由于其中子吸收体在堆芯内分散布置,所以堆芯通量不会有显著畸变,也提高了吸收体单位体积和单位质量吸收中子的效率。同时,棒束型控制棒组件提升后,留下的水隙较小,不再需要挤水棒,这样就简化了堆内结构,缩短了压力容器的高度。

#### 2.2.4　堆芯相关组件

压水堆棒束型控制棒组件是和加硼的冷却剂一起使用的。若冷却剂中硼浓度过高会造成慢化剂温度系数出现正值,不利于反应堆的安全运行,所以压水堆冷却剂中的硼浓度必须限制在一定数值。当一个新的压水堆装第一炉燃料时,由于它的过剩反应性特别大,要依靠控制棒组件和调整冷却剂硼浓度来补偿全部过剩反应性。保证堆内不出现正的慢化剂温度系数是十分困难的,为了解决这个问题,在新的堆芯中,需装入一定数量的可燃毒物组件,补偿一部分过剩反应性。

可燃毒物组件的构造如图 2 - 7 所示,它是由 24 根棒组成的棒束,棒束中可以有不同数目的可燃毒物棒,如12根、16根或20根,其余为阻力塞棒,所有棒由连接板连成一个整体。压水堆运行时,可燃毒物组件插入未放控制棒组件的燃料组件中。可燃毒物棒的结构与控制棒组件的吸收棒相似,可燃毒物是以二氧化硅($SiO_2$)及氧化硼($B_2O_3$)为基体的硼玻璃管,装在不锈钢包壳内,其两端用焊接密封。可燃毒物组件只在第一炉料时使用,第一次换料时用长柄工具抽出,放入乏燃料组件水池内储存,然后处理。

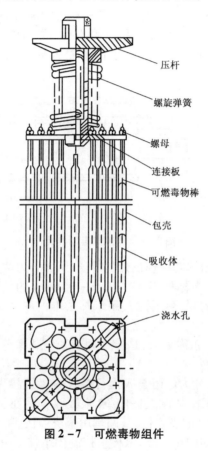

图2-7 可燃毒物组件

阻力塞组件装在没有控制棒组件或可燃毒物组件,以及可燃毒物组件取走后的燃料组件导向管中,以限制导向管中所通过冷却剂的旁通流量,让大部分冷却剂去冷却燃料元件。

阻力塞组件如图2-8所示,连接板和可燃毒物组件的连接板相似,阻力塞棒由实心的不锈钢杆做成。在堆芯内,阻力塞组件固定在燃料组件上管内,坐在管座孔板上。阻力塞棒进入导向管上部,连接板上有弹簧,由堆芯上板压紧。

中子源组件的棒束由源棒、可燃毒物棒与阻力塞棒组成,连接板与可燃毒物组件连接板一样,源棒包壳材料与控制棒组件吸收棒的包壳材料相同,均为不锈钢。

中子源组件源棒有初级源和次级源两种。带有初级源棒的中子源组件只用于堆芯初次装料及首次启动,初级源一般用钋-铍(Po-Be)源,近年来也有采用锎(Cf)源的,锎的半衰期较长,达2.638年;次级源采用锑-铍(Sb-Be)光中子源,它们原先并不放出中子,锑在堆内活化后,放出γ射线,轰击铍产生中子,每根源棒可装锑-铍约530 g,在满功率运行两个月后,所选强度可允许停堆12个月再启动,次级源寿命约为5年(满功率)。

中子源组件结构与可燃毒物组件基本相似。

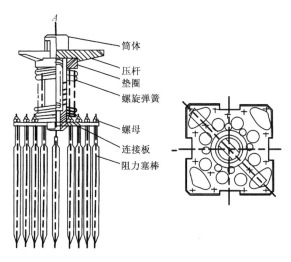

**图 2 - 8　阻力塞组件**

# 2.3　堆内构件

### 2.3.1　堆芯下部支承构件

下部堆内构件有:堆芯吊篮和堆芯支承板、堆芯下栅格板、流量分配孔板、堆芯围板、热屏,以及二次支承组件等,如图 2 - 9 所示。

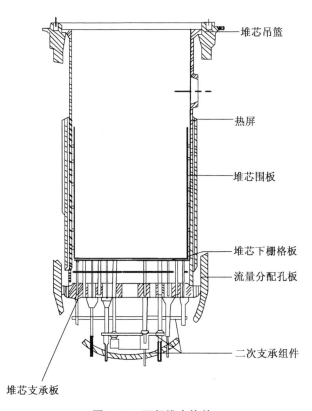

**图 2 - 9　下部堆内构件**

下部堆内构件的功能是：

（1）把堆芯质量传给压力容器法兰。

（2）确定燃料组件下端的位置。

（3）承受控制棒组件在事故落棒时的重力，并把重力传给压力容器法兰。

（4）确定压力容器内及堆芯内冷却剂的流向。

（5）降低压力容器壁所受的放射线剂量。

（6）堆芯吊篮断裂时，起缓冲作用。

### 2.3.2　堆芯上部支承构件

上部堆内构件有：堆芯上栅格板、控制棒导向管、支承柱和导向管支承板等部件。

上部堆内构件有以下功能：

（1）固定燃料组件上端的位置。

（2）当控制棒组件被提起时，承受因冷却剂横向流动而引起的力。

（3）作为控制棒组件与驱动轴的导向，保证控制棒组件能顺利地在燃料组件内上、下移动。

在每个堆运行周期更换燃料时，上部堆内构件被整体卸出。

压水堆上部堆内构件的构成如图 2-10 所示。

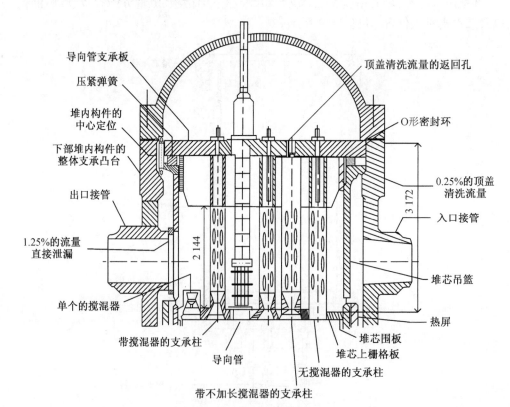

图 2-10　上部堆内构件（单位：mm）

## 2.4 反应堆压力容器

压力容器是压水堆的主要设备之一,它主要用来包容和固定压水堆的堆芯及堆内构件,并把核裂变反应限制在其内部进行。

压水堆压力容器是一个很庞大的设备,为了保证冷却剂在高温时不沸腾,压力容器一般要能承受15.5 MPa左右的工作压力,设计压力须达17.2 MPa,要经得起强的快中子流和γ射线的辐照。压力容器是不能更换的,它的设计寿期一般为30~60年,因此压水堆压力容器的设计和制造,是一项很重要的工作。

压水堆压力容器的典型构造如图2-11所示,由筒体组合件(包括法兰环接管段,筒身,冷却剂进、出口接管等)、顶盖组合件、底封头和法兰密封结构组成。压力容器的尺寸与堆的容量和电厂功率大小有关,表2-3列出了它们之间的关系。

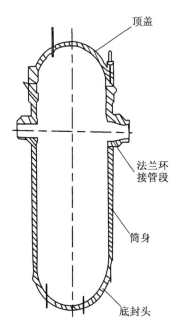

**图2-11 压力容器**

**表2-3 压力容器尺寸与电厂率大小的关系**

| 电厂功率/MW | 600 | 900 | 1 300 | 1 800 |
|---|---|---|---|---|
| 内径/cm | 335 | 399 | 439 | 490 |
| 筒体重/t | 183 | 260 | 318 | 483 |
| 顶盖重/t | 37 | 54 | 72 | 119 |
| 总重/t | 232 | 329 | 411 | 632 |

如图 2 – 11 所示,是一个 900 MW 级压水堆核电厂的压力容器。它的底封头是半球形的,底封头上装有 50 根堆芯测量用的套管,筒身部分是一个长圆筒,可以通过将钢板弯曲成形后焊接制成,也有用环状锻件拼焊而成的。筒体部分的高度(包括底封头)为 10 508 mm,内径为 3 987 mm,筒体壁厚为 200 mm,接管段壁厚为 230 mm,筒体上部有三个冷却剂进口和三个出口接管。压力容器的顶盖也是半球形的,上面焊有控制棒驱动机构底座,以及热电偶引出线的套管。

压水堆换料时,压力容器顶盖必须打开,所以压力容器顶盖和筒体的连接既要密封可靠,又要便于装拆,为此压力容器顶盖与筒体采用 58 个双头螺栓连接。双头螺栓不仅制造方便,上紧时还可减小法兰环所承受的弯矩。另外还可采用具有球形支承端的高紧固螺母和球面垫圈。同时,压力容器顶盖和法兰间,广泛采用了两个同心 O 形环来保证密封,O 形环放在上法兰的两个槽中,下法兰是平面(不开槽),密封面堆焊了不锈钢,需保证加工精度。O 形密封环的结构形式有自紧式、充气式和弹簧式。

自紧式的金属 O 形环,一般是由管径 10 ~ 15 mm、壁厚约 1.27 mm 的不锈钢管或因科镍合金管弯曲制成的大圆环,环的接头处对焊相接,环的内侧开有 12 个小孔,在这些小孔中,放进固定销,把环固定在压力容器顶盖上。同时,由于环的内腔与压力容器内部相连,当压力容器内介质的压力升高时,O 形环内腔的压力也同样增加,起自紧作用。

充气式 O 形环是在金属环的空腔内充入一定压力的惰性气体,当压力容器中介质温度和压力升高时,O 形环腔内气体温度和压力也随之增加,可以提高环的密封性能。

为了保证压力容器的密封,通常内环采用自紧式金属 O 形环。外环采用充气式金属 O 形环,或内外 O 形环均采用自紧式金属 O 形环。

弹簧式 O 形环用因科镍 – 600 管子制成,管子外表面涂有 0.3 mm 银层,管内装有直径约 0.6 mm 因科镍或钢制的细丝弹簧,环的外侧有开口。这种结构形式的密封环的优点是回弹量较大,可以达到 0.5 mm,而保持密封所需要的最小回弹量约为 0.3 mm。

制造压力容器的材料,目前广泛采用含锰钼镍的低合金钢,如板材用 SA533B 钢,锻件用 SA508 Ⅱ 或 SA508 Ⅲ 钢。这一类低合金钢的优点是具有较高的强度极限和屈服极限,有良好的塑性和冲击韧性,以及良好的焊接性能和抗中子辐照性能。但是,它的抗腐蚀性能较差,所以压力容器各段拼焊以后,必须在其内壁堆焊两层厚度共为 6 ~ 8 mm 的不锈钢或因科镍合金覆盖层。

压力容器的热绝缘采用金属全反射式保温层,不能拆卸,在将压力容器放入堆坑之前现场安装;压力容器安装在混凝土堆坑中,以接管作为支撑点,压力容器与坑壁之间留有足够的空间,以便从内部和外部都可以进行压力容器的在役检查。核反应堆压力容器的支撑如图 2 – 12 所示。

为了保证压力容器的制造质量,在压力容器材料是液态及固态时要进行化学成分分析,控制铜、硫、磷等杂质含量;在锻压成形和热处理后进行机械性能试验和超声波探伤,在其性能满足要求后进行机械加工。将各段拼焊起来时,焊前要预热,焊后冷却到室温之前,要在稍低于回火温度下进行热处理,以消除应力,焊缝要经射线检查、着色检查和超声波检查,环形焊缝焊后再堆焊不锈钢层。堆焊前,对焊条及焊药要进行分析,堆焊时工件同样要进行预热及焊后热处理,以避免在堆焊层下出现裂缝。堆焊后要打磨,然后进行着色检验及超声波检验,焊缝全部合格后再进行水压试验。另外,在机加工阶段,需从工件(圆环)相隔120°的三个相当于管座的位置上取下材料试验样品,用以测定脆性转变温度,并用作堆内辐照样品。

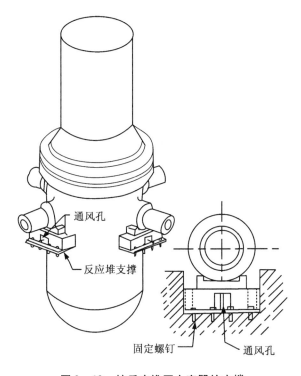

**图 2 - 12　核反应堆压力容器的支撑**

以上所介绍的是目前我国核电厂仿照美国、法国广泛采用的压力容器典型结构。而在德国,功率等级相同的压力容器其直径却要大 50 cm 左右,它所受到的快中子辐照注量有所降低,这样可减小对材料性能的影响,热应力也小;德国所设计的压力容器的另一个特点是,为了避免压力容器破坏引起堆芯失水,压力容器的接管以下不开任何大尺寸的孔洞。

## 2.5　控制棒驱动机构

压水堆的控制棒驱动机构布置在压力容器顶盖上,其驱动轴穿过顶盖伸进压力容器内,与控制棒组件的连接柄相连接。为了防止高温高压的冷却剂泄漏,控制棒驱动机构的钢制密封罩壳由专用设备焊接在压力容器顶盖的管座上,并必须经着色试验及水压试验,保证连接处有可靠的密封。

控制棒驱动机构的传动类型有磁力提升型、磁阻马达型和其他类型。长棒控制棒驱动机构采用磁力提升型,它们能让控制棒靠重力下落;短棒控制棒驱动机构一般用磁阻马达型,棒可以步进运行,但是不能靠重力落入堆芯。

销爪式磁力提升型控制棒组件驱动机构如图 2 – 13 所示。这种类型的驱动机构由驱动轴组件、销爪组件、密封壳组件、运行线圈组件和位置指示器组件组成。

驱动轴组件的驱动轴是一根加工精度及光洁度要求很高的杆轴,杆轴的中段带有环形沟槽,能让销爪驱动它和把它保持在所需要的位置。为了保证位置的准确性,加工时环形槽槽间的尺寸误差和累计误差必须不超过允许值;杆轴的上段是控制棒位置指示器铁芯的上光杆,杆轴下段光杆通过可拆接头与控制棒组件上端相连接。

销爪组件有两种:一种是传递销爪组件,另一种是夹持销爪组件。每种销爪组件均有三个沿圆周均布的钩爪,它们通过连杆机构与衔铁连接。当电磁铁吸合衔铁时,三个钩爪就会收拢,并与驱动轴组件杆轴中段上的环形沟槽相啮合;当电磁铁线圈断电时,三个钩爪又会迅速张开。由于钩爪与环形沟啮合和脱开过程中均不承载,所以钩爪与环形沟槽的接触表面磨损很小,连杆机构也不容易损坏。这就保证驱动机构进行上百万次动作而不发生故障。

运行线圈组件是由传递线圈、夹持线圈和提升线圈组成的,它们均装在密封壳的外面。只要按规定改变这些线圈的通电程序,就可使密封壳内部的销爪组件动作带动驱动轴组件,而使控制棒组件上升或下降。运行线圈的允许温度在 200 ℃左右时,需采用强迫通风冷却。

运行线圈的供电电缆穿过一根管子,管子垂直安装于线圈罩上,管子的长度与密封罩壳相同,其顶部是一个多头插座。

密封壳组件的主体是一个圆柱形的壳体,它与压力容器顶盖上相应管座的连接,应保证密封。在密封壳体的上部,装有位置指示器的套管,该套管上端设有排气装置,在冷却剂系统充水建立压力时,它能把堆内空气排走;当停止运行,系统降压后,也可由此排气。

控制棒位置指示器测量原理是基于同心的一次线圈和反映驱动杆运动的二次线圈之间的磁场强度随控制棒位置的不同而改变,当连接控制棒组件的驱动轴上下运动时,驱动轴上光杆就在装位置指示器的密封壳套管内移动,引起线圈中感应电压发生变化,指示出控制棒组件的位置。

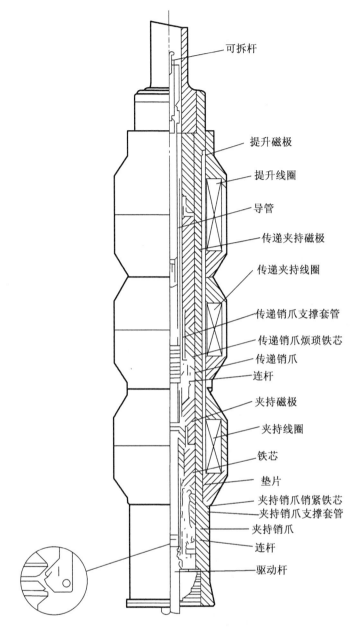

图 2-13　销爪式磁力提升型控制棒组件驱动机构

可拆杆

提升磁极

提升线圈

导管

传递夹持磁极

传递夹持线圈

传递销爪支撑套管

传递销爪烦琐铁芯

传递销爪

连杆

夹持磁极

夹持线圈

铁芯

垫片

夹持销爪销紧铁芯

夹持销爪支撑套管

夹持销爪

连杆

驱动杆

## 2.6　蒸汽发生器

蒸汽发生器是一回路冷却剂将核蒸汽供应系统的热量传给二回路给水,使之产生一定压力、一定温度和一定干度蒸汽的热交换设备。

压水堆核电厂的蒸汽发生器有两种类型:一种是带汽水分离器的饱和蒸汽发生器,另一种是产生稍过热蒸汽的直流式蒸汽发生器。在近代核电厂中,以前者应用较广。

**35**

### 2.6.1 蒸汽发生器的描述

压水堆典型的饱和蒸汽发生器每台生产的蒸汽可供发出 260 ~ 340 MW 电功率,一座 900 ~ 1 000 MW 的压水堆核电厂需要三台这样的蒸汽发生器。每台可产生的蒸汽量为 1 600 ~ 2 000 t/h,饱和蒸汽压力为 5.5 ~ 7.5 MPa,总高度为 19 ~ 22 m,总质量达 300 ~ 400 t。

立式 U 形管自然循环蒸汽发生器如图 2 - 14 所示。它由外壳 - 水室、管束和管板、蒸汽干燥装置等组成。来自反应堆一回路系统的冷却剂由下封头进口管嘴进入进口水室,然后通过 U 形管束将热量传递给二回路侧工质,冷却剂在流出 U 形管束后通过出口水室,再从下封头出口管嘴流出,由冷却剂泵输送回反应堆。二次侧流程如下:给水由给水泵输送,进入蒸汽发生器后通过给水分配环在管束套筒与壳体之间的环腔下降,与来自汽水分离装置的疏水汇合,成为再循环水向下流动,通过管板二次侧表面与管束套筒之间的缺口进入并横向冲刷管束,然后折流向上。由于吸收了来自一回路冷却剂的热量,再循环水达到饱和并逐渐汽化,汽水混合物在向上流动并离开管束弯管区后进入旋流式叶片分离器,汽水混合物中 80% ~ 90% 的水量被分离后成为疏水进入再循环,其余带有细小水滴的蒸汽继续向上,在经过重力分离后进入二级分离器,即人字形干燥器,进一步降低蒸汽的湿度。蒸汽出口管嘴中装有蒸汽限流器,流出的蒸汽送往汽轮机做功。

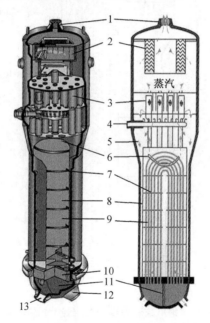

1—蒸汽出口管嘴;2—蒸汽干燥器;3—旋叶式汽水分离器;4—给水管嘴;5—水流;6—防振条;
7—管束支撑板;8—管束围板;9—管束;10—管板;11—隔板;12—冷却剂出口;13—冷却剂入口。

**图 2 - 14　立式 U 形管自然循环蒸汽发生器结构图**

典型立式自然循环蒸汽发生器剖面图如图 2 - 15 所示。其主要部件的特点如下。

1. 外壳 - 水室的特点

蒸汽发生器外壳由铁素体钢板制成。它的下端与管板连接,上端通过一个锥体过渡段与容纳蒸汽干燥装置的直径更大的筒体相连接。

一回路水室为半球形底壳,或称下封头,它焊接在管板上,用一块因科镍隔板分隔成一回路冷却剂进、出口两个水室,水室内表面堆焊不锈钢覆盖层。

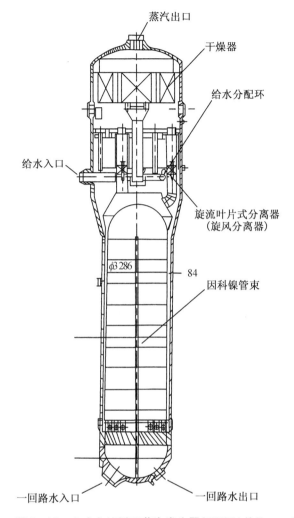

**图 2 - 15　立式自然循环蒸汽发生器剖面图(单位:mm)**

上封头通常为标准椭球形,蒸汽出口管嘴中有若干个小直径文丘里管组成的限流器,用于在主蒸汽管道破裂事故时限制最大蒸汽流量,从而限制蒸汽发生器二次侧部件和一回路系统的冷却速率,并可防止反应堆在紧急停堆后又重返临界。

上筒体设有给水管嘴并与给水环管相连。给水环管上设有若干倒置 J 形管,各 J 形管间孔距是非均匀的,其目的是获得给水流量沿环形管道的最佳分配。

2. 管束和管板的特点

管束共有 4 474 根因科镍传热管,倒 U 形排列,管内流动的是一回路冷却剂水。这些管子经胀接后焊接在管板上,为了达到足够的机械强度,管板厚度达 600 mm,用具有优良的塑韧性及淬透性的低合金高强度钢锻造而成,管板的一回路流体一侧覆盖有因科镍合金。管子按正方形栅格布置,管子的间距以支撑隔板来维持,在管束的整个长度上设有 7~8 块支撑隔板,支撑隔板之间用拉杆来固定。在管束拱形部分,借支撑杆固定以避免运行中由于流体流动诱发振动导致管束损坏。管束的外围由钢制围板套住,给水在这个围板和蒸汽发生器外壳的内侧间与再循环水混合后向下流动,通过围板底部,在高于管板上表面约 30 cm 处的空隙折向上流而冲刷管束。

3. 蒸汽干燥装置的特点

水与管束接触后,在倒 U 形管束的管外空间上升时被加热汽化,对带有大量水分的水 – 蒸汽混合物的干燥分为两个阶段进行:首先,水 – 蒸汽混合物离开管束后先通过 16 个并联的旋流式叶片分离器;其次,从分离器出来的蒸汽通过人字形干燥器,将残余的水分除去,在干燥器盘内收集的水被排放到给水分配环上方的环形空间,并在那里与旋流式叶片分离器除去的水会合。经干燥后有了一定干度的饱和蒸汽(其额定湿度为 0.25%)汇集于顶部,从蒸汽出口管引出,经二回路主蒸汽管通往汽轮机。

### 2.6.2 蒸汽发生器的运行原理

饱和蒸汽发生器是自然循环式的,其运行原理如图 2 – 16 所示。在这类蒸汽发生器里,循环回路由下降通道、上升通道和连接它们的套筒缺口及汽水分离器等组成。下降通道是套筒和蒸汽发生器筒体之间的环腔,上升通道由套筒内侧和传热管束之间的通道组成。

在循环回路中,下降通道内流动的是单相的冷水,上升通道内流动的是温度较高的汽水混合的热水,形成两股温度和密度都不相同的水柱。在同一系统压力下,冷水柱与热水柱两者的密度差形成自然循环的驱动力,驱动冷水沿下降通道向下流动,而汽水混合物则沿上升通道向上流,从而建立起自然循环。冷水柱和热水柱在蒸汽发生器的上部集水箱中接触,进行汽、水分离,未汽化部分的水流再循环进入冷水柱。

### 2.6.3 蒸汽发生器的运行

1. 水位的保持

蒸汽发生器的水位,是指在蒸汽发生器筒体和管束外套筒之间的环形部分中测得的水位,也就是冷水柱的水位。核电厂正常运行时,蒸汽发生器必须保持正常的水位,若水位过低,蒸汽发生器二次侧水量过少,会引起一回路冷却不充分,管束因温度升高而有可能破裂,同时会使蒸汽进入给水环,从而在给水管道中有产生汽锤的危险,蒸汽发生器的管板还将受到热冲击;若水位过高,将导致流向汽轮机的蒸汽湿度过大。

调节水位,是依靠控制给水流量调节系统的进水流量阀门而实现的,可以通过改变汽动给水泵转速来调整给水母管和主蒸汽集汽管间的压力差,而与测得的压力差与负荷变化的整定值比较。

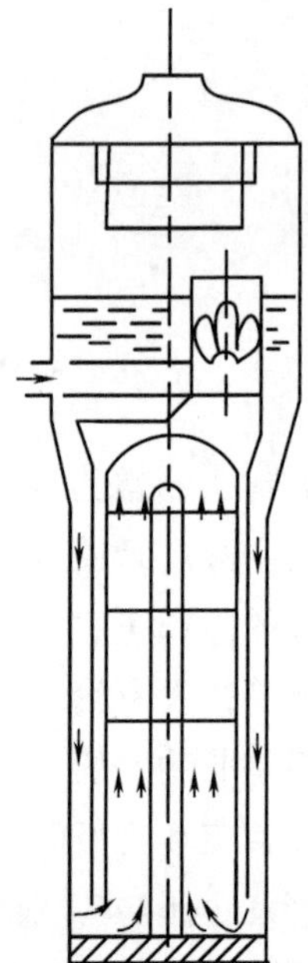

蒸汽发生器的给水,在正常工况时由给水流量调节系统供给。在核电厂启动阶段蒸汽发生器需充水。压水堆若长时间处于热备用或冷停堆状态,或给水流量调节系统发生故障等工况下,则由辅助给水系统提供给水。

图 2 – 16 饱和蒸汽发生器运行原理

2. 限制管子的腐蚀

蒸汽发生器是压水堆核电厂的主要设备,也是核电厂运行中发生故障最多的设备之一。大多数故障是由于各种腐蚀使 U 形传热管或传热管与管板接头处发生泄漏。防止泄漏的措施之一是选用合适的传热管材。早期的核电厂中,广泛采用 18－8 型奥氏体不锈钢作为传热管材,但由于这类材料在含氯($Cl^-$)、氧($O_2$)或含游离碱($OH^-$)的高温水中对应力腐蚀敏感,特别是凝汽器用海水冷却时,凝汽器泄漏会造成蒸汽发生器严重的氯离子应力腐蚀。近年来,压水堆核电厂已广泛采用因科镍－690(16Cr・72Ni)作传热管材。提高镍含量可以大大提高材料耐氯离子应力腐蚀能力,但运行情况表明,在含有一定量氯($Cl^-$)和氧($O_2$)的高温水中,含镍量较高的因科镍－690 对晶间应力腐蚀敏感。因此,也有采用含镍量中等的因科洛依－800 作为传热管材的。

压水堆核电厂蒸汽发生器运行过程中发生的典型腐蚀问题示意图如图 2－17 所示。其主要类型如下。

(1)一次侧的腐蚀

最近几年,运行着的压水堆核电厂的蒸汽发生器中,因科镍－690 传热管的一次侧腐蚀破裂已成为一个越来越突出的问题,绝大多数发生在 U 形管弯头的顶部、直段与弯管的过渡区,在胀管段发生破裂的也不少。一次侧破裂形式为晶间应力腐蚀破裂,这种腐蚀与其他应力腐蚀一样,当介质浓度、拉伸应力、材料的敏感性达到一定程度时就会发生。主要的应力是传热管在制造和装配时产生的残余应力,压应力和热应力也起着重要的作用,而温度、溶解于介质中的氢气或化学物质,则是应力腐蚀的主要环境因素。

防止应力腐蚀的措施有:对所有传热管进行热处理,如将电加热元件插入 U 形弯头内进行现场消除应力处理;将加热元件置于管板下面和壳体外侧,使整个管板加热到 610 ℃,以消除残余应力和改善金相组织;减少胀管过渡区和胀管区应力的方法可采用内表面散射喷丸或旋转喷丸,喷丸在管内表面产生的压应力必须与管壁的拉应力保持平衡,以提高一次侧抗腐蚀的能力。

(2)二次侧晶间腐蚀和晶间应力腐蚀

运行中蒸汽发生器传热管的各个部位都发现了晶间腐蚀,即在因科镍－690 晶界发生的腐蚀,其中最主要的是发生在传热管－管板缝隙(制造形成的环状缝隙)和传热管－支撑板缝隙处的腐蚀,管板上泥渣淤积处的管段上也会出现晶间腐蚀。晶间应力腐蚀与晶间腐蚀的主要区别在于前者明显与应力有关,加大工作应力、施加动载荷或存在高的残余应力都是促使晶间应力腐蚀发生和发展的主要原因。

对于新的蒸汽发生器,像防止一次侧应力腐蚀那样,进行热处理、改善材料的金相组织可降低对晶间应力腐蚀的敏感性;改善缝隙内环境是防止晶间腐蚀最直接的方法,这同样适用于晶间应力腐蚀。改善措施包括:降低温度、添加 pH 值中性剂、进行冲洗或浸泡以消除腐蚀性物质、控制水质中污染物含量等。

(3)微振磨损

微振磨损是指蒸汽发生器传热管做小振幅振动,导致防振架处管子管壁减薄而破裂。

防止微振磨损的措施是更换防振架,当管子外壁缺陷深度大于40%标称壁厚时应进行堵管。

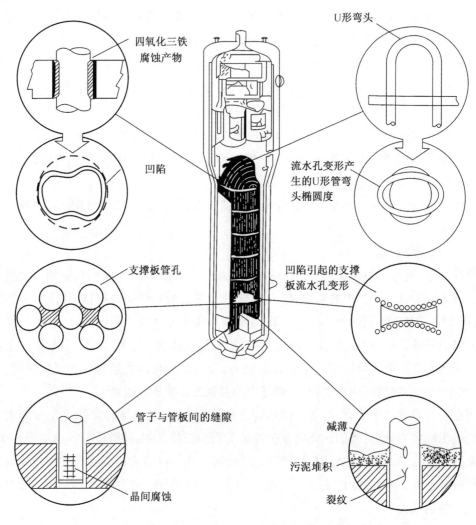

四氧化三铁腐蚀产物

凹陷

支撑板管孔

管子与管板间的缝隙

晶间腐蚀

U形弯头

流水孔变形产生的U形管弯头椭圆度

凹陷引起的支撑板流水孔变形

减薄

污泥堆积

裂纹

图 2 - 17　压水堆核电厂蒸汽发生器运行过程中发生的典型腐蚀问题

从图 2 - 17 还可以看出,蒸汽发生器的故障中,还可能发生凹陷和耗蚀。凹陷是指碳钢支撑板或者管板的腐蚀产物对管束的挤压作用造成的管子变形。腐蚀产物的堆积直接导致在支撑板交界处传热管发生塑性变形,并引起支撑板变形以致破裂。耗蚀是在二次侧的一种局部侵蚀现象,表现为局部管壁减薄,这是由于磷酸盐泥渣在滞流区沉积,而对传热管造成的化学侵蚀。

### 2.6.4　蒸汽发生器的主要参数

900 MW 大型压水堆核电厂蒸汽发生器的主要设计参数及结构尺寸见表 2 -4。

表 2 – 4  900 MW 大型压水堆核电厂蒸汽发生器的主要设计参数及结构尺寸
（U 形管自然循环式）

| 项　　目 | 参　　数 |
| --- | --- |
| 一次侧设计压力/MPa | 17.23 |
| 一次侧设计温度/℃ | 343 |
| 二次侧设计压力/MPa | 8.6 |
| 传热管材料 | 因科镍 – 690 |
| 传热管外径×壁厚/mm | $\phi 19.05 \times 1.09$ |
| 传热管数目 | 4 474 |
| 传热面积/m² | 5 430 |
| 总高/m | 20.85 |
| 上筒体外径/m | 4.46 |
| 空重/t | 308 |
| 正常运行重/t | 505 |

### 2.6.5  直流式蒸汽发生器

在少数压水堆核电厂中采用了直流式蒸汽发生器,在这种蒸汽发生器内,是无水的再循环,出口处得到的通常是过热蒸汽,有较高的热效率。它的传热管为直管式,且不带汽水分离器、蒸汽干燥器等装置,易于制造和组装(图 2 – 18)。它的严重缺点是二回路侧水容量小,对水质要求高;一旦给水中断,二回路侧容易烧干,不能把一回路热量传出去,使核蒸汽供应系统的安全性较差,从而引起事故。

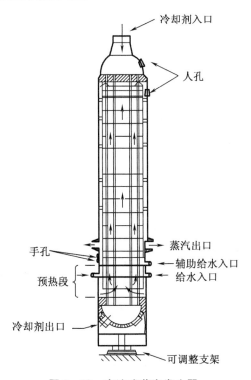

图 2 – 18  直流式蒸汽发生器

# 2.7　稳　压　器

稳压器是对一回路压力进行控制和超压保护的重要设备,它担负着以下功能:

(1)一回路系统在稳态运行时,各种扰动因素会使冷却剂温度发生变化;当一回路系统上充下泄出现不平衡(或有泄漏)时,会使冷却剂容积发生变化。在封闭的一回路系统内任何温度和容积的变化都会影响到压力,如果压力过高,会危及设备的安全,压力低于额定压力较多时,则反应堆堆芯内产生大量沸腾,有导致燃料熔化的危险。稳压器能使压力波动限制在很小的数值范围,例如 ±0.2 MPa 内。

(2)在变动工况运行时,冷却剂温度分布及平均温度随负荷变动而变化,使冷却剂收缩或膨胀,造成一回路压力波动,稳压器能使压力波动值限制在 ±1.0 MPa 或更小的允许范围内。

(3)当出现某种事故引起一回路压力急剧升高时,稳压器上的安全阀组能提供超压保护。

稳压器有气罐式和电热式两种类型。气罐式稳压器是在水容积上部用压缩空气或高压惰性气体作为压力调节的手段。由于压缩空气或高压惰性气体易泄漏,又易溶于水而沾染冷却剂,而且所需气体空间大,结构笨重,所以气罐式稳压器只在早期的核电厂中采用,在现代大功率的核电厂中,已由电加热式稳压器来代替。

## 2.7.1　稳压器的描述

现代压水堆核电厂通常采用立式圆筒形的电加热式稳压器。不论压水堆冷却剂系统中环路数目是多少,只需要设置一台稳压器。一台用于 900 MW 压水堆核电厂的电加热式稳压器如图 2-19 所示,其总容积 39.6 m³,高 13.64 m,重约 80 t,水容积占 23.8 m³。稳压器由上、下封头和圆柱形直立筒体焊成,筒体材料选用与压力容器相同的低合金碳钢,内壁堆焊不锈钢覆盖层。

稳压器的上部是蒸汽空间,顶端装有可降温降压的喷雾器,上封头装有喷雾器接管,与冷却剂系统的冷管段相接;稳压器下部是水空间,电加热器浸没在水中,用来升温升压。底部为支承裙筒,它支承稳压器并保护电加热棒的端子,裙筒四周有一些开口,以保证电加热棒电源接头的通风。筒体上设有维修用人孔,以及搬运用的吊耳。

稳压器以波动管与压水堆一回路系统中某一个环路的热管段相连,稳压器的封头中装有隔板和一个栅栏,用以阻止一回路冷却剂直接上冲到水-汽交接面。波动管路上装有一个温度探测器,在控制室中可接收到温度测量信号和波动管温度低报警信号。

电加热器由 60 根电加热棒组成,每根电加热棒套管中有镍铬合金电热元件,用氧化镁作绝缘,套管上端用端塞焊封,下端为一密封连接插塞,它即使在套管破裂时也是密封的。电加热棒通过焊在稳压器壳体内贯穿底部的套管安装在稳压器中,布置在以底部中轴线为轴心的 3 个同心圆上,分为两组:一组为通断式加热组件,主要用于启动时的瞬态过程;另一组为可调式加热组件,在压力小幅度波动时起作用。当稳态运行时,电加热棒一方面补偿热量的损失,另一方面补偿因连续喷淋所致的蒸汽冷凝。

在稳压器上部,有两条喷淋管路,分别与一回路的两个冷管段相连,每条管路上装有一个气动阀,用来控制最大流量达 72 L/h 的大流量喷淋。此外,在两条旁路管线上各装有一个手动阀,以保持小流量的连续喷淋(每条管线的流量为 230 L/h)。连续喷淋的作用为保持稳压器内水的温度与化学成分的均匀性和限制大流量喷淋启动时对管道的热冲击。每条喷淋管路上有一个测温装置,以测定流过管路的水温,并将温度测量信号传送至控制室控制盘上。在反应堆冷停闭时,除正常的喷淋外,还使用辅助喷淋管路,此管路的水由化学和容积控制系统供给。

在压力过高时,由泄压管路将稳压器中大部分蒸汽输送到卸压箱,有些稳压器设有卸压阀及安全阀,如图 2 – 20 所示。卸压阀在系统压力大于额定压力一定值时打开,使一部分蒸汽排入卸压箱,安全阀在更严重的情况下动作,以确保反应堆冷却剂系统的安全。但由于动力式卸压阀的部件有可能失效(卡死或不能回座),会导致发生重大事故,如 1979 年美国三里岛核电站 2 号机组所发生的事故。近几年来,多数大型压水堆核电厂稳压器已采用先进的三个先导式安全阀组提供超压保护。

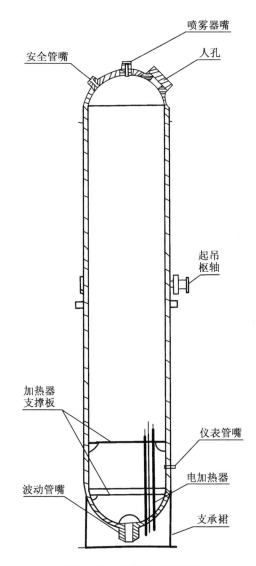

图 2 – 19　电加热式稳压器

每一个先导式安全阀组由串联的两台阀门组成,如图 2 – 21 所示。一台提供卸压功能的上端阀门,称为保护阀,另一台下端阀门,起隔离作用,称作隔离阀。在正常运行期间,保护阀关闭,隔离阀开启。如果保护阀在开启之后再关闭失效时,则隔离阀关闭,防止反应堆冷却剂系统进一步卸压。

安全阀组中,保护阀的工作原理如图 2 – 22 所示。保护阀是自启动先导式阀门,它由主阀部分和先导部分两个主要部分组成。

主阀部分是一个液压启动随动阀,它的下阀体带一个阀盘,坐在喷嘴上,上阀体包含活塞,因为活塞的表面积比阀盘的表面积大,活塞使阀盘压住喷嘴,阀门的先导部分的先导活塞由稳压器压力启动,起压力传递和控制作用。

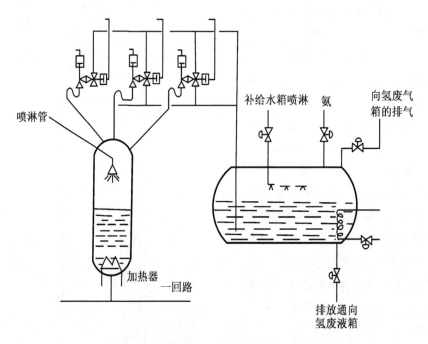

图 2 - 20　稳压器的喷淋管路与卸压管路

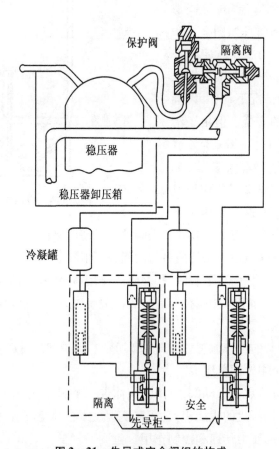

图 2 - 21　先导式安全阀组的构成

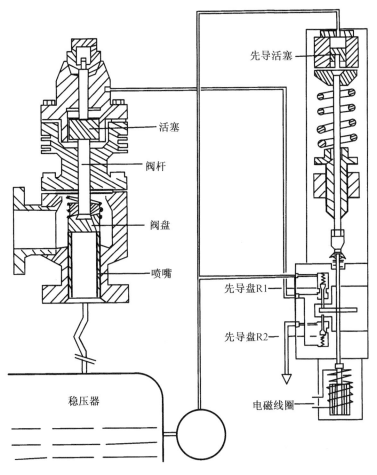

图 2-22　先导式安全阀组保护阀的工作原理

核电厂运行,当稳压器压力低于保护阀的整定压力时,先导活塞的传动杆在上面位置,先导盘 R1 开启,主阀部分活塞上部与稳压器连通,由于活塞的表面积比阀盘的表面积大,因此保护阀关闭。

当稳压器压力升高时,作用于先导活塞,使传动杆向下,先导盘 R1 关闭,主阀部分活塞上部与稳压器隔离,此时保护阀仍保持关闭。当稳压器压力达到保护阀整定压力时,先导活塞传动杆进一步向下,使先导盘 R2 开启,主阀部分活塞上部容纳的流体排出,稳压器压力作用于主阀部分阀盘上,使保护阀开启。

当稳压器压力降低时,先导部分传动杆上升,关闭先导盘 R2,开启先导盘 R1,使主阀部分活塞上部与稳压器接通,于是保护阀关闭。

先导部分电磁线圈可提供一种使保护阀直接卸压的方法,以便远距离手动强制开启保护阀。

### 2.7.2　稳压器卸压箱

稳压器卸压箱的作用是凝结和冷却。当稳压器过压时,通过安全阀组排放到卸压箱的蒸汽,防止一回路冷却剂对反应堆安全壳可能造成的污染。

卸压箱是一个卧式的低压容器,在它筒体的上部为氮气空间,装有一组喷雾器,筒体的底部沿轴线方向装有一根鼓泡管。

卸压箱按照冷凝和冷却稳压器一次排放量(约 1 700 kg 蒸汽)设计,这个排放量等于满功率下 110% 稳压器内的蒸汽容积。在正常状态下,卸压箱 3/4 的容积为水,1/4 的空间充满氮气,水温维持在 49 ℃。在接受蒸汽排放后,水温增加,但不会超过 93 ℃。蒸汽通过鼓泡管均匀排放到水中而冷凝。卸压箱的降温一是依靠来自硼和补给水系统的除盐水喷淋(喷淋流量是按 1 h 内将卸压箱的水从 93 ℃降至 49 ℃进行设计的),二是依靠箱内蛇形冷却管,它由设备冷却水系统不间断地提供冷却水。

卸压箱内充有氮气,额定压力是 0.12 MPa(绝对压力),箱内压力高于大气压,可以阻止空气的进入。氮气气压可以阻止一回路冷却剂所含的氢与空气中的氧形成易爆混合物。如果箱内压力小于 0.12 MPa,由氮气分配系统充氮;如果箱内压力高于 0.12 MPa,就释放蒸汽,由排汽管线将蒸汽排放到排气及疏排水系统中去。覆盖氮气的容积系统按一次排放后限制卸压箱内最大压力达到 0.45 MPa(绝对压力)来选择。卸压箱内装有两个爆破膜,其排放能力等于稳压器三个安全阀的总排放能力,一个爆破膜在内部超压情况下(0.8 MPa)保护卸压箱;第二个爆破膜在反应堆安全壳内超压情况下保护卸压箱,使它不至于被压坏。

### 2.7.3 稳压器的运行

1. 概述

在运行着的稳压器内,液相与汽相处于平衡状态,因而稳压器中的压力就等于该时刻温度下水的饱和蒸汽压力;同时,要求一回路水温应低于饱和蒸汽温度,以避免一回路冷却剂产生沸腾。如图 2 - 23 所示,图中显示了核电厂正常运行中的稳压器温度、热管段温度、冷管段温度和平均温度,平均温度由下列公式得出:

$$T_{av} = \frac{T_c + T_h}{2}$$

式中　$T_{av}$——一回路冷却剂平均温度,℃;

　　　$T_c$——一回路冷管段温度,℃;

　　　$T_h$——一回路热管段温度,℃。

冷却剂平均温度 $T_{av}$ 整定值,是与反应堆的功率水平相对应的,$T_{av}$ 有变化,一回路冷却剂体积将膨胀或收缩。以 900 MW 的压水堆核电厂为例,冷却剂平均温度每改变 1 ℃,一回路系统内冷却剂体积的变化为 0.3 ~ 0.5 m³。核电厂从零功率到满功率运行时,$T_{av}$ 的整定值相差达 17 ~ 20 ℃,相应的冷却剂体积变化为 15 ~ 20 m³,这就需要稳压器及相应系统予以补偿,否则,所引起的系统压力变化会导致堆芯及其他设备损坏。

在核电厂瞬态过程中,负荷的变化将造成冷却剂平均温度 $T_{av}$ 的升高或降低,导致一回路系统冷却剂体积变化。冷却剂的温度变化可从下式看出:

$$\frac{dT_{av}}{dt} = k(P_R - P_S)$$

式中　$k$——负荷变化速率,为与冷却剂体积等有关的比例系数;

　　　$P_R$——反应堆功率;

　　　$P_S$——二回路输出功率。

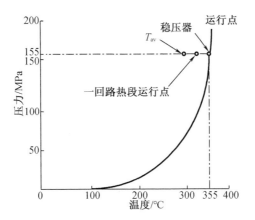

图 2 – 23　900 MW 核电厂正常运行工况

当 $P_R > P_S$ 时，$\dfrac{\mathrm{d}T_{av}}{\mathrm{d}t} > 0$；$P_R < P_S$ 时，$\dfrac{\mathrm{d}T_{av}}{\mathrm{d}t} < 0$。

汽轮机负荷阶跃降低约 10% 时，反应堆冷却剂系统中相应发生的瞬态过程如图 2 – 24 所示。汽轮机负荷阶跃降低约 10%（满负荷）时，反应堆功率控制系统应使反应堆输出功率相应降低。但是，由于检测系统及控制系统的滞后，反应堆冷却剂平均温度 $T_{av}$ 先由额定值上升至峰值，然后逐渐降低，稳定在与新功率水平相应的整定值处。温度变化导致冷却剂体积改变，因此稳压器压力也经历了升高达到峰值又回复到额定压力的瞬态过程。

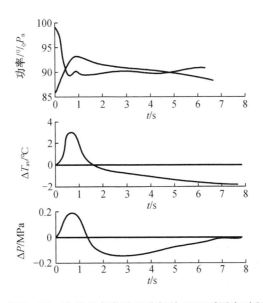

图 2 – 24　汽轮机负荷阶跃降低约 10% 时瞬态过程

汽轮机负荷阶跃增加 10%（满负荷）时，其瞬态过程正好与以上情况相反，如图 2 – 25 所示。

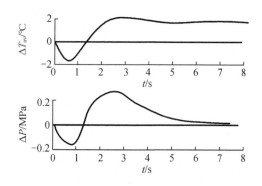

**图 2 – 25  汽轮机负荷阶跃增加约 10% 时瞬态过程**

2. 压力调节

在正常运行中,一回路压力应保持在整定值附近的上下允许限值之内,压力整定值不受电厂运行功率的影响,也与一回路的平均温度多少无关,总是恒定的。对 900 MW 级压水堆核电厂,稳压器的压力整定值等于 15.5 MPa。如稳压器压力增加过大,整个一回路都将处于不允许应力下,一回路某一管道可能破裂,造成失水事故;如果稳压器内压力过低,降至极限值以下,热管段的水将接近饱和蒸汽压力,水将大量汽化,可导致堆内燃料与一回路水热交换不良,燃料温度升高,致使包壳破裂,燃料熔化。

为了进行压力调节,稳压器压力控制系统采取如下措施:

(1)反应堆正常运行时,降低反应堆冷却剂系统的压力,由喷雾器实行连续喷雾来实现。由反应堆冷却剂系统冷管段引入的冷却水,经喷雾调节阀而喷入稳压器上部蒸汽空间。其作用是保持稳压器内温度及水化学成分均匀,并且在喷雾阀开启时降低热冲击造成的局部热应力。

(2)核电厂稳态运行时,电加热器是控制压力变化的重要手段。在稳态工况下,可调式电加热器的功率应等于稳压器散热功率与补偿连续喷雾流量的热功率之和。当压力降低时,可调式电加热器的功率自动增大;当压力升高时,则自动降低可调式电加热器的功率。通断式电加热器在反应堆启动及反应堆冷却剂系统压力下降较大时投入工作。

(3)稳压器的安全阀组提供了对冷却剂系统的超压保护,三个安全阀组的三个保护阀按各自的压力整定值开启及关闭,而与三个保护阀分别相串联的三个隔离阀可在保护阀因故障不能回座时起隔离作用,防止反应堆冷却剂系统压力失控。

(4)在稳压器的压力控制系统中,控制信号是由测量压力与整定压力之差,经过比例、积分和微分运算后的补偿压力得到的,安全阀组则由压力测量信号直接控制。控制系统还设有"自动/手动"切换开关,必要时可在主控室或应急停堆盘实行手动控制。

此外,稳压器的压力控制系统还设有保护线路,可以发出压力偏低应急停堆信号、压力过高应急停堆信号,以及低水位 – 低压力时安全注射等保护信号。

900 MW 级压水堆核电厂稳压器压力控制系统的压力控制程序如图 2 – 26 所示。

3. 水位调节

在压水堆核电厂运行中,稳压器中水位随一回路平均温度的变化而变化。如当反应堆启动或者停闭时,一回路水温约由 25 ℃ 上升到 291.4 ℃,或由 291.4 ℃ 降到大约 25 ℃,这就引起一回路水容积的变化(图 2 – 26)。当反应堆功率增加时,一回路平均温度从

291.4 ℃升到310.0 ℃,这也将引起一回路水容积的变化。

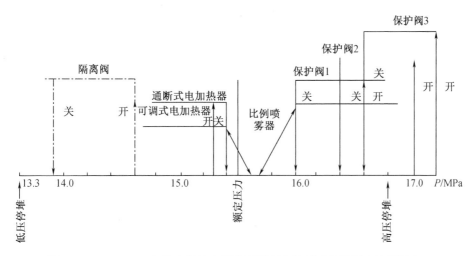

**图2-26　900 MW级压水堆核电厂稳压器压力控制系统的压力控制程序**

在稳压器中,水位变化会带来一定的不安全性,如果水位过高,则稳压器有失去压力控制能力的危险,安全阀有可能进水而失去作用;如果水位过低,则加热器的电加热棒可能会露出水面而烧坏。因此,在核电厂运行中,应该进行水位调节,以维持水位在正常的范围内。

稳压器水位整定值是在化学和容积控制系统没有下泄流量和当反应堆功率从0变到100%的条件下,使稳压器能承受一回路水容积的变化而计算确定的。水位整定值 $N_{ref}$ 与一回路的平均温度成线性变化关系,即水位从291.4 ℃时的20.4%变到310.0 ℃时的64.3%,如图2-27所示。

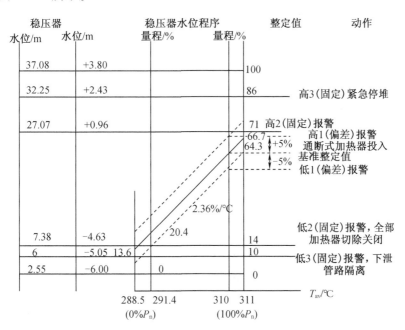

**图2-27　900 MW压水堆核电厂稳压器水位控制程序**

稳压器水位调节依靠的是以下系统和线路。

（1）水位控制系统

稳压器的容积允许吸收一回路冷却剂容积的正常变化，这种变化是和一回路平均温度变化同时出现的，水位（$N$）相对于参考水位（$N_{ref}$）的正常变化控制着化学和容积控制系统上充回路的调节阀。

（2）水位保护线路

稳压器水位保护线路设有高水位紧急停堆线路和安全注射线路。

对于某一个给定的功率负荷（从 0 到额定功率 $P_n$ 之间某一值），调节系统计算出水位整定值 $N_{ref}$，并且用调节化学和容积控制系统上充流量的方法来保持水位在这一整定值，如图 2-26 所示。如果水位超过整定值 $N_{ref}$，从（$N_{ref}+5\%$）开始，通断式加热器投入运行，用以蒸发一部分水，并发出红色报警信号；稳压器水位在稳压器高度的 66.70% 时，发出水位偏高红色报警信号；稳压器水位大于稳压器的 86%，而反应堆功率又超过了额定功率的 10% 时，则由反应堆保护系统发出信号使反应堆紧急停堆。

如果稳压器水位低于整定值 $N_{ref}$ 时，从（$N_{ref}-5\%$）开始，发出红色报警信号；稳压器水位在 14% 时，发出稳压器低水位或者低低水位白色报警信号，这时加热器全部断开，通向化学和容积控制系统的下泄阀关闭；稳压器水位在 5% 时，稳压器低水位兼低压安全注射系统动作。稳压器及卸压箱的设计数据见表 2-5。

表 2-5　稳压器及卸压箱的设计数据

| | 项　目 | 参　数 |
|---|---|---|
| 稳压器 | 设计压力/MPa | 17.23 |
| | 设计温度/℃ | 360 |
| | 总容积（冷态）/m³ | 39.75 |
| | 全负荷时水容积/m³ | 23.96 |
| | 全负荷时汽容积/m³ | 16.37 |
| | 外部直径（最大）/mm | 2 350 |
| | 圆筒部分的壁厚/mm | 108 |
| | 总高度/m | 12.8 |
| | 空重/t | 79 |
| | 运行压力/MPa | 15.5 |
| | 运行温度/℃ | 345 |
| | 加热器数量 | 60 |
| | 总的加热容量/kW | 1 440 |
| | 第一管道 1# 阀打开/关闭压力/MPa | 16.5/15.9 |
| | 第一管道 2# 阀打开/关闭压力/MPa | 14.5/13.8 |
| | 第二管道 1# 阀打开/关闭压力/MPa | 16.9/16.3 |
| | 第二管道 2# 阀打开/关闭压力/MPa | 14.5/13.8 |
| | 第三管道 1# 阀打开/关闭压力/MPa | 17.1/16.5 |
| | 第三管道 2# 阀打开/关闭压力/MPa | 14.5/13.8 |

表 2-5(续)

| 项　目 | 参　数 |
|---|---|
| 设计内压(最大)/MPa | 0.8 |
| 设计内压(最小)/MPa | 真空 |
| 设计外压/MPa | 0.2 |
| 设计温度/℃ | 170 |
| 总容积/m³ | 37 |
| 水容积(正常)/m³ | 25.5 |
| 最小运行压力/MPa | 0.12 |
| 最大运行压力/MPa | 0.45 |
| 运行温度/℃ | 40 |
| 空重/t | 9 |
| 尺寸直径×长度/m | 3.0×6.0 |

(第一列竖排文字:稳压器卸压箱)

# 2.8　冷却剂泵(主泵)

冷却剂泵又称主泵,用于驱动高温高压放射性冷却剂,使其循环流动,连续不断地把堆芯中产生的热量传送给蒸汽发生器,它是一回路主系统唯一高速旋转的设备。

压水堆核电厂冷却剂泵目前有两种设计:一种是转子密封泵,或称屏蔽泵;另一种是立式单级离心泵,泵的轴封是受控泄漏式的。在压水堆核电厂发展的初期,为了防止一回路放射性冷却剂向外泄漏,采用了屏蔽泵,它把电动机转子和泵体组装成一个全封闭结构。但这种泵的电动机制造比较困难,泵的惯性非常小,不利于事故停堆情况下堆芯的冷却,且泵的容量较小,造价高,效率低,维修困难,工作可靠性也差。立式离心式轴封泵的电动机与水泵泵体分开组装,中间以短轴相接,电动机顶部装有一个惯性飞轮,在失去电源的情况下,可延长主泵的惰转时间,泵轴密封采用三道旋转密封圈,能保证 15.5 MPa 压力与大气压之间的基本密封,只有微小泄漏量。本书只研究 900 MW 级大型压水堆核电厂普遍采用的离心式轴封型主泵。

## 2.8.1　冷却剂泵的描述

压水堆核电厂的冷却剂主泵应具有足够大的冷却剂输送流量,在冷却剂流经反应堆堆芯时把热量传出。因而,在正常运行时,每台泵的流量约为 24 000 m³/h,转速为 1 500 r/min,热态时消耗功率 6.6 MW 左右,其主要参数见表 2-6。

表 2-6　冷却剂泵的主要参数

| 项　目 | 参　数 |
|---|---|
| 设计流量/(m³·h⁻¹) | 23 790 |
| 总扬程/m | 97.2 |
| 一回路水温/℃ | 300 |

表 2 - 6(续)

| 项　　目 | 参　　数 |
|---|---|
| 一回路压力/MPa | 15.5 |
| 转速/(r·min⁻¹) | 1 500 |
| 功率消耗/kW | 6 680(热态) |
|  | 9 050(冷态) |
| 电机电压/kV | 6.6 |
| 机组总高度/m | 8.2 |
| 机组总质量/t | 85 |
| 效率/% | 82 |

主泵应在一回路的压力(15.5 MPa)和温度(300 ℃)下工作,所以设置有特殊的轴封和热屏。主泵位于一回路蒸汽发生器和堆芯之间的冷管段上。

立式离心式轴封泵包括三个部分:水力机械部件、轴封部件和电动机驱动部件。大型压水堆核电厂采用的立式单级离心轴封泵的剖面图及原理图如图 2 - 28 所示。

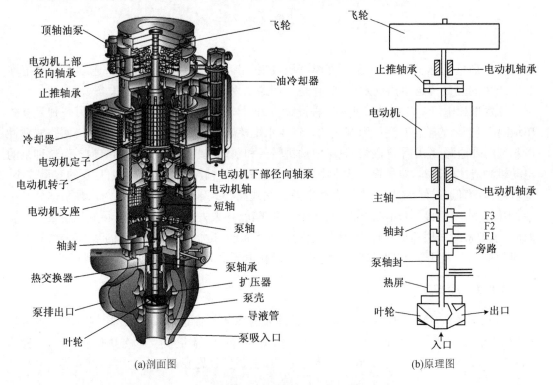

(a)剖面图　　　　　　　　　(b)原理图

**图 2 - 28　立式单级离心轴封泵的剖面图及原理图**

1. 主泵的水力机械部件

泵壳为镍 - 铬奥氏体不锈钢铸件,为满足水力性能好、强度高、便于加工和探伤的要求,其形状近似于圆球形。进入导管由不锈钢制成,它上端固定在导叶(扩散器)上,下端对准泵壳吸收管嘴的中心,将一回路水引入叶轮进口。叶轮装在泵轴上,泵轴是不锈钢锻件,叶轮和导叶也是不锈钢铸件。叶轮有 7 个叶片,直径 833 mm,重 565 kg。泵壳由两个半铸钢件拼焊成整体,焊缝需做 γ 射线探伤检查,但近年很多国家已采用整体铸钢件。

主泵轴承用作主泵轴导向,以避免安装在轴末端的叶轮形成的悬臂过长,这是一种具有石墨轴瓦的径向轴承,由来自化学和容积控制系统轴封水的一部分水起润滑作用。在泵壳和主泵轴承之间设有热屏,它由一组同心的、12 层奥氏体不锈钢蛇形管构成,它的作用是阻止来自温度为 300 ℃ 的一回路水的热流沿着泵轴上升,以避免轴承和水力机械部件的轴封受到损坏,蛇形管内有来自设备冷却水系统的温度为 35 ℃ 的水流动。这样正常工况时,可保证热屏以上温度维持在 90 ℃ 左右,在主泵运行和主泵停运而一回路温度高于 90 ℃ 时,必须对热屏供水,为此设有热屏出口水温和流量测量系统及报警系统。

**2. 轴密封部件**

轴密封部件结构如图 2 – 29 所示。

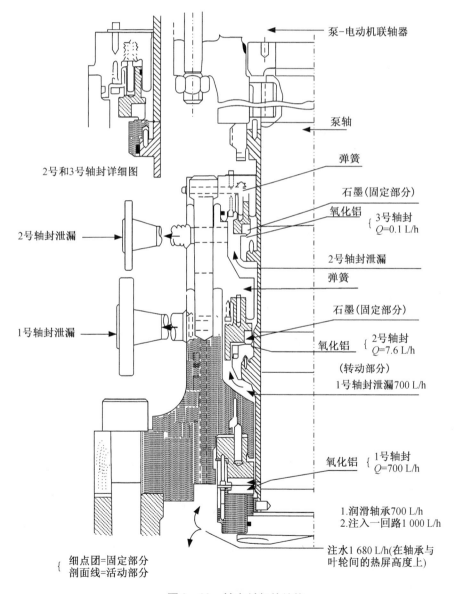

**图 2 – 29　轴密封部件结构**

轴密封部件是主泵的关键部件,其性能的好坏直接影响到泵的安全工作,而轴封的寿命又决定了泵的检修周期。压水堆轴封泵的轴封结构的特点是采用了三道串联和可控制泄漏的轴封,将 15.5 MPa 的一回路压力过渡到大气压,而又避免了一回路水泄漏到外界环境中去。三道轴封属于两种类型:第一道轴封是带有光滑表面可控泄漏流体的动态型轴封,它由一个固定在轴上的旋转动环和另一个不能转动的浮环组成,这两个不锈钢环的内表面覆盖着一层氧化铝,并精密加工成光滑的"镜面"。当核电厂正常运行时,一回路处于加压状态,来自化学和容积控制系统上充泵的轴封水流程的具有足够压力的水,使第一道轴的两环之间形成一层极薄的,约为 10 $\mu m$ 的水膜,轴封的前后压差约为 15.4 MPa。轴封前的最小工作压力为 2.3 MPa,这对应于轴封前后最小差压 1.9 MPa,其正常泄漏量为 12 L/min(约 700 L/h)。在正常运行时,第一道轴封泄漏流量的绝大部分通过位于轴封以上的管嘴返回到化学和容积控制系统。

第二道轴封和第三道轴封是同一类型的,它们是用弹簧组压紧的表面摩擦型轴封。以 18 - 8 不锈钢制成的旋转环的摩擦面上覆盖一层氧化铝,石墨环通过弹簧压紧在氧化铝上,并与泵的静止部分连成一体。第二道轴封的作用为阻挡第一道轴封的泄漏。而当第一道轴封发生事故时,第二道轴封应能承受一回路的压力,并保持一段时间(如 30 min)以便反应堆停闭。正常工况时,第二道轴封前的压力为 0.45 MPa,前后压差为 0.35 MPa,泄漏流量为 7.6 L/h,泄漏水被送至核岛排气及疏排水系统的排水箱。第三道轴封的作用是阻挡第二道轴封的泄漏,轴封前后的压差约为 0.02 MPa,它的泄漏流量特别小,为 0.1 L/h,可满足对轴封的湿润,来自硼和补给水系统的流量为 10 L/h 的除盐水,可保证对第三道轴封的清洗,避免在轴封处有硼酸的结晶,泄漏水也送到核岛排气及疏排水系统。

连接到第一道轴封上的测量仪表包括温度和压力测量元件。其要操作和控制的主要是第一道轴封的泄漏水返回到化学和容积控制系统的隔离阀。在第二道和第三道轴封之间有一根安装在第二道轴封泄漏管上的垂直管子,这是一根平衡管,使第二道轴封有不变的 0.02 MPa 的背压,这就使第三道轴封有恰当的润湿,所以这根平衡管又称作第三道轴封湿润蓄水管。

正常运行时,管内水位高出第三道轴封约 2 m,这就能保持 0.02 MPa 的背压。水流经管子后,通过一个可流过固定流量的孔板流向核岛排气及疏排水系统。第二道轴封泄漏水流向平衡管的流量通过控制室中的流量指示仪进行监督,该仪表接有一个报警信号。平衡管的水位在现场显示,并连接一个水位高报警信号和一个水位低报警信号,如果第二道轴封损坏,泄漏流量立即增加,管内水位上升,"水位高"报警信号灯亮;如果第三道轴封损坏,进入管内的流量即减小,水位下降,"水位低"报警信号灯亮,这种情况下,硼和除盐水系统能提供除盐补给水。

3. 电动机驱动部件

冷却剂泵电动机是三相 6 600 V、1 500 r/min、直接启动式电动机,正常运行功率为 6 ~ 7 MW。整个电动机驱动部件配有两个轴承和一个止推轴承,顶部有一个惯性飞轮,电动机轴是垂直安装的,可由一短轴把主泵与电动机连接起来。

电动机为鼠笼式感应电动机,定子采用高硅含量的钢片,转子由叠放在一起的高硅含量钢环制成,电动机用气腔内的空气冷却,以避免温度过高。在电动机出口,通过热交换器冷却此受热空气,该热交换器由设备冷却水系统的水来冷却。

电动机驱动部件共有两个油润滑径向轴承和一个双向止推轴承。电动机下部是飞溅润滑轴承。轴承箱内储存的油由设备冷却水系统的水进行冷却,水再流经专用的冷却器。配有下部轴承温度测量、轴承箱中油位测量、电机机身振动测量、轴位移和转速测量等仪表。电动机上部轴承与金斯伯利(Kingsburry)型双向止推轴承合成一体。双向止推轴承有以下两个作用:一是正常运转时,流体作用在泵上的动力推力大于泵的重力,止推轴承因而受到大约 45 t 的力而向上紧贴;二是在启动和停运时,泵所受到的重力超过了流体的推力,止推轴承这时受约 25 t 的力而向下紧贴。止推轴承和上部轴承浸泡在油中,通过飞溅润滑保证正常运行,此油由设备冷却水系统冷却。在启动或停止主泵时由一台辅助高压润滑油泵使整个装置"浮起",即靠油注射器和 8 块止推瓦,把止推轴承顶起来。因此,在主泵启动前 20 s,辅助高压润滑油泵即应运行,在主泵完全启动至少 50 s 后,辅助高压油泵才能停运。在主泵需停运之前,也应开动辅助高压油泵,该泵以 9.0 MPa 的额定压力运行,运转时最小压力为 4.2 MPa。电动机配备有温度测量和轴承箱内的油位测量仪表。

电动机轴的顶端装有重约 6 t 的惯性飞轮,它由高性能钢制成并经严格检验,在电源中断情况下能延长泵的转动时间达数分钟,这段时间是确保紧急停堆安全所必需的。惯性飞轮还设有防逆转棘轮装置,以防停运的主泵反转(因一回路其他环路的主泵运转而造成)。设置在惯性飞轮上的常规棘轮装置,位于一个固定的齿环中,其棘爪在约 60 r/min 的转速下因离心力而缩进去,容纳棘爪的固定环配有阻尼装置。

### 2.8.2　冷却剂泵的运行

冷却剂泵是功率非常大的设备,为保证核电厂的安全,确保它能可靠地运行,在冷却剂泵启动和停止时,必须遵守以下基本原则。

1. 冷却剂泵启动的主要原则

启动前一回路必须有足够的压力,以便可以:

(1)防止主泵气蚀,如压力不足,泵内空穴现象的产生将引起气蚀。因此,只有在吸入水头达到允许值(2.3 MPa)的条件下,才能使泵投入运行,必须遵循如图 2 - 30 所示中规定的运行条件。

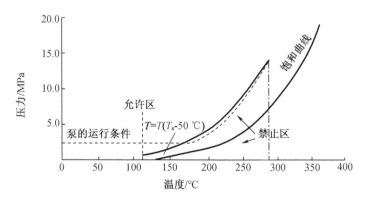

图 2 - 30　冷却剂泵运行曲线

(2)保证第一道轴封的分离。由于第一道轴封是可控泄漏流体动态型轴封,只有一回路压力大于 2.3 MPa 时,它才能被"抬起",冷却剂泵才能运转,对应的第一道轴封的内压差 $\Delta P = 1.9$ MPa,相应的轴封泄漏流量应大于 50 L/h。

(3)对第一道轴封,由于低压和过低的泄漏量不能保证泵轴承的正常润滑,因此必须打开第一道轴封的旁路管线,只要第一道轴封泄漏量低于 180 L/h,旁路管线就一直开着。

(4)轴承和推力轴承要有正常油压和油位,为此,冷却剂泵启动前 2 min 就必须使高压油泵运转,并且在冷却剂泵启动 50 s 以后才允许停止,所提供的油压通常为 9.0 MPa(必须高于 4.2 MPa,在 4.2~10.0 MPa 之间)。

(5)由于启动时荷载极大,因此每次只能启动一个电动泵组,每天最多启动次数限于 6 次,如冷却剂泵在停止后再次启动,则必须待电动机定子冷却后才能启动。

(6)冷却剂泵启动时,有关其他系统应具备的条件是:

①化学和容积控制系统在每台泵的热屏入口处必须有一股 1.8 m³/h 的注入流量;

②由设备冷却水系统冷却的热交换器必须供水,因而设备冷却水系统必须处于工作状态;

③硼和补给水系统必须可用,以保证对平衡管进行补水和冲刷第三道轴封。

2.冷却剂泵停止的主要原则

在发出停止冷却剂泵指令之前,必须将高压油泵投入运行,直至冷却剂泵停止 50 s 以后。

3.冷却剂泵运行的极限工况

(1)当一回路冷却剂做硼化(硼加浓或稀释)操作时,应至少有一台冷却剂泵可利用或在运转。

(2)当气腔在稳压器中建立时,至少连至喷淋管路的某一个环路的冷却剂泵应该工作。

(3)如可利用的或在运转的主泵不到两台,则不应将反应堆处于临界状态下,但低功率物理试验时可以例外。

# 第3章 核岛主系统工程的土建施工

## 3.1 核电厂土建施工特点

我国自20世纪80年代开始建造核电厂,至今已经建设了浙江秦山一期、秦山二期、秦山三期,广东大亚湾、岭澳和江苏田湾等核电厂,上述核电厂除秦山三期采用的堆型为重水堆,其他核电厂采用的堆型均为压水堆。对于核电厂的土建施工而言,不论什么堆型,对土建施工的要求和施工过程均大同小异。

目前建造的核电厂中,其土建部分以厚、重、大的现浇钢筋混凝土结构为主,施工难度较大,施工过程繁复,且施工质量较难控制。从目前的发展趋势看,核电厂的土建施工逐步在向集成化、模块化的方向发展。即加大在车间的土建和设备安装的预制量,利用施工现场的大型起重设备将模块组件直接吊装至施工部位,以节省施工现场的施工时间。但此类施工方式,将对施工现场土建和安装施工总体协调提出更高的要求。

以下以岭澳、秦山、三门、方家山等核电厂的施工数据为例,对核电厂土建施工的主要施工特点予以介绍。不做具体说明的,则是以岭澳核电厂的施工数据为例。

### 3.1.1 施工难度

核电厂的核岛厂房和常规岛厂房均为现浇钢筋混凝土结构。

厂房内的设备数量多、核安全要求高,使得厂房内的混凝土结构极为复杂,形状怪异。例如,反应堆厂房的内部结构为包容在直径为39 m的圆筒形安全壳内的多层厚重钢筋混凝土墙板结构,主要由底板、一次屏蔽墙(堆芯)、二次屏蔽墙、隔墙、6个楼层板和反应堆不锈钢水池等部分组成,标高从 $-4.5$ m 到34.0 m。墙体厚度不等,最厚处达2 440 mm,最薄处也有300 mm,且墙体拐角极多。同时为了以后核电厂运行的安全,内部结构施工还包含大量的特殊部位的施工,主要包括底板内多种测量仪器仪表的预埋、堆芯钢结构环梁褐铁矿混凝土施工、堆芯中子探测器定位构架和底板的安注水箱定位架等大量的环型高精度预埋件安装、反应堆不锈钢水池的混凝土施工和不锈钢施工等,施工工期短且所有的施工部位均集中在有限的空间内完成,施工难度极大。

### 3.1.2 施工周期

核电厂正式工程的建设周期一般为60个月左右,主要包括3个阶段:正式开工前的施工准备期10个月;正式开工至钢衬里穹顶吊装22个月;穹顶吊装至安全壳打压试验结束的装修、核清洁等施工需28个月。核电厂土建施工受到核安全、建造工艺等因素的制约,可压缩的空间不大,对施工环节要求高。施工中应合理规划,防止无谓的浪费。

### 3.1.3　投资规模

在国内,百万千瓦级的核电厂的建造成本一般为 300 亿元人民币左右。岭澳核电厂是一个技术密集、资金密集的项目。对土建施工而言,其中建造成本大约为 20 亿人民币,所占的总比例虽然不大,但绝对数字仍然十分可观。在核电厂建设周期内如何更好地使用这些资金,也是一个需要认真研究的问题。

### 3.1.4　施工接口

核电厂建设是一个工艺复杂、施工接口多的系统工程,涉及的专业是庞杂的,而土建工程只是其中的一小部分,但涉及的专业及施工工艺也是繁多的,主要包括:混凝土施工、模板施工、钢筋施工、预应力施工、各类仪表安装、防水施工、核清洁施工、防雷接地施工、钢衬里施工、不锈钢施工、油漆施工、预埋件施工、管道安装、门窗施工、堵洞和嵌缝、围护结构施工、围栏施工、无损检测,以及混凝土试化验等。

同时,核电设备安装工作介入很早,部分设备需在土建结构封闭之前提前引入,有大量的土建工程要与安装工程交叉施工,部分房间要与安装单位移交与反移交多次。因此,要求土建施工与安装单位密切配合,加强协调,确保计划节点按时完成。

### 3.1.5　质量要求

根据核安全法规,对核岛工程质量也有着不同于一般项目的要求,制定有严格的质量标准和技术规范,有些误差要求以毫米计算。因而,在质量管理上,要求建立项目上专用的质量管理体系、严格的检查控制制度;强调过程控制,多级检查,层层把关。

## 3.2　主体工程土建施工组织及施工准备

核电厂土建工程施工,由于其质量等级高、结构复杂,投入人员和设备多,施工准备和施工组织工作是保障项目顺利实施的先决条件。我国在近 20 年的核电厂建设历程中,由学习到实践,积累了相当多的核电建设管理经验。以下以岭澳核电厂的 CPR1000 堆型项目核岛厂房的土建施工为例,从组织机构、人员组织、材料供应、机械设备管理、生产和生活临时建筑、技术文件准备、混凝土试验和混凝土供应链准备等方面进行阐述。

### 3.2.1　组织机构

项目经理部领导班子由项目经理、党委书记、项目副经理、项目总工程师、项目总会计师等组成,实行项目经理负责制。项目组织机构如图 3 - 1 所示。

### 3.2.2　人员组织

CPR1000 堆型的土建主体准备及主体施工期一般为 6 年,项目经理部可配置管理人员年均人数约为 196 人左右,施工高峰期年均约为 250 人,工人全员劳动达到高峰期时,共有人数约 2 300 人,管理人员和工人比例为 1:10。岭澳核电厂建设期间土建施工人员配置见表 3 - 1。

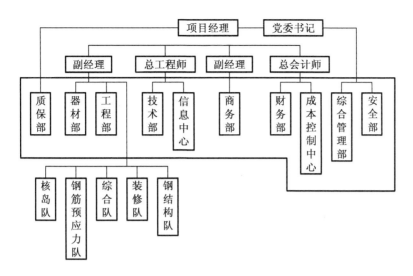

图 3－1 项目组织机构

表 3－1 岭澳核电厂建设期间土建施工人员配置 （单位：人）

| 人员类别 | 序号 | 工种 | 第1年 | 第2年 | 第3年 | 第4年 | 第5年 | 第6年 | 年均人数 |
|---|---|---|---|---|---|---|---|---|---|
| 管理人员 | 1 | 职员 | 180 | 190 | 200 | 193 | 164 | 78 | 168 |
| 工人 | 2 | 木工 | 122 | 231 | 368 | 266 | 155 | 35 | 196 |
| | 3 | 瓦（灰）工 | 146 | 82 | 136 | 182 | 153 | 47 | 124 |
| | 4 | 混凝土工 | 64 | 137 | 159 | 92 | 31 | 12 | 82 |
| | 5 | 架子工 | 19 | 15 | 30 | 29 | 22 | 10 | 21 |
| | 6 | 钢筋工 | 74 | 188 | 319 | 208 | 100 | 28 | 153 |
| | 7 | 铆（焊）工 | 36 | 113 | 161 | 216 | 165 | 53 | 124 |
| | 8 | 油漆工 | 14 | 20 | 52 | 76 | 63 | 32 | 43 |
| | 9 | 机械人员 | 59 | 97 | 151 | 123 | 73 | 39 | 90 |
| | 10 | 其他 | 111 | 350 | 491 | 350 | 267 | 96 | 277 |
| 合计 | | | 825 | 1 423 | 2 067 | 1 735 | 1 193 | 430 | 1 278 |

### 3.2.3 材料供应

材料供应的主要工作环节包括编制采购文件、供应商选择、材料采购招标、合同谈判、合同履行、物资进场、物资发放、物资回收等。

核电厂建设初期，由于采用国外技术，使用国际标准，我国核电建设材料主要依赖进口。经过近20年的努力，国产材料已逐步适应了国际上的一些通用标准，虽然目前国内尚没有系统的核电材料配套供应商，但许多有预见性的材料生产企业已逐步进行调整，并确定了服务于核电的发展方向。目前，核电建设所需的主要材料，如钢筋、水泥、钢材、防水材料、普通油漆等都已经在国内采购,而预应力钢绞线、预应力钢管、设备闸门等也正在进行国产化的代换工作,但仍有部分材料需进口解决,如不锈钢衬里、预应力锚固系统、永久性仪表、钢衬里钢板、防辐射油漆、嵌缝和堵洞材料、迪威达钢筋、哈芬导轨等。在以后的工作中,进口材料国产化仍将是材料采购中的一项长期任务。

核电厂土建工程建设期间材料采购的基本要求是保证质量、保障供应和控制成本。为了达到要求,采取的主要措施包括严格进行供应商资格评审与管理、材料计划进行分级管理、严格实行编审批责任制、实行采购项目成本责任制、主要大宗材料严格进行招标采购、对重要物资的生产供应进行必要过程监督、严格控制进场物资的复检工作等。

### 3.2.4 机械设备管理

核电厂土建施工过程中投入使用的机械设备共 3 500 台/套左右,主要设备的具体情况见表 3 - 2。

表 3 - 2  核电厂土建施工投入使用的机械设备

| 序号 | 设备名称 | 单位 | 数量 |
|------|----------|------|------|
| 1 | 生产车辆 | 辆 | 49 |
| 2 | 土方机械 | 台 | 20 |
| 3 | 起重机械 | 台 | 47 |
| 4 | 混凝土施工机械 | 台 | 59 |
| 5 | 油漆喷砂设备 | 台/套 | 22 |
| 6 | 钢筋联动设备 | 套 | 30 |
| 7 | 预应力设备 | 台 | 37 |
| 8 | 焊接设备 | 台 | 140 |
| 9 | 机床锻压设备 | 台 | 39 |
| 10 | 木工机械 | 台 | 15 |
| 11 | 测量设备 | 台 | 33 |
| 12 | 焊化试验设备 | 台 | 48 |
| 13 | 通用设备 | 台 | 51 |

其中以塔式起重机群和混凝土生产链设备的管理最为重要。

1. 塔式起重机群的管理

塔式起重机群管理的重点为塔式起重机群的使用、维修、保养工作。塔式起重机的安装由具有国家认可的拆装资质的拆装队进行安装,并按《特种设备安全监察条例》的规定到地方质量技术监督局进行申报,经当地特种设备检验所检验取得检验合格证后,将安全检验合格标识牌固定在塔式起重机的显著位置后方可投入使用,并按规定两年一检,确保安全使用。

塔式起重机群的使用调度由工程部门在现场配备一名调度员,各使用单位提前一天提出需用计划,调度员结合现场实际统一安排每台塔式起重机的工作任务。塔式起重机实行

"定人、定机、定岗位"的三定制度。

塔式起重机实行"125 h、250 h、500 h、1 000 h"运行间隔的强制保养制度,每月编制塔式起重机强制保养计划。塔式起重机强制保养计划与施工生产计划同时下达,建立塔式起重机保养维修台账。操作工在工作前、工作中、工作后对所操作塔式起重机自检及日常例行保养,主要按照"十字作业法",对起重钢丝绳、吊索吊具、各种安全装置(如限位器、锚定装置、防碰撞装置等)进行全面检查与鉴定,及时更换不合格产品。

2. 混凝土生产链设备的管理

混凝土生产链设备包括采石设备、碎石加工生产线、搅拌站、布料机、拖式泵、混凝土泵车、混凝土搅拌运输车等。

混凝土生产链设备的操作人员实行操作证制度,必须经过培训并取证,做到"四懂四会",即懂结构、懂原理、懂性能、懂使用规程;会使用、会保养、会检查、会排除故障。经考试合格领取操作证,持证操作,操作证定期复审。

为使搅拌站工作满足生产需要,保障设备正常运转,对搅拌站设备建立四级维护制度:小时维护、日维护、周维护、月维护。在特殊情况下,混凝土生产量比正常生产量大时或浇筑安全壳混凝土以前要全面、系统地维护搅拌设备。做好准备工作,在生产中每 4 h 检查一次叶片的紧固情况,保障生产顺利进行。

为使泵送设备满足施工生产的需要,做到及时供应、满负荷运转,必须对泵送设备按照强制保养计划进行保养。操作人员做好日常保养的情况下,由修理车间做定期保养。

### 3.2.5　生产和生活临时建筑

核电工程生产临时建筑布置对核电厂建设的影响至关重要。岭澳核电厂土建施工期间,其生产临时建筑主要包括项目办公楼、土建实验室、混凝土搅拌站、钢筋厂、木工车间、混凝土预制件厂、钢衬里车间、喷砂油漆车间、预应力车间、机修车间、无损探伤室、物资供应仓库、大型设备停放场地及材料堆放场地等,同时在施工现场设置有现场办公室、厕所、现场医务室、周转材料的堆放场地等来保证现场施工的顺利进行。

施工现场临时供电采用树干式和放射式相结合的方式,分多级,由外围向里逐级分布供电点,并按照"三级配电两级漏电保护"和"一机一闸一漏一箱"的原则对施工现场的临时供电进行布置。现场供水、供气采用环网,并以放射式的方式分多级由远向近、由下向上逐级分布供水点和供气点。

为方便现场施工,生活临时建筑应布置在离现场不超过 12 km 范围内。生活区根据国家有关生活用房设施参考指标,计算配备相应的职工宿舍。另还需在生活区配备医务室、培训中心、食堂、体育设施等辅助建筑,并配备多辆大客车,作为职工上下班的交通工具。

### 3.2.6　技术文件准备

技术文件主要包括施工方案和工作程序。

施工方案分为三个层次。第一层次为施工组织设计,在整个项目开工前编制,确定一些重大的施工方案,如总平面布置方案、混凝土施工方案、模板施工方案、钢筋工程施工方案、钢衬里施工方案、穹顶吊装方案、预应力施工方案等,为整个核电的建设奠定基础;第二层次为每一分项或专项工程施工前,在施工组织设计的基础上对分项工程或专项工程的施工进行具体的规划,制定实施方案;第三层次在施工过程中,每一具体部位施工前编制施工方案,如混凝土施工分层分段方案、模板配置方案等。

工作程序是对某一分项或专项工作制定具体的操作方法与步骤,即相当于作业指导书,根据工程进展和需要分阶段编制。一般整个核电厂土建施工过程中需编制工作程序300余个。

### 3.2.7 混凝土试验和混凝土供应链的准备

由于核电厂一般建设在海边,并具有运行时间长和核安全要求高的特点,因此对混凝土的施工质量具有极高的要求。为了保证混凝土供应的质量,应做好混凝土的配合比试验,同时建设专用的砂石厂和混凝土搅拌站。由于混凝土配合比配制时间较长,一般核电厂建设的首要任务是砂石厂的选址和搅拌站的建设。

1. 混凝土配合比试验

岭澳核电厂按照不同厂房、不同使用部位和不同使用功能的要求有数十种不同的混凝土配合比。混凝土类型包括按照法国标准配制的 15~40 MPa 结构混凝土、按照国家标准配制的 C15~C30 混凝土,同时包括重晶石混凝土、褐铁矿混凝土、纤维混凝土等特殊混凝土。在所有混凝土中,按照法国标准生产的 40 MPa 结构混凝土主要用于反应堆厂房安全壳,尤为重要。

混凝土配合比试验内容主要包括初步配合比试验和可行性试验。初步配合比试验是在实验室研究和得出的满足施工所要求的各种质量技术要求的基本混凝土配合比,可以为可行性试验提供合理配合比,并在可行性试验过程中研究各种参数的影响,以便在以后进行指导修正。初步配合比试验除进行常规的试验项目,一般还要求做 90 d 抗压强度试验和 28 d 抗拉强度试验。

可行性试验也称验收试验,目的是验证初步配合比试验中确定的混凝土配合比在实际现场条件下的制作和浇灌过程中,其主要技术指标是否符合技术标准的要求,是否满足施工的需要。可行性试验内容主要包括坍落度试验、28 d 抗压强度试验、水泥试验、28 d 抗拉强度试验、和易性试验、试样的比重试验、混凝土产出试验(按配合比生产混凝土时,测定其实际体积与理论体积之比)、泵送试验(需泵送的混凝土按核准的配合比设计,要求在最不利的施工条件下进行泵送试验并取得成功)等。

2. 砂石厂和搅拌站的配置

砂石场设在核电厂周边,其原石料来自核电厂周边的石料开采区。砂石的生产由专业队伍运作、管理,除了满足核岛、常规岛土建施工所需的砂石骨料供应,还应满足辅助工程、结构回填、海工等的砂石骨料供应。其混凝土总量约 60 万立方米,砂石供应总量达到 120 万吨。砂石场生产运行时间约 5 年。

搅拌站一般设置在施工现场,分为核岛厂房搅拌站和常规岛厂房搅拌站。每个搅拌站均配备有自动化强制搅拌机 2 台,单机搅拌容量 1.5 m³,产量 60 m³/h,搅拌时间 35 s,可连续 24 h 生产混凝土,可选择手动、自动和全电脑控制等模式。同时每个搅拌站最少需配 6 辆 8 m³ 混凝土灌车、4 台 87 m³/h 布料机、4 个 87 m³/h 地泵、1 辆 50~80 m³/h 泵车,方能确保土建工程的所有混凝土生产、运输、泵送供应。混凝土的供应由专业队运作、管理,统一对混凝土生产计划的编制进行动态调整,以保证满足并完成最大量的生产任务,保证混凝土的质量。

# 3.3　反应堆厂房预应力安全壳的施工

在核电厂的建造中,结构最复杂、施工难度最大的是反应堆厂房,它由安全壳和内部结构两部分组成。其中安全壳是反应堆发生事故时的最后一道屏障(有单壳与双壳之分,尤以大亚湾核电厂的单层安全壳、田湾核电厂的双层安全壳为典型),为后张预应力混凝土结构。预应力钢筋布置分水平、竖向和穹顶束三部分,一般选用标准抗拉强度为 1 770 MPa 或 1 860 MPa 的 $\phi$15.7 mm 低松弛钢绞线。在筒身不同位置上设有大量不同用途的临时或永久性孔洞和贯穿件,主要有设备闸门、人员闸门、空气闸门,以及各类电气、管道贯穿件。

安全壳作为核电厂的 I 类建筑,要求筒体墙为清水混凝土墙,并要保持一定的垂直度;而壳体施工过程中钢筋绑扎、筒体壁板和模板吊装、预应力管道安装、混凝土浇筑等工序立体交叉作业多,同时又要不影响内部结构及周围厂房的施工,诸多因素极大地增加了施工组织的难度,这就需要合理地安排施工工序,选择最优的施工方法,以保证安全壳的施工质量和工程进度。反应堆厂房土建施工过程可分为钢筋施工、模板施工、混凝土施工和安全壳预应力施工。

### 3.3.1　施工层段划分

安全壳施工时,考虑爬升模板体系承受混凝土侧压力,以及用塔吊加吊斗浇筑混凝土的强度需要,除特殊部位,如较大的设备闸门、人员闸门、空气闸门处,一般只设置水平施工缝,分层浇筑厚度一般约 2 米/层。

### 3.3.2　钢筋施工

反应堆厂房安全壳结构钢筋直径大(大多为 $\phi$40 mm、$\phi$36 mm、$\phi$32 mm),布置密集,贯穿件或洞口结构附加筋多,诸多因素为钢筋工程的施工带来了极大的难度,需合理安排钢筋的施工顺序。安全壳筒体钢筋一般采用现场绑扎法施工,钢筋接头采用绑扎搭接接头。为了施工方便,设计竖向钢筋长度在 5 m 左右。环向钢筋尽可能根据钢筋定尺长度下料,一般考虑不超过 8 m。当采用机械连接时安全壳除拉结筋,其余竖向及水平环形、$\phi$25 mm 及以上的钢筋均可采用等强直螺纹连接技术取代钢筋的绑扎搭接连接。

### 3.3.3　模板施工

1. 模板体系的建立

根据安全壳的结构特点,筒体墙较高,模板周转次数较多,要求模板支撑系统必须完善、可靠、牢固,满足强度和刚度要求。施工时选用了爬升模板(它由模板板面系统和上层操作平台、中层承重平台、下部悬挂平台组成),仅在部分特殊部位采用异型模板。

2. 施工方法

(1)工艺流程

车间组装模板及上层操作平台→现场测量放线→支设第一层模板(预埋定位锥体)→拆除模板→将定位锥体换成爬升锥体→将爬升托架安装在爬升锥体上并铺设中层承重平台→安装筒体模板(带上层平台)并与爬升托架相连→支设第二层模板→浇筑混凝土→拆

除模板并将模板提升至第二层混凝土的爬升锥体上→在爬升托架下方安装下层平台→爬升体系全部实现,在塔吊配合下,模板逐层爬升。

(2)施工前的准备工作

必须根据建筑物的具体特点做好模板方案的设计工作,确定模板的布置、编号、每块模板的大小,以及根据竖向分段确定模板的高度,并画出模板布置图、爬升锥体的位置及模板加工图。根据模板布置图及模板加工计划,在车间定型制作组装各种型号的模板及相关构件,并编号,以保证现场按方案中规定的位置准确定位。

(3)模板系统的爬升

模板的爬升需借助塔吊等提升设备,一般为 6 人一个作业班组。1 人指挥塔吊;2 人在上层平台上负责挂钩,模板提升过程中,此 2 人应拉紧墙体钢筋,使模板靠近墙身,保持模板稳定;3 人在中间层平台,负责松开爬升锥体的螺母,取下爬升锥体。当模板提升到位后,将爬升托架固定在新的爬升锥体上,拧紧螺母。

(4)模板支设

第 1 层模板按设计位置准确就位,并在模板上安装定位锥体。第 1 层模板施工时,因整个体系尚未完全形成,模板的加固方法为模板底部用高强对拉螺杆和预埋锥体拉结,中部加设可调顶撑,顶部使用高强螺杆拉结,并采用导链校正的临时支撑体系。从第 2 层开始,仅在模板顶部设立一道可周转的高强螺杆拉结,充分利用模板自身的支撑系统对模板进行加固。

3.安全壳特殊部位模板的施工

(1)安全壳扶壁柱的安装

安全壳扶壁柱是安全壳水平预应力锚固装置的集中部位,采用预制锚固块形式进行安装施工。即在预制件加工厂将水平预应力锚固系统浇筑在 L 形的混凝土预制块内,现场施工时直接将预制锚固块吊装就位,作为扶壁柱混凝土的侧模。

(2)安全壳贯穿件处模板施工

在安全壳有大量的钢衬里贯穿件,对于未伸出安全壳筒壁的贯穿件不影响爬升模板的正常施工,只需将贯穿件与模板接合处用聚苯乙烯泡沫板封死即可,但仍有部分贯穿件伸出了筒壁,该部位的模板必须配置异型模板。

(3)设备闸门模板施工

设备闸门模板施工的关键是解决模板和设备闸门混凝土立面同闸门径向轴线成垂直平面的问题。为此,通过设立临时操作平台、设计大量的异型模板、分阶段安装等措施来保证模板施工的顺利进行。

### 3.3.4　混凝土施工

核电工程在混凝土浇筑量和体积上虽均比不上水电工程,但与其他工程相比,仍是大体积混凝土工程,且结构上比水电工程复杂。由于要防辐射,又有控制裂纹开展度的要求,因此在混凝土配合比、原材料选用、浇筑、养护、密实度、容量及其监控有一系列的严格标准和要求,特别是配合比和选材。

对滨海核电厂很难找到天然原材料及合适的给配料,往往要用人工砂、石料并经过现场实验室的严格测定,需时约一年。必须在施工准备时给予足够的关注,并在施工过程中严格监督,才能确保核电工程混凝土质量。

混凝土施工作业的流程大体上可分为四个部分:原材料的选配和混凝土配比要求、混凝土的生产和运输、混凝土浇筑、混凝土浇筑后冲毛和养护。

1. 原材料的选配和混凝土配比要求

水泥采用普通硅酸盐水泥,并掺加适量的 I 级粉煤灰,因安全壳每层混凝土浇筑时间较长,应选用高效缓凝减水剂,延长混凝土初凝时间。同时为了混凝土层段间施工缝接茬严密、结合质量好或钢筋加密区部位的浇筑,相应标号的混凝土需配置同强度的细石混凝土,以满足不同部位混凝土施工的需要。

2. 混凝土的生产和运输

混凝土由搅拌站集中生产后,出机温度不高于 28 ℃,入模温度控制在 5 ~ 30 ℃。为控制入模温度和坍落度损失,限定混凝土运输车每车载运量不超过 4.5 m³。混凝土离开搅拌站后应在 1 ~ 1.5 h 内浇筑完毕。

3. 混凝土浇筑

工艺流程:提前 12 h 洒水湿润基层和吊斗→检查签字放行情况→通知搅拌站开始搅拌混凝土→混凝土运至现场→检查验收混凝土发货单的一致性,并签字→检查混凝土的温度及坍落度→卸混凝土入吊斗并吊至浇筑点上方→布料→振捣(图 3 - 2)→压面→施工缝处理→清理→养护。

图 3 - 2　混凝土的振捣

由于安全壳内侧是以厚度仅 6 mm 的钢衬里壁板作为模板,为防止混凝土浇筑侧压力过大导致壁板变形,因而需控制浇筑速度。

混凝土浇筑过程中,注意对预应力仪表和预应力管道的保护。振捣过程中,振捣棒的提落要平缓,不得碰撞预应力水平管道。

对于闸门,其底部的平缓段较长(5.3 m),而且钢筋较密,混凝土不易从闸门的一侧向另一侧流动,容易在闸门下方出现空洞,为了避免出现这种事件,需要在闸门底部预留几个浇捣孔,同时也能起到排气的作用。

4. 混凝土浇筑后冲毛和养护

最后一层混凝土浇筑完毕后,必须用木抹子抹压数遍,直至消除沉陷裂纹为止。混凝土接近初凝时进行施工缝冲毛,用高压气加水冲洗表面的浮浆,使石子均匀外露。安全壳外墙面混凝土采用涂刷养护剂养护,水平施工缝处采取专人喷雾养护,在涂刷养护剂前须对墙面进行清理。要求养护剂为同一生产批号,刷量均匀,保持墙面养护后颜色一致。

### 3.3.5　安全壳预应力施工

1. 预应力施工

安全壳预应力施工是防止裂变产物释放到周围的最后一道安全屏障,在事故工况下能有效防止放射物质外泄。同时安全壳能承受地震、飓风、飞机坠落等各种冲击。因此,安全壳的施工质量对核电厂的建设具有重要意义。

预应力施工按专业分工、分层段流水作业的形式进行,当具备施工条件后,先进行穿束一个层段,然后进行张拉一个层段,最后进行灌浆一个层段。穿束、张拉、灌浆每一工序完成一个层段的工作量要求在 2～3 d 内,每一层段计划施工工期为 7 d。当一个层段施工的上道工序完成后,在不受其他条件制约时可转入下一层段继续施工。预应力施工工艺流程如图 3 - 3 所示。

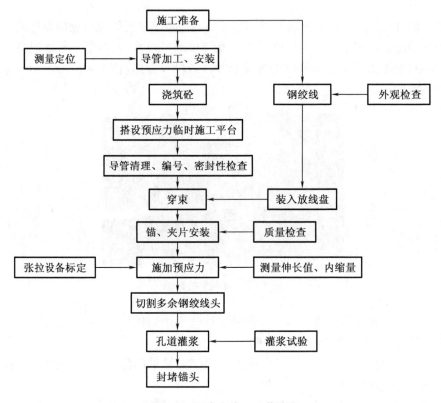

图 3 - 3　预应力施工工艺流程

(1) 预应力孔道留设

安全壳竖向、穹顶预应力留孔材料选用薄壁钢管,水平预应力留孔选用由镀锌钢带卷制而成的波纹管。但在扶壁柱区域即承压板前端 2.5 m 范围、设备闸门、孔道曲率半径小于 8 m 区段仍需选用薄壁钢管。

而安全壳预应力管道锚固槽除竖向管道上部和穹顶管道,都设计成预制件。这样大大减少了现场固定锚固件的时间,并缓解了受压区由于配筋密集而产生的浇筑困难。

(2) 钢绞线穿束

当安全壳穹顶混凝土强度达到设计要求后,即可进行钢绞线穿束。钢束分布及模型如

图 3 - 4 所示。穿束一般采用电动穿束机进行。

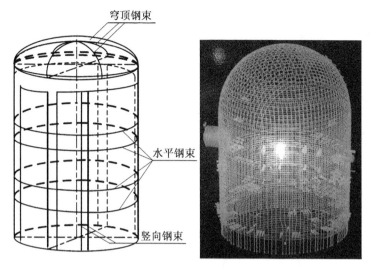

图 3 - 4 安全壳预应力钢束分布示意图及模型图

穿束前将钢绞线置于钢绞线解线盘内,并将钢绞线的内端头拉出固定在解线盘托盘上。装有钢绞线的解线盘置于管道口附近的建筑物或工作平台上,当钢绞线解线盘与穿束机之间相距太远时,用一根薄壁钢管或一根波纹管来保护,引导钢绞线的末端夹置于穿束机的滚轴之间,并在末端装上一个指形或球形的"子弹头",以利于穿束。对于水平和穹顶管道穿束,从任何一端穿入均可;而竖向管道的钢绞线,从顶部到底部由上而下穿入,已穿入的钢绞线用夹片固定于顶部锚固块中。孔道内钢绞线穿完后,用彩条布将露在孔道外的钢绞线包好,防止水和其他杂物接触其表面。

(3)预应力张拉

①张拉设备选用法国产 K500F 型前置式千斤顶用于水平、穹顶钢束,选用 K1000 型千斤顶用于竖向钢束,放张设备选用 M23 - SC/180BH 型千斤顶。这 3 种千斤顶与 P6M 油泵配套使用,张拉施工前对配套的张拉千斤顶、油泵、压力表进行校验。

②预应力筋的张拉控制应力 $\sigma_{con} = 0.8 f_{ptk} = 0.80 \times 1\ 766.7\ \text{MPa} = 1\ 413\ \text{MPa}$,张拉采用应力控制、伸长值校核的双控措施,分 5 级张拉,张拉时应缓慢匀速进行。

③预应力钢束张拉顺序为竖向钢束张拉33%,水平钢束张拉至 + 34 m(外圈85%,内圈80%)→竖向钢束张拉100%→穹顶钢束张拉20%→外圈水平钢束张拉100%→内圈水平钢束张拉100%→穹顶钢束张拉50%→穹顶钢束张拉100%。

④在正式张拉前,需实测几根孔道摩擦损失,以检测束管埋设是否符合设计要求。

(4)竖向束张拉

穹顶环梁上方每个穿束组搭设一个穿束平台,钢绞线盘卷放在平台后的环梁顶部;竖束上方张拉在环梁顶部进行,千斤顶的移位和安装用塔吊配合,竖束下端补张拉在廊道内用千斤顶进行,千斤顶的移位用手动液压升降台车,安装采用自制加工的加工件;水泥浆由灌浆泵、管路经廊道入口输送到各钢束的灌浆接口,竖束上端设补浆斗。

竖向束张拉上端和下端如图 3 - 5 所示。

(a)竖向束张拉上端(穹顶环梁顶部)　　　　(b)竖向束张拉下端(基础廊道内)

图 3 - 5　竖向束张拉

(5)环向束张拉

扶壁柱一两侧搭设钢管支架平台,穿束机固定在待穿钢束的孔道口外 1～1.2 m 处,钢绞线盘卷放置在穿束位置附近的地面、屋面、环梁顶部等合适部位。扶壁柱二两侧搭设钢管支架平台,平台上方设 2 t 单轨手动行车,用于穿束机和钢束张拉千斤顶的就位安装及升降移位。张拉操作平台的操作层随着钢束施工的标高做调整。水泥浆由灌浆泵、管路经扶壁柱两侧输送到钢束导管的灌浆接口,在筒身外围有环向钢束排气口、排水口的部位搭设钢管支架操作平台,进行灌浆操作和二次膨胀浆的灌注。环向束张拉如图 3 - 6 所示。

图 3 - 6　环向束张拉

(6)穹顶束张拉

穿束机固定在穹顶钢束环形施工平台待穿钢束的孔道口外,钢绞线盘卷放置在穿束位置附近的环梁顶部;张拉操作在穹顶钢束环形施工平台上进行,张拉千斤顶的就位安装及拆下由塔吊配合;水泥浆由灌浆泵、管路沿扶壁柱一侧输送到穹顶钢束环形施工平台后,再与待灌浆的穹顶钢束导管接口,二次膨胀水泥浆灌注在穹顶上的预留灌浆接口进行。

（7）张拉控制（以方家山核电厂预应力混凝土安全壳的施工数据为参考）

①张拉控制采用应力控制和伸长值双控校核。其大概流程如下：

穿束过程中安装锚头、夹片→安装张拉设备→张拉至初始应力（50 bar[①]）→安装测量标记并测量初始值→分5级加荷（100 bar、200 bar、300 bar、400 bar、最终张拉力）并测量各级荷载下的伸长值→加荷至最终值并持荷3 min→测量最终伸长值→顶锚、回油→测量内缩量→拆除张拉设备→验收→切割多余钢绞线头。

应力控制是张拉应力的控制。

竖向理论张拉力7 646.4 kN，理论压力值413.1 bar；

水平及穹顶理论张拉力4 035.6 kN，理论压力值442.5 bar。

千斤顶及油泵的内阻根据千斤顶的标定报告取值（详见千斤顶内阻系数测试章节介绍），在不考虑压力表本身标定数量差异的情况下，水平和穹顶钢束若要达到理论张拉力（或张拉控制力）所需油泵压力表的读数为

$$P_{油} = (1 + 内阻系数)P_{j}$$

同时适用于YCW1000 - 250型及YCW500 - 250型两种千斤顶。

②张拉过程中应密切监视是否有异常情况，包括是否有巨大的响声，再判断是否具有断丝和滑丝的现象。

预应力钢绞线滑丝：在预应力钢绞线张拉过程中如果发生异响，压力表突然跳动、继续进油压力表读数反而减小，此时千斤顶的工具锚可能产生滑丝；如果已经张拉到控制应力，千斤顶回油过程中产生异响，压力表大幅度跳动，此时工作锚可能产生滑丝。严重滑丝时，千斤顶可能会突然弹出，造成事故。因而在进行张拉时应注意是否有异响和不正常现象出现的苗头，及时停止张拉，并缓慢回油，再进行仔细的检查。如果发现工具锚滑丝，应更换工具锚；如果发现工具锚滑丝或破损，必须卸荷，将已滑丝的夹片取出；如果发现预应力钢绞线有严重损伤，还必须拆除钢绞线，重新更换钢绞线再行穿束；如发现夹片或预应力钢绞线上有油污，应采用棉纱擦拭或用除油剂清洗。

预应力钢绞线断丝：在张拉过程中，如果发现有崩裂的响声，压力油表剧烈抖动，即是出现断丝的征兆，此时观察露在千斤顶外的预应力钢绞线束端部，即可发现已断裂的钢丝。对于预应力钢绞线，同一构件内断丝数不超过钢丝总数的1%时，可继续小心张拉锚固，如果超过1%，则应更换钢绞线重新张拉。

③千斤顶升压时应观察有无漏油和千斤顶位置是否偏斜，必要时应回油调整，进油升压必须徐缓、均匀、平稳，回油降压时应缓慢松开回油阀，并使各油缸回程到底。

④钢束在张拉后应控制锚固的速度，如果张拉撤销速度即锚固速度太快，会对锚板、夹片等锚固构件造成冲击，产生较大冲击力，加大夹片的嵌入量，严重者会造成夹片的破坏，影响锚具安全性能。所以在钢束锚固过程中，应严格控制千斤顶及油泵的回油速度，以及控制张拉力撤销速度和锚固速度，避免对锚具造成冲击而增大夹片嵌入量。

⑤在钢束锚固后，应检查锚板和夹片是否有裂纹及破碎现象，如无质量问题应使用圆盘式切割机完成对多余钢绞线的切割，切割后外露长度不小于20 mm，一般为40～60 mm。切割后应立即检查是否损坏锚板或夹片，如无损坏，及时安装保护罩或灌浆帽，防止雨水或其他杂物浸入预应力孔道，而对钢绞线造成腐蚀。

---

① 　1 bar = 0.1 MPa。

（8）预应力孔道灌浆

预应力钢束张拉完毕且验收合格后即可灌浆，预应力孔道灌浆的主要目的是防止预应力筋的锈蚀，保证预应力筋与混凝土结构间的有效黏结。根据预应力导管布置的特点，灌浆料采用了缓凝浆和膨胀浆两种水泥浆体。安全壳预应力孔道一次灌浆均使用缓凝浆，二次灌浆为膨胀浆。浆体采用 PII525 硅酸盐水泥，缓凝浆水灰比为 0.34 或 0.36。为增加水泥浆的流动性，需使用高效缓凝减水剂，拌和后 3 h 泌水率控制在 2%。浆体流动度控制在 9~14 s，膨胀浆水灰比为 0.36，并采用膨胀剂。同时需做 1:1 全比例模拟孔道灌浆试验，以检测孔道密实度是否良好。灌注孔道浆体经剖切截面和开窗口检查，基本饱满，在环向和穹顶弯曲段存在 1~2 mm 孔穴，低于设计规定的 5 mm 上限值，符合使用要求。

剖切窗口如图 3 - 7 所示。

**图 3 - 7　剖切窗口**

①灌浆前的准备

a.对制浆过程的检查：检查原材料数量是否充足并通过正式验收；检查灌浆料的配合比是否满足要求；检查水泥、水、添加剂等投料偏差是否满足要求；检查制浆过程中原材料投放顺序是否符合要求；检查制浆工艺是否符合要求；检查灌浆料拌合后的温度、流动性是否符合要求。

b.对灌浆设备的检查：正式施工前应进行清水试车，检查各管道接头和泵体盘根是否漏水；使用时应先开动灌浆泵，然后再放灰浆，并随时搅拌灰斗内灰浆，防止沉淀。检查压浆设备是否齐全，是否可以正常运转。

c.对灌浆工艺的检查：检查是否找出全部灌浆孔、排气孔、排水孔、出浆孔等的位置，各孔开闭状态是否正确。

②灌浆操作

a.搅拌好的水泥浆必须通过过滤器置于贮浆桶内，并不断搅拌，以防浆体泌水沉淀。灌浆工作应缓慢、均匀地进行，不得中断，并应排气通顺。

b.检查灌浆顺序、灌浆压力、浆体温度及流动度是否符合规定的要求，一般以全比例灌浆试验为准，并参考相应的技术要求。

c.检查灌浆过程中是否有任何渗漏；检查灌浆工艺是否与全比例灌浆试验一致。

d.对灌浆试块的检查：每一工作班应留取不少于 3 组试件（每组为 70.7 mm × 70.7 mm ×70.7 mm 立方体试件 3 个）。

e.质量检查记录:为了保证监督质量控制工作的可追溯性,做到有据可查,专业质控人员应认真做好检查并填写记录。

③竖向灌浆

竖向灌浆主要有三个阶段,即第一阶段灌注下部盖子,第二阶段灌注孔道,第三阶段灌注重力补浆装置。

重力补浆是上部重力补浆斗在补浆停止 8 h 左右自动发生的。主要原理是水泥浆相较水的相对密度大,故析水及悬浮乳液都自动在重力补浆斗的上面,这样就更充分地保证了孔道灌浆的密实度。重力补浆装置一般在灌浆停止 15 h 左右取下,并清理干净,以备循环使用。

加载时输出调节到使预应力孔道中浆的流速介于 10 ~ 14 m/min,灌浆压力(入口处)不得超过 $18 \times 10^5$ Pa,由入口处的压力检查计控制,每束灌浆需时一般 5 ~ 9 min。

竖向灌浆排气、排水口如图 3 - 8 所示。

图 3 - 8 竖向灌浆排气、排水口

④环向、穿顶灌浆

环向束的灌浆可分为三类钢束族,即水平或微弯的钢束、往下弯曲的大垂度钢束( >1.2 m)、往上弯曲的大拱度钢束( >1.2 m)。上拱超过 1.2 m 的大拱度钢束一般出现在过人员闸门、设备闸门处。灌浆方法分别为:

a.水平或微弯的钢束:从一端灌注缓凝浆。

b.往下弯曲的大垂度钢束( >1.2 m):从最低点向两端灌注缓凝浆。

c.往上弯曲的大拱度钢束( >1.2 m):分两次灌注,先从一端灌入,再从另一端向高处灌注,最后泌水集中在高处。4 h 后用压缩空气将中段浆体排空;第二次灌膨胀浆,灌浆泵输出端安装一块 0 ~ 100 bar 压力表,安全减压阀调整为 10 bar,加载时调整孔道浆体流速介于 10 ~ 16 m/min。孔道浆体入口处安装一块压力表,控制入口处的浆体压力不超过 $10 \times 10^5$ Pa。

d.穿顶孔道最长约 46 m,初次灌以缓凝浆,二次拱度中部灌以膨胀浆。切除锚固块外多余的钢绞线,安装灌浆罩,引出灌浆口、出浆口并接阀门。安全减压阀调至 $10 \times 10^5$ Pa,加载时保证浆体流速介于 3 ~ 8 m/min。

⑤吹气与二次灌浆

将一个压力为 $0.3 \times 10^5$ Pa 的减压器装置,安在压缩空气的吹气回路中。膨胀浆泵入须在 60 min 内完成。

2. 预应力监测

为监测预应力钢束的工作应力情况,张拉前需在安全壳 18 号、54 号、90 号、126 号 4 束竖向钢束底部分别布置 4 套 CV - 8 型振弦式测力系统。该系统由 CV - 8 型测力计、FPC - 10 型读数仪及频道转换器组成,张拉时采用分级张拉,分别记录测力计上各线圈的频率,张拉后取走 K1000 千斤顶,然后测读第 0.1 ~ 3 000 h 的线圈频率读数,并根据标定记录,换算成内力。

实践证明,预应力钢束张拉锁定后初期应力损失较大,以后随着时间的推移而逐渐递减,但递减的幅度也逐渐减小,最终趋向于稳定,符合应力损失规律。

3. 监测束灌油

监测束需用 TRACTA 1391 专用油脂进行防腐蚀保护,该油脂密度为 900 $kg/m^3$,沸点为 195 ℃。油脂加热后泵入注油帽孔,待钢束上端两个出气孔有油脂均匀流出后完成灌油,当油脂硬化后取下上部油箱,用特氟隆密封孔塞。

预应力结构贯穿于安全壳的各个层段,也是保证安全壳整体性能的重要技术手段,其施工的质量在很大程度上影响着安全壳的质量,因此应本着全过程控制的理念进行控制,各个环节、各个细节都应严格把关。

预应力施工中所涉及的各种材料,从进场验收到各种浆体试验和摩擦试验等经过层层验证把关,使预应力所用原材料得到全方面、根本上的控制。

整个预应力施工相互衔接,相互交叉,孔道形成的质量决定了摩擦试验的符合性,通过摩擦试验也可以看出导管制作和安装的质量也是同等重要的,因为这些与摩擦损失有关的因素决定了预应力施加的效果能不能满足设计要求。

预应力施工是个危险性大而质量要求高的工作,人的因素至关重要,所以各单位参与预应力施工的人员均应进行详细而有针对性的培训,培训考试合格后方可上岗。预应力施工中文件记录的正确性、及时性、完整性也不容小视,记录的内容条目要全面,记录要与现场实际同步,要与现场工作的实体相符,做到有追溯性。

### 3.3.6 预应力双层安全壳的施工

随着我国不断引进和开发更大功率的核电厂机组,双层安全壳结构体系在我国核电领域将被更多地采用。核电厂双层安全壳施工技术,是以单层安全壳筒体结构施工为基础并不断完善优化,可满足双层安全壳结构自身施工工期要求紧的需要,并可避免安全壳与周围厂房之间设置后浇区的进度要求,从而确保内部结构、周围厂房关键路径的进度要求。

1. 内壳在前、外壳在后,保持高差同步施工

安全壳结构施工时,先内壳后外壳,按梯级同步交叉施工。内外安全壳形成整体流水作业,以施工高差步距克服结构平面布置紧凑、作业面狭小(内外壳净距仅 1.8 m)的施工难题。内外安全壳混凝土均按约 2 m 高度分层,使内外安全壳结构在有限作业面上交叉有序、快捷施工,尽可能地减少内外壳施工分别对内部结构、周围各厂房施工进度的影响,确保了核岛土建工程总体施工进度。

2. 混凝土冬季施工及测温

安全壳冬季施工,混凝土浇筑过程中和浇筑后,要做好防冻和保护。冬季混凝土的生产要用热水机组,并加防冻剂,提高混凝土的抗裂性能,以保证混凝土的出机温度不低于

12 ℃;混凝土运输车要加棉膜保护,使入模温度不低于 5 ℃。混凝土浇筑后防止温度裂缝是冬季养护和保护混凝土的关键。混凝土的冬季养护采用蓄热法养护、混凝土侧面带模养护。温度较低的情况下,模板龙骨间要填塞聚苯乙烯泡沫板或矿棉等保温材料。混凝土的表面要覆盖塑料布和袋装锯末等材料保护。

为做好混凝土的养护,控制混凝土的内外温差,混凝土要进行冬季测温,以便根据测温报告,视混凝土表面、中心及环境温差情况逐层附加或去除保护层。待混凝土内部温度与表面温度、环境温度相差不多且保持稳定后,拆除模板及表面养护。

3. 竖向倒 U 形预应力钢束整体穿束

对倒 U 形钢束来说,无法用穿束机单根穿束,为了能将已编束好的钢束整体拉入预应力管道中,首先将 20 t 卷扬机钢丝绳穿入预应力管道中,此工作可由 2 t 卷扬机完成。因此,应先将 2 t 卷扬机钢丝绳穿入倒 U 形预埋管道中,其方法是靠一套橡皮绳梭来完成。2 t 卷扬机钢丝绳附着在绳梭尾部,将橡皮绳梭系统安放入预应力管道中,连接高压气管,开动空压机约 6 bar 的压力,绳梭依靠气体压力被吹入管道的另一端,同时将 2 t 卷扬机钢丝绳带出,然后将 2 t 卷扬机钢丝绳与 20 t 卷扬机连接。将 2 t 卷扬机钢丝绳往回拉,拉到另一端的编束焊接头的位置。

当 20 t 卷扬机钢丝绳与编束头连接在一起后,启动 20 t 卷扬机并缓慢提升控力,当钢束头已抬起并向前移动 1 m 时,停止牵引,检查焊接头及机具设备连接情况,如一切正常则可在低速状态下继续穿束,当穿束头到达滚轮链串时,应时刻监测通过喇叭口和灌浆连接件的情况。增强卷扬机速度将钢绞线拉入,当钢绞线在出口端出现时,应降低卷扬机速度,且时刻注意两端钢绞线长度;当两端钢绞线长度符合设计要求时,停止穿束,拆开连接部件及滚轮链串,完成整体穿束(图 3 - 9)。

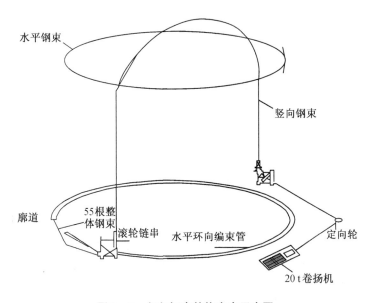

**图 3 - 9　竖向钢束整体穿束示意图**

4. 双层壳施工的交通运输

安全壳施工垂直方向物件的吊运由分布在周围的塔吊负责。模板吊装吨位(加上施工荷载)约 3.5 t,而塔吊的最小起重量为 5 t,塔吊满足大件吊装的要求。

外壳外侧选择两个不同角度处分别设置一部施工电梯和井式爬梯,作为施工人员、小型机具、施工材料等的垂直运输设备。施工电梯运行至外壳外模的下层平台,并随外壳的层高升高而提升,井式爬梯直接搭设至内壳外模的上层平台;内外壳之间的联系也通过井式爬梯;模板上、中、下3层平台之间通过设在爬升模板上层平台和下层平台的通道口和爬梯联系。内、外壳各模板沿安全壳一圈分别设置3个通道口。

内壳穹顶施工时,外壳筒体施工至一定层数时暂停施工,人员由施工电梯到达外壳模板下层平台,通过爬梯上到上层平台,再由人行天桥进入施工操作平台。人行天桥沿安全壳一周搭设2~3处,以利于操作平台上人员的水平行走。

## 3.4　钢结构施工

百万千瓦级压水堆核电厂安全壳作为核电厂的重要安全屏障,由厚900 mm的预应力混凝土结构和厚度为6 mm的钢衬里组成。钢衬里主要起密封作用,阻止事故工况下放射性的外逸,确保核电厂周围环境的安全。核电厂的卸料水池、核燃料组件存放池也是在钢筋混凝土墙体上衬贴一层不锈钢覆面,用以防止带放射性液体外浸,也利于水池维修和电厂退役时的去污,从而保证运行、维修人员的安全。因此,核电厂内碳钢和不锈钢内衬覆面均担负着保障核安全、防止核污染的重要功能,是核电厂工程与核安全相关的重要部件,其设计和施工的要求都非常严格,施工时应予以特别关注。

本节以岭澳核电厂的安全壳碳钢衬里施工、不锈钢内衬施工和安全壳碳钢内衬的焊接为例,详述其施工特点和注意事项。

### 3.4.1　钢衬里施工

百万千瓦级压水堆核电厂安全壳衬里大致是由底板、截锥体、筒体、穹顶四大部分构成的一个密封壳体,主要由厚度 $\delta = 6$ mm 的钢板焊接而成。钢衬里筒体下口安装于底部截锥体上,上口与钢衬里穹顶对接;筒体由12层安装层(壳环)构成,每个安装层高度均为3 777.5 mm,总高45 330.0 mm,1~5层每个安装层由11块预制壁板构成,6~12层每个安装层由9块预制壁板构成;筒壁上有直径250~1 300 mm的各类工艺及电气贯穿件168个(2号核岛为167个)、1个设备闸门套筒、2个空气闸门套筒、36个环吊牛腿,以及贯穿锚固件和非贯穿锚固件等。安全壳钢衬里如图3-10所示。

钢衬里的施工主要分为车间预制和现场安装。钢衬里底板、截锥体、筒壁按图纸分块,各部分构件在车间制作成型并在现场安装,穹顶按图纸分块下料,现场拼装,采用整体吊装就位。钢衬里筒体壁板上的贯穿件、锚固件、非锚固件、牛腿等均在车间预制成型,在现场安装就位。本节针对钢衬里施工中车间预制和现场安装进行简单介绍,钢衬里的焊接介绍详见3.4.3节。

1. 材料准备及验收

(1)压水堆钢衬里壁板材料采用欧标 EN10028-2(2003):压力容器用钢板,厚度为6 mm,材质为P265GH、P265GH/抗层状撕裂,钢衬里加劲角钢采用国产 Q235B 角钢。

(2)编制材料计划时应注意根据图纸中的钢板使用时的尺寸、钢板运输时最大尺寸进行钢板排板,再根据钢板排板图提交材料用量计划。材料计划中还应包括材料复验、焊工考试、焊接工艺评定用料。

（3）材料到场后应根据技术规格书的要求做出材料复验,材料复验合格后,方可使用。

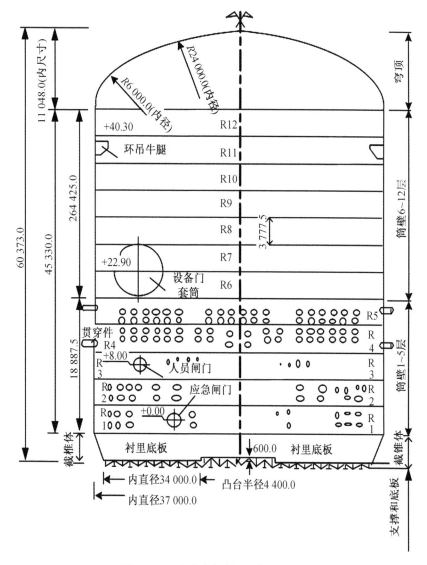

**图 3 - 10　安全壳钢衬里 ( 单位 : mm )**

2. 钢衬里底板和截锥体的制作

（1）底板预制

底板主要包括:底板内环、外环、底板支撑系统、集水坑贯穿件、厚度为 6 mm 的底板、厚度为 10 mm 的中心凸台、底板检查槽、检查槽保护罩。

底部板是厚度为 6 mm 的钢板,分别铺设在中心凸台上( 标高在 - 3.900 m )、中心凸台和内环板之间、内环和外环板之间( 标高在 - 4.500 m )。底部板结构如图 3 - 11 所示。

根据进场材料和设计图纸做出排板图,并按照排板图进行放线、下料。按照设计要求组对车间焊缝,并按照焊接要求采用埋弧自动焊进行焊接,焊后进行无损检验。

底部板所有在现场的焊缝,焊后均覆盖检查槽型钢保护。检查槽在底板分布,分为 32 回路,其连接和转向分别采用连接块和转向块。

车间预制包括连接块和转向块的机加工、槽钢和角钢的折弯。

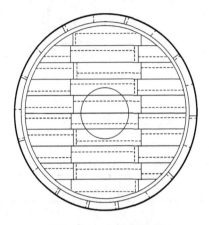

图 3-11　底部板结构

（2）截锥体的预制

①截锥体胎模预制：利用胎模将壁板成形。

②截锥体预制：

a. 截锥体的结构：截锥体为上大下小的圆锥台形，上口直径为 18 500 mm，下口直径为 17 304 mm，高度为 4 006 mm。截锥体共有 11 个车间预制件。壁板由 6 mm 厚钢板，以及横向环形角钢 L125 mm × 80 mm × 10 mm 和竖向角钢 L70 mm × 50 mm × 8 mm、$\phi 8$ mm × 80 mm 的焊钉组成。

b. 车间预制板的拼接：每个车间预制件由 6 块钢板连接而成，车间焊接采用埋弧自动焊，在焊接成型的预制板上画线，画出横向、纵向角钢和贯穿件的位置。

c. 车间预制件的制作：将拼接完成的车间预制板铺在截锥体工装上，钢板铺设时，要尽量均匀，将壁板与工装压紧，角钢定位组对。焊接角钢肋和壁板之间的角焊缝。焊接壁板上的连接件。

截锥体结构示意图如图 3-12 所示。

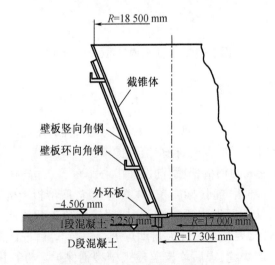

图 3-12　截锥体结构示意图

3. 钢衬里底板和截锥体的安装

此安装由如下步骤组成:

(1)底板内环、内环支架、底板支撑系统的安装。

(2)中心凸台的安装。

(3)外环的安装。

(4)底板的铺设。

4. 钢衬里筒壁的制作

(1)筒壁的组成:筒壁共分为12层,其中1~5层为每层11块,每块展开长度为10 640 mm;6~12层为每层9块,每块展开长度为12 920 mm。每层高度均为3 777.5 mm。

(2)筒体胎模的预制:利用筒体胎模将壁板成形。

(3)车间预制板的拼接:由于每层壁板的高度和宽度都比标准钢板大,因此需要对壁板进行拼焊。车间拼焊完成后,在角钢上画出横向和纵向角钢的位置,以及贯穿件的位置,然后将板压在胎模上。板在胎模上不能扭曲。将壁板与工装压紧并使其紧密贴合,将弯曲成形的角钢加劲肋与板焊在一起,并焊接其下的焊钉。

5. 贯穿件的制作

(1)贯穿件直径小于500 mm时,采用无缝钢管制作,直径大于等于500 mm的贯穿件和闸门套筒均采用钢板卷制焊接而成。

(2)贯穿件的加强圈采用数控精确下料,然后做出水平 $X$ 轴和垂直 $Y$ 轴标记线,放在事先卷制好的一块 $R = 18\ 500$ mm $+ \delta$(贯穿件板厚)的大板上,在卷板机上反复滚压,直至与大板完全贴合后,加强圈的弧度就符合要求了。应注意,因为加强圈的外缘并非是圆周线,而是椭圆线,所以卷制时应注意弧度是在 $X$ 轴方向而非 $Y$ 轴方向。

(3)加强圈按图纸要求沿外缘开1:4坡口,对于小直径的加强圈,可用车床切削加工,对于直径较大不便于车床加工的,可用半自动火焰切割;套管端面有坡口的,若是无缝钢管则用车床加工,若是钢板卷焊而成的则应在钢板卷制前用火焰或机板切割好坡口。

(4)贯穿件套管与加强圈组对:在套管上标出十字中心线,根据图纸上贯穿件的定位在计算机辅助设计(CAD)软件中放样,定位加强圈上4条轴线与套管上4条轴线在套管上的4个交点位置,在套管上做出4个交点标记后与加强圈组对。

(5)加强圈与套管焊接时按焊接施工程序进行施焊,焊接前应用加劲板加固4个定位点。

贯穿件现场安装采用二次切割的方法,在壁板上放出贯穿件的定位十字线,进行钢衬里壁板的预切割,切割孔的直径大于贯穿件的管径但小于加强圈的直径,以使贯穿件能穿入;将贯穿件的加强圈与衬里板贴合,并将加强圈上的十字线与衬里板上十字线重合(注意十字线的方位性),沿加强圈边沿二次画线,进行二次精确切割,组对好环形焊缝并按焊接施工方案施焊。

贯穿件结构如图3-13所示。

6. 贯穿件的安装

按设计要求,核岛反应堆厂房内部的部分管道需通过内外壳墙体内的贯穿件套筒与外围厂房接通,这就要求施工中要保证内、外壳贯穿件套管安装的同轴性。内壳贯穿件套管施工时,钢衬里壁板就位焊接后进行方向线和标高定位,现场在钢衬里板上开洞,贯穿件套筒吊装到位后,对正所开洞口位置,利用支撑型钢进行固定,用测量仪器确定贯穿件套管中心线位置,贯穿件套管定位后,套筒内口与钢衬里板焊接,套筒最终加固。

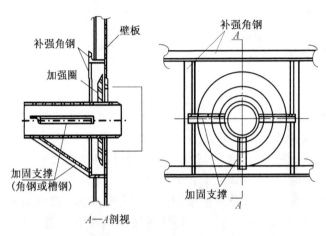

图 3 – 13　贯穿件结构示意图

外壳贯穿件套筒(与内壳贯穿件套筒同轴)安装施工时,采用以下方法进行检查验收(图 3 – 14):将内壳贯穿件套管内、外口中心用线连成直线,并延长至外壳贯穿件内、外口,调整外壳贯穿件内、外口的中心位置,将外壳贯穿件套管内、外口的中心位置误差控制在2.0 mm 内,以便保证内、外壳两套管的同轴性。这样既利于以后工艺管道安装施工,又保证了施工质量。

图 3 – 14　内、外壳贯穿件同轴度检查

7. 牛腿的制作

核电厂建造期间,环吊用来吊装蒸汽发生器、反应堆压力容器等核岛内所有的设备,使其安装就位;核电厂运行期间,环吊定期使用(原则上每年 1 次),用于更换燃料和检修设备。而安装在安全壳钢衬里的筒体上的环吊牛腿是用来支撑核岛环吊的,在标高+40.30 m 的筒壁上,共锚固有 36 个沿圆周均布的环吊牛腿。由于其长期承受较大的动载荷及静载荷,牛腿的基本构造设计成一箱型框架结构,由 20 mm、50 mm、60 mm 厚的钢板和直径为 32 mm、40 mm 的钢筋组焊而成,钢板材质为 P265GH 和 P265GH – Z35(具抗层状撕裂性能),钢筋为可焊光圆钢筋。每个牛腿焊接完成后进行整体消除应力热处理。

在钢衬里壁板第 11 层均布 36 个牛腿,每一块壁板上装有 4 块牛腿。

根据设计图下料,分别切割各加强板,将加强板的上、下口中心线标出并打上标记,加工牛腿背侧的各加强板并组对点焊,可作为牛腿变形时的防变形板,待内侧箱体焊完后再焊外侧的各板,将牛腿箱体两侧面板下料组对在加强板上,同时将牛腿固定在支架上,防止因焊接变形而引起箱体侧面板变形,经过焊接检验合格后,再将上、下板进行焊接,之后将内侧劲板安上,最后焊接箱体头部的封板,与加强板连接的 K 形焊缝完成后,需做消除应力的热处理。

牛腿的结构示意图如图 3 - 15 所示,牛腿与钢衬里的焊接安装与贯穿件安装雷同。

8. 钢衬里筒壁的安装

(1)筒体壁板内外侧每块板安装两个操作平台,每层走道板间设置直爬梯。

(2)在截锥体或上层筒壁的顶边标出需安装壁板的中心角度位置,同时根据设计标高定出已经安装好的壁板上口标高线,切割磨平作为下层安装的基准线。

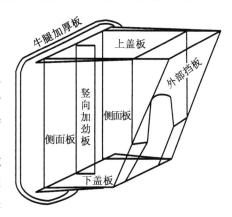

图 3 - 15　牛腿结构示意图

(3)安装筒壁:利用塔吊将筒体壁板依次吊装就位,先焊立缝再焊环缝,当这一层的立缝和环缝焊完后可提升扶壁柱。牛腿的安装方法同贯穿件的安装方法。

9. 穹顶的预制

穹顶是安全壳钢衬里的封顶部分,下口与钢衬里筒体 12 层上口直接对接。穹顶外形为球状的双曲面壳体,由内径为 24 000 mm 的上部球缺和内径为 6 000 mm 的下部圈环带组成。穹顶下口内径为 37 000 mm,全高 11 050 mm,是由 6 mm 厚的钢板及其焊接在外侧的角钢 L200 mm × 100 mm × 10 mm、L75 mm × 50 mm × 6 mm 组成的带肋双曲面壳体,结构总质量约为 150 t。穹顶结构示意图如图 3 - 16 所示。

(1)如图 3 - 16 所示,按照设计图纸,穹顶水平分为 5 层,每层按角度等分,即第 1 层 78 等分,第 2 层 78 等分,第 3 层 39 等分,第 4 层 2 等分,第 5 层为 1 块圆顶。

(2)预制胎模的制作。利用胎模将穹顶壁板成形。

(3)第 1 层穹顶板预制流程:

①根据设计图纸进行放样下料;

②将分块单元板加工好所需坡口后,用卷板机卷制成 $R = 6\ 000$ mm 的圆弧板;

③将圆弧板吊至压制胎模上进行成形;

④将检查合格的 4 个分块板吊至组装胎模上进行竖缝拼接,之后将穹顶板与工装四边固定;

⑤在胎模上将钢板拼接完成后,组对卷制好竖向和环向角钢;

⑥焊接角钢焊缝后,脱模;

⑦将已成形的预制块翻身,清根并焊接内侧拼接缝;

⑧进行几何尺寸检查后,进行焊缝无损检验,最后进行 $\phi 8$ mm × 80 mm 的锚杆焊接。

(4)第 2 ~ 5 层穹顶板的预制流程:埋弧自动焊拼板→分块板放样、编号→切割下料→坡口加工→上模→组对→焊接拼缝外侧→组对弧形角钢→焊缝焊接→脱模→翻身→清根焊接内侧拼缝→几何尺寸检验→校正→$\phi 8$ mm × 80 mm 的锚杆焊接→无损检验→喷砂→油漆→存放。

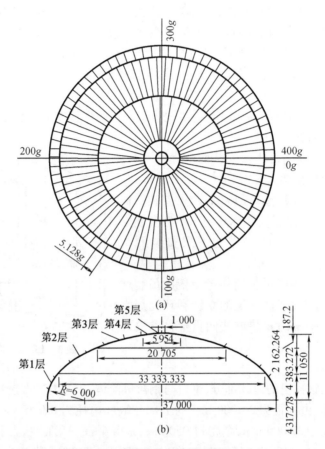

**图 3-16　穹顶结构示意图(单位:mm)**

(5)穹顶的现场拼装:

①拼装场地:在穹顶拼装场地准备一块直径40 m的圆形场地,场地平整压实,并按要求浇筑混凝土,在浇筑混凝土前按要求埋上角钢预埋件及中心埋件板,并在拼装场地放出穹顶顶点的投影和定位角度投影十字线作为基准点和基准线;放出每层分层、分块尺寸,放出分层截面圆周投影线和分块角度投影线。

②拼装方法:首先拼装最下层,将车间预制件分别按图纸顺序吊装就位,利用支撑调节高度,同时在板上口吊重垂线,使垂线落放到地面圆周的投影线上,调整相邻板间的焊接间隙,按照技术要求焊接竖缝。补焊两拼接缝间的角钢肋和焊钉,在第1圈拼装完成后,用同样的方法拼装第2圈。在竖缝合格后,调整两圈间的环缝,并焊接。用同样的方法进行上面3圈的拼装。

10.穹顶的吊装

穹顶吊装是钢衬里施工中整体吊装就位最大的钢结构件,也是钢衬里的封顶部分。钢衬里穹顶采用整体吊装,即穹顶在车间分块预制成形后,在现场分别拼装成整体并焊接好内部各种工艺管道,一次性整体吊装就位。

(1)穹顶吊装工艺

①吊机载荷试验。吊机按要求工况组装好后,对吊机进行载荷试验。在试验前后仔细

检查吊机的回转、卷扬等重要机构和制动、仪表显示等辅助机构完好,并运转可靠。

②吊机空钩模拟试验。吊机载荷试验合格后,按穹顶吊装全过程进行模拟操作,指挥吊机进行各吊装步骤的起落钩、变幅、回转等操作,并在全过程检查吊装指挥系统和吊装机构的运作情况,并检查吊机所通过的空间是否畅通。

③穹顶试吊方法与步骤。吊机载荷试验和空钩模拟试验合格后,再次确认起吊条件。起重指挥人员指挥吊机缓慢将穹顶提升,直至穹顶下口离地面 500 mm 后停止提升,检查穹顶下口水平度,调整并进行刹车试验,降回地面后保留所有吊索具不拆除,吊索仍然受力,进行现场保护。

(2)穹顶的正式吊装

①正式吊装应在试吊后的 3 日内进行,由现场执行总指挥确定吊装实施的命令后,方可进行穹顶的正式吊装。

②在起吊前最终检查各种吊索具,吊装承包商最终检查吊机状态。

③与试吊时一样,解除穹顶与拼装平台上所有的临时连接构件。

④缓慢而匀速地起升吊钩至离地约 500 mm,经再次检查并确认平稳和下口水平。

⑤根据正式起吊命令,起重指挥人员指挥吊机正式起吊。

⑥在起重指挥人员的协助下,对穹顶进行就位,视穹顶偏离筒体中心的情况,起重指挥人员指挥吊机通过落钩、变幅、回转,使穹顶与筒身对中。

⑦调整穹顶下口与筒身的对接缝,完成后将穹顶固定,确认稳固后完全松钩,拆除吊点连接吊具。

⑧确认后,起重指挥人员指挥吊机回转、收车。

穹顶的吊装就位示意图如图 3 – 17 所示。

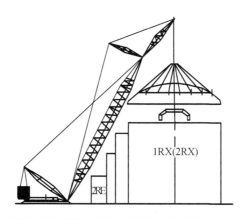

2RE—2 号核反应堆辅助给水储存罐;1RX—1 号核反应堆厂房;2RX—2 号核反应堆厂房。

**图 3 – 17　穹顶的吊装就位示意图**

11. 穹顶的高空组对

穹顶就位准确与否,取决于穹顶下口与第 12 层筒体上口之间的尺寸偏差。第 12 层筒体上口和穹顶下口之间的半径误差≤10 mm,二者周长值误差≤10 mm。在吊装前,应能达到上述尺寸控制要求。

(1)穹顶的就位、组对采用临时支撑来辅助完成。

(2)当穹顶整体吊装至筒体上方,调整穹顶位置,保证穹顶的定位准确。

（3）缓慢、匀速落钩,当穹顶落在临时支撑千斤顶上后,检查、调整千斤顶使其完全受力,此时吊机吊钩未完全解除受力。

（4）进行穹顶下口与筒体上口组对。同时、均匀、缓慢地调节支撑千斤顶,使穹顶匀速下降至与筒体上口相距约 10 mm 处,继续下落直至穹顶下口完全落在间隙板上,使穹顶下口与筒体上口完全重合。

（5）对接缝调整完后,再次检查支撑千斤顶。保证完全受力后,吊机落钩至完全解除受力后,摘去吊索。

（6）焊接穹顶与筒壁之间的焊缝,焊缝检验合格后,补焊锚固钉及纵向连接角钢。

12. 设备、人员闸门的安装

反应堆厂房各有设备闸门 1 套、人员闸门(标高 +8.00 m)1 套、人员应急闸门( ±0.00 m)1 套。设备闸门的功能是大型设备的通道,直径约 7 400 mm,在建造期间是反应堆厂房内设备运入通道,运行期间处于关闭状态,大约 1 年使用 1 次,即提供检修厂房内设备时进出厂房的通道。+8.00 m 的人员闸门是运行期间人员的正常进出通道。±0.00 m 的应急闸门是发生紧急事故时的人员应急通道,直径均为 2 900 mm,正常运行期间处于关闭状态。

（1）设备闸门的安装

①现场拼装:将闸门套筒与衬里上贯穿件套筒焊接好,焊接应力引起的法兰变形减小到最小以前,法兰接合面不能被打开;如果必要,平台、栏杆、临时脚手架等设备闸门封头上的附件将在拼装场地上预拼装。套筒尺寸检查,包括检查直径、周长、贯穿件套筒端面的垂直度、焊缝尺寸。

②设备闸门封头安装就位。

③悬臂提升架、提升梁和卷扬机安装就位。

④翻转平台卷扬机安装就位。

⑤设备闸门的现场试验:设备闸门封头的验收试验(主要指双密封件的局部泄漏试验)和提升系统的验收试验。

（2）人员闸门的安装

①套筒尺寸检查:检查直径、周长、贯穿件套筒端面垂直度、对接焊缝两侧套筒的坡口尺寸。

②门体就位安装:对接焊缝焊接前必须按焊接程序的规定进行预热,焊接时由具有相应资格的焊工进行对称焊接以最大限度地减小法兰面的焊接变形。

③人员空气闸门的现场验收试验:包括局部泄漏试验、内侧和外侧门之间的舱体整体密封性试验、人员空气闸门作为加压室和卸压室使用时的试验、人员空气闸门的功能试验、人员空气闸门压缩空气作用管线泄漏试验。

### 3.4.2 不锈钢内衬施工

核电厂的不锈钢衬里工程主要是为了核燃料组件的贮存、换料期间对堆内构件检修而建造的专用水池,在核电厂运行期间不锈钢水池内装满特制的除盐水。不锈钢衬里的安装一般采用后贴法,即先用不锈钢膨胀螺栓将不锈钢托架固定在一次混凝土上,再将覆面板的衬垫型材焊接在托架上,然后进行池底和池壁的抹灰,最后将不锈钢覆面板焊接在衬垫型材上。可以看出,不锈钢衬里焊缝的连接形式主要是带垫板的对接焊缝。另外,不锈钢衬里中还包括一部分需与碳钢预埋件连接的异种钢焊缝接头。焊接的主要方法为氩弧焊和电弧焊两种,其中覆面板和有密封要求的焊缝全部采用钨极氩弧焊,其余的用氩弧焊或电弧焊。

1. 焊接工艺评定

(1)焊接材料的选用

焊接材料的选用应根据母材的成分,按照技术规格书的要求进行选用;对于焊接材料的成分和性能应按照技术规格书中焊接材料验收标准卡片验收,特别是对于不锈钢焊条、焊丝,应严格按要求控制其含钴量。

(2)焊接工艺评定流程

首先,根据设计图纸、EJ/T 1027.12 和技术规格书等文件中的规定编制焊接工艺评定指导书,以规定焊接条件和进行工艺评定试验的标准及验收标准;然后,挑选焊接技能优异的焊工进行焊接工艺评定(PQR),在进行焊接工艺评定时,应严格控制和详细记录各种焊接工艺的实际参数和各项检验结果;最后,根据评定合格的工艺编制焊接工艺规程(WPS)。

(3)评定的有效期

焊接工艺评定的有效期限,从宣布之日起,对 1 级部件为 2 年,对其他部件为 3 年。对产品焊缝补焊评定,有效期可以加倍,从车间最后采用这种工艺的日期算起,可将评定的有效期延长相同的期限。

2. 车间预制流程

熟悉图纸、技术文件→领料、放样→切割前尺寸检查→切割、下料→组对→冷弯加工,焊接前尺寸检查→焊接→无损检验→焊后尺寸检查→酸洗钝化→编号存放。

3. 现场安装流程

一次混凝土检查→池底角钢托架安装→池衬垫型材安装→池底锚固板安装→安装尺寸检查→池底抹灰→抹灰检查→防尘漆施工、抹灰层保护→池壁四周脚手架搭设→闸门导向槽安装池壁衬垫型材、锚固板→池壁抹灰检验、防尘漆施工→池壁覆面安装→池壁覆面焊接→池壁附件安装(不包括梯子)→池壁清理→池壁的焊缝检查→池壁脚手架拆除→池底覆面安装→池底覆面焊接→附件安装和焊接→池底清理、焊缝检查→闸门安装及机构试验→静水压密封试验→酸洗、钝化清洁→整体检查、验收。

4. 焊接工艺

(1)对于所有覆面焊缝及所有有密封性要求的焊缝均采用钨极氩弧焊焊接,其余焊缝采用氩弧焊或手工电弧焊。所有的焊接作业均须由评定合格的、具有相应操作资格的焊工严格按照工艺规程的要求施行。

(2)不锈钢覆面在制作及安装前,如覆面板或衬垫表面有污染,应及时用干净纯棉布擦除。若油质污染表面,应采用棉布蘸丙酮用力擦洗污渍部位,擦洗不掉的部分,用细砂纸或不锈钢刷予以磨刷(此砂纸或不锈钢刷仅能用来刷奥氏体不锈钢),最后再用丙酮擦拭干净。

(3)所有不锈钢衬里覆面板在尺寸检查完成后将其安装就位,将覆面板的四周点焊固定,焊点长度为 10 ~ 20 mm,焊点间距为 50 ~ 100 mm。在点焊时,必须用木槌敲击点焊的部位,以使覆面板与衬垫型材贴合紧密。

(4)不锈钢衬里覆面板点焊完成后,应立即用不锈钢专用胶带将焊缝密封,以防止空气中的灰尘及其他污染物进入焊缝。

(5)所有的焊缝在焊接之前,必须用不锈钢钢丝刷或不锈钢钢丝轮将焊缝坡口及两侧清理干净,并且用丙酮擦洗。

(6)不锈钢衬里的安装焊接顺序一般为:池壁覆面→池底覆面,当预埋板或管及其他附件的焊缝离覆面焊缝距离大于 600 mm 时,可以先焊预埋板或管及其他附件;否则,先施焊面焊缝,再焊预埋板或管及其他附件。焊接方形预埋板时,在拐角应连续施焊,不允许存在焊接接头。

(7)同一墙面的覆面全部组对、点焊完成后,开始焊接墙面焊缝,先焊横缝,再焊立缝。同一墙面的焊缝在施工条件及焊工人数允许的情况下,可以同时进行焊接。打底(焊接的第一道焊缝)采用分段退焊,分段长度不得超过 500 mm。打底焊完成后,待所焊焊缝基本上冷却下来,温度不超过 100 ℃时,再对其进行填充、盖面。盖面也采用分段退焊,分段长度不得超过 500 mm。

(8)池底覆面的焊接工艺及顺序同墙面覆面相似,底面覆面组对、点焊完成后,原则上是先焊短焊缝,再焊长焊缝。焊缝的打底采用从中间往两边分段退焊。

### 3.4.3  钢衬里焊接

压水堆核电厂的安全壳钢衬里由底板、截锥体、圆柱形和穹顶组成,钢衬里总高度 60.38 m,直径 37.00 m。其焊接温度场的特点,按板厚可分为薄板焊接时的温度场(如底板的中幅板、边缘板、筒体壁板等 $\delta = 6$ mm 的钢板)和厚大焊件焊接时的温度场(如底板的内、外环板,用于支承设备装卸用的环形吊车轨道的牛腿)。安全壳钢衬里的所有焊缝均为法国《压水堆核岛机械设备设计和建造规则》(RCC - M)中规定的 1 级焊缝。为确保制作的质量,首先要确定焊接工艺的合理性及最佳性;其次要制定合理的焊接工艺评定,对于重要的构件,应确定合理的消氢热处理和消应力热处理;最后要针对相应的项目建立严格的质量保证体系。

在《压水堆核岛土建设计与建造规程》(RCC - G)设计准则中,对密封衬里用板的材料特性规定如下:

材质根据标准 NFA36 - 205 选用 A42. AP,其特性为:

最低弹性应力($\sigma_E$):255 MPa

平均弹性应力:320 MPa

弹性模量:210 000 MPa

泊松比:0.13

热膨胀系数:$12 \times 10^{-6}$/℃

导热系数:45 W/(m·℃)

比热容:500 J/(kg·℃)

与 A42. AP 相近的可选用母材有:

国产:20HR,20 g

欧洲标准:P265GH

岭澳一期核电厂采用 A42. AP。岭澳二期核电厂和秦山二期核电厂扩建的安全壳钢衬里板材质为 P265GH。

相应板材的化学成分和机械性能见表 3 - 3。

表 3 - 3　母材化学成分　　　　　　　　　　　　（单位:%）

| 材料名称 | C | Si | Mn | P | S | Cu | Mo | Ni | Cr | V |
|---|---|---|---|---|---|---|---|---|---|---|
| A42. AP | 0.11 | 0.20 | 0.64 | 0.007 | 0.004 | 0.01 | 0.02 | 0.04 | 0.00 | 0.002 |
| A42. AP/Z35 | 0.158 | 0.26 | 1.04 | 0.014 | 0.024 | 0.013 | 0.012 | 0.026 | 0.024 | 0.01 |
| P265GH | 0.133 | 0.209 | 1.04 | 0.018 | 6E - 04 | 0.022 | 0.002 | 0.018 | 0.020 | 0.001 |
| P265GH/ZE5 | 0.137 | 0.207 | 1.04 | 0.014 | 6E - 04 | 0.011 | 0.001 | 0.014 | 0.017 | 0.001 |

注:表中数值均为质量分数。

## 3.5　预埋件与二次钢结构施工

### 3.5.1　预埋件施工

预埋件是预先安装(埋藏)在隐蔽工程内的构件,就是在结构浇筑时安置的构配件,用于砌筑上部结构时的搭接,以利于外部工程设备基础的安装固定。预埋件大多由金属制造,例如,钢筋或者铸铁,也可用木头、塑料等非金属刚性材料。预埋件按种类可分为预埋件、预埋管、预埋螺栓(图 3 - 18)。

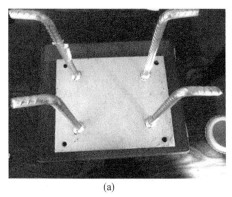
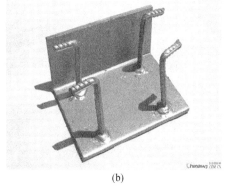

(a)　　　　　　　　　　　　　　　　　　(b)

图 3 - 18　预埋件示例

预埋件作为设备、工艺管道与建筑结构的连接界面,在核电厂核岛厂房中大量应用,主要分钢板、套管和特殊埋件三大类。这些预埋件规格众多,形状各异,分别预埋在各厂房的混凝土基础、墙、柱、梁、板及安全壳筒体、穹顶中,有不少质量较大,结构较复杂,制作安装难度较大。

其中钢板类有 30 多种,最大规格 1 500 mm×1 500 mm,质量 750 kg;套管类分钢套管和水泥石棉套管。特殊埋件大部分由安装承包商提供,预埋在混凝土中,与以后安装的设备配套使用。预埋件规格虽相对较少,但安装精度要求高,地位很重要。

1. 预埋件的制作

预埋件的制作主要在车间进行,所有从事制作的人员必须经过三级安全入场培训,特殊工种必须取得相应的国家上岗资格证和核电厂焊接考试委员会的上岗资格证。

预埋件一般采用国标 Q235B 的钢材,所用锚筋一般为圆钢,所有制作预埋件所需的原材料必须满足化学成分、机械性能、技术指标,以及符合相关技术规范的要求,并经现场试验合格。预埋件所用焊钉机械性能应符合下列要求:400 MPa $< R_m <$ 550 MPa($R_m$ 为极限抗拉强度);$R_p(0.2\%) \approx$ 380 MPa($R_p$ 为屈服抗拉强度);$A_{min} \geqslant 15\%$($A$ 为延伸率)。

预埋件加工所需的焊材应符合 RCC – M/S2000 规定或与其等同的中国标准 GB/T 5117—1995 规定的 E50 型焊条,应有相应的质保文件,质保书中应包括熔敷金属的化学成分和机械性能。焊材外观检验应包括外包装、内包装、焊条外观(药皮有无脱落、偏心情况)。规格、质量证明文件、检验结果应符合 GB 50205—2001 的要求。

预埋件的制作主要包括放样、号料、切割、制孔和扩孔、组装、修补和矫正、检测、油漆,放样、号料应仔细认真,并熟悉图纸以防发生错误。

预埋件的切割主要采用氧割、机切、冲模落料和锯切等方法。对于厚度小于 16 mm、宽度不大于 2 m 的板材,采用剪板机剪切或热切割,其他钢板采用热切割。

预埋件的制孔、扩孔和组装应严格按照相关施工图的要求进行。

预埋件的焊接是预埋件制作中最重要的一个施工环节。首先焊材应存放在加热和干燥的保温筒内,保证湿度不大于 60%,数量不得超过半个工作日的使用量,存放时间不得超过 4 h,逾时应重新烘干,重复烘干的次数不应超过两次。待焊表面必须干燥,并不得在潮湿面上焊接。在环境温度低于 – 10 ℃时,则不允许进行焊接。焊件的温度应至少保持在 5 ℃。所有的焊接作业都应避免在恶劣的气候环境下进行,不允许在风口处和电风扇直吹的状况下进行焊接。焊接前应对待焊接面进行预热,预热时应均匀加热,并用红外线测温仪对温度进行检测。主要的焊接方法有手工电弧焊、二氧化碳气体保护焊。

预埋件的检测主要包括:每条焊缝的外观检查、焊缝的 5% 进行液体渗透检验、钢筋与板的焊接的 1% 做破坏性拉伸试验(至少 2 根)。

预埋件不接触混凝土的外表面要进行油漆,边缘和内表面 5 cm 宽范围内可允许油漆,其他部位在交货时应无油漆。油漆前应喷砂处理,要求核污染区内的喷砂处理为 SA3 级,核污染区外的喷砂处理为 SA2.5 级。

2. 预埋件的安装

预埋件在安装时有两种安装方法:第一种是以钢筋骨架为承载平台,将预埋件固定在钢筋骨架上面;第二种是以模板为承载平台,将预埋件固定在模板上。

第一种方法不能很好地确定预埋件的准确位置,预埋件安装质量不理想,而且在固定预埋件时是将预埋件焊接在钢筋上,在焊接过程中钢筋受热,其材料性质可能发生变化,因此选择第二种安装方法。根据位置不同,预埋件又分为上埋式、侧埋式、下埋式(图 3 – 19)。

预埋件的安装过程主要包括:放线定位→挂标识牌→埋件就位→安装校正→固定。

核岛厂房预埋件主要包括预埋在混凝土墙体(包括柱)、平台板(包括梁)上及部分特殊预埋件三大类。由于预埋件种类繁多,安装部位各异,因此实际施工中需根据预埋件的不同型号、安装部位,确定具体的安装方法。

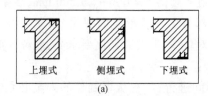

上埋式　　侧埋式　　下埋式

(a)

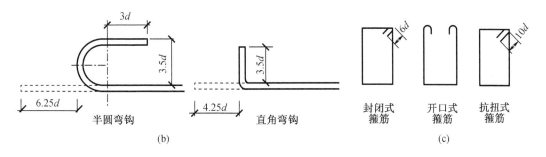

图 3 - 19　预埋件的不同预埋形式

### 3.5.2　二次钢结构施工

**1. 核电厂二次钢结构**

框架、剪力墙、框剪工程中的一些非承重的砌体、构造柱、过梁等在装饰前需要完成的部分钢结构,称为二次钢结构。

它的范围是在一次结构(指主体结构的承重构件部分)施工完毕以后才施工的,是相对于承重结构而言的,为非承重结构,围护结构中的钢结构,如构造柱、过梁、止水反梁、女儿墙、压顶、填充墙、隔墙中的钢结构。

百万千瓦级压水堆核电厂二次钢结构工程繁杂,分布位置广泛,基本上是按房间进行划分的,子项很多。核岛厂房内所有二次钢结构及建筑铁制品约为 3 000 t。

（1）结构类型

①一个由梁、柱组成的钢架,柱子通常用螺栓锚固在混凝土结构上,为了保证安装、正常运行和维修期间的稳定而加有支撑。该类结构主要用于操作、维修平台,通道和设备支撑,如反应堆厂房和连接厂房内部的许多环形平台。

②单向布置和双向布置梁形成一个支撑体系,以支撑屋面、楼面和通道、操作和维修平台以及设备。这些梁通常焊在预埋钢板或牛腿上,或用螺栓固定在混凝土结构上。

③楼梯间的楼梯斜梁、柱和支撑,它们连接不同的混凝土楼面和钢平台,如分布在许多厂房内的钢爬梯。

④与管道支架连接或支撑管道的牛腿。

（2）工程特点

①二次钢结构主要材料包括:进口 HEA、HEB、IPE、UPN、UAP 型钢,国产槽钢、角钢、扁钢、钢板、镀锌钢格栅、花纹钢板、高强螺栓、膨胀螺栓、普通螺栓等。进口型钢材质多为 E24.2、E24.3、E36,国产材料多数为 Q235B。由于进口 HEA、HEB、UAP 型钢与国产型钢截面尺寸相差很大,对连接部位节点详图进行修改后,材料方可国产化。

②平台与墙上的预埋板、平台之间梁及平台间的支撑、平台与柱子、柱子与混凝土地面等采用类似的连接形式,有许多通用的节点详图。

③由于图纸上只是简单标注整体尺寸和节点号,在制作前期,需要做大量的技术准备工作,即二次设计,才能使车间制作工作顺利进行。

④在现场安装阶段,垂直和水平运输因受现场大部分房间交叉作业的影响,运输空间受到限制,机械运输非常困难,大多采用人工运输。

⑤由于混凝土浇筑的误差,现场安装时,要配合房间的现有尺寸,同时由于安装公司在

管道和设备的安装过程中因接口原因与钢结构冲突,造成后期有大量的修改工作。

⑥二次钢结构工程量大,分布地点散,工期紧,安装环境比较恶劣。

2. 施工准备工作

(1)二次设计基本方法——车间制作图绘制

利用电脑制图软件(如 AutoCAD),根据设计简图中的结构定位尺寸,按1∶1 的比例在电脑中定位绘制每个构件的大样图,并标注定位尺寸。根据各个构件相连的节点详图和定位尺寸,细化每个构件,从而得到足够详细的、施工班组可直接用于加工制作和安装的构件尺寸。若出现定位尺寸冲突时,向设计单位提交澄清或变更申请。

(2)车间制作图的内容

①结构大样图要求用于车间预拼装放样,并指导现场安装放线定位和组装。图纸中需标注每个构件的识别编号、节点编号、构件编号、规格型号、材质、外形尺寸、构件数量、单件质量、总共质量、详图所在车间制作图的编号等内容。

②节点详图,除需注明原设计给出的节点详细构造图,还需给出二次设计的节点详细构造图,以及节点所涉及材料(节点板、螺栓等,与大样图中材料不要重复)的明细表,包括节点编号、节点数量、材料编号、规格型号、材质、数量、单件质量、总共质量等。

③具体构件详图,能够直接指导下料,并标注构件上与其他相连构件处的节点。

④必要的施工说明和技术要求。

3. 现场安装基本流程

平台柱子、主梁安装→平台次梁、斜撑安装→螺栓的紧固→爬梯的安装→栏杆的现场安装→钢格栅的现场安装。

### 3.5.3 预埋件和二次钢结构的质量保证措施

预埋件种类单一,结构形式简单,前期相关试验合格后即可批量生产,并可对最终产品抽样进行破坏性检验,以验证其质量;二次钢结构在核电厂建造中属于后期装修工程,因其各构件处于厂房车间内,与房间内设备和周围环境(地面、墙体颜色等)协调一致,其最终的外观质量(装饰性)要求高。

核电设备的质保等级共分 4 级:QA1、QA2、QA3 和 QANC,其中 Q 为"quality",A 为"assurance"。这是根据设备的重要性、所处的位置等因素划分的设备制造过程中执行的质保等级。

按照设计文件要求,预埋件质量保证等级分为 QA3、QANC 级,二次钢结构质量保证等级分为 QA1、QA3、QANC 级。根据不同的质量保证级别,可分别制定施工中不同的工艺方法、质量控制措施以达到各自的质量目标,符合设计文件要求。现重点描述预埋件 QA3 级和二次钢结构 QA1 级施工过程中的质量保证措施。

1. 施工技术文件控制

需控制的施工技术文件包括(但不限于):设计文件、规范(如图纸、变更等)、施工方案、加工文件(加工计划、车间制作图纸等)、质保文件(管理、工作程序、供应商评审记录等)、检验和试验记录(NDT 报告、测量报告等)、采购文件(主材的采购合同等)、施工质量记录等。

(1)文件的编制、审核和批准的要求

按照设计文件编制相应的工作程序、施工方案作为施工的指导性技术文件,或作为采购文件的技术要求,并按规定统一格式、编码等,必须由具有相关施工经验或专业知识的技术、管理人员制定,必须明确说明其适用范围(厂房或用途等)、相关分工的责任人员等,施工方案类技术文件还须说明所使用的设备、材料和工艺流程,并对流程中的每一步骤进行详细的技术说明,要求具有可操作性。

由技术主管审核,专项负责人批准。必要时提交业主审核、批准。

(2)文件的分发、状态、变更管理

文件由专项负责人确定签发范围和数量,接收人员签名登记。建立文件分发清单,注明文件版本、发放日期,保证文件持有人和工作现场的文件的有效性。

建立适用文件清单,便于索引查找,注明文件的状态、版次,并分发到相关人员,定期检查,防止使用过期或无效版本的文件。

变更或升级文件应由原编、审、批人员进行,说明变更原因,并及时分发到相关人员手中,原旧版文件应销毁或标识。

2.二次设计控制

二次设计控制主要是二次钢结构车间制作图的绘制,根据业主提供示意简图和功能要求,需进行二次设计,绘制车间制作图,以简化施工难度,减少车间班组识图难度和工作量,保证和提高施工质量及施工效率而进行的必要技术准备。

# 3.6　油漆施工

由于核电厂周围海洋大气下的腐蚀环境和核电油漆抗 LOCA 性能、抗辐射性能及可去污的特点,决定了核电厂特有的涂层和现场涂装的技术要求。车间采用流水线喷砂、喷漆技术,表面涂装采用除湿、循环热风管道系统,燃气加热系统,丸尘分离系统,旋风除尘及布袋除尘系统。

在电厂建造时期,一般采用环氧树脂涂料进行防腐,环氧树脂涂料有容忍性高、附着力大、兼容性好、耐水性好的特点,只有选用合适的涂层配套和严格的涂装工艺过程管理,才能有效地防止腐蚀。

### 3.6.1　腐蚀类型和控制方法

根据腐蚀介质划分,核电厂的腐蚀类型主要有以下几种:大气腐蚀,海水腐蚀,与一回路、二回路介质接触的腐蚀,与常规岛、核岛设备冷却水接触的腐蚀,盐酸及其盐雾引起的腐蚀,潮湿环境下的腐蚀,土壤腐蚀和运行维修期采用去污溶剂清洁表面时可能产生的腐蚀等。以上的腐蚀类型均属于电化学腐蚀。

针对核电厂的腐蚀种类和特点,主要采用的控制腐蚀的方法有涂料涂层防腐、内衬、阴极保护技术等。

### 3.6.2　油漆涂装的控制

1.基层的表面控制

(1)金属表面

必须在车间进行喷射除锈且不影响金属硬化,表面预处理清洁度应达到 Sa2.5 或 Sa3 级。一般来说最佳粗糙度为略低于整个涂层系统漆膜厚度的1/3。

（2）混凝土表面

平直度 2 m 之内最大空隙不超过 7 mm；0.20 m 最大间隙不超过 3 mm。表面空隙必须小于 1 cm²，且深度小于 5 mm 时，不得有露筋现象。

任何基层必须无浮屑、油污、灰尘及其他的有害物质。

2. 施工的环境控制

空气温度、相对湿度和底材温度同样会影响最终的涂装结果。通常基层表面温度要至少高于露点温度 30 ℃。气候条件的检查控制包括：环境空气温度、基层表面温度、相对湿度（%）和露点温度。

3. 涂装施工

高压无气喷涂是进行重防腐和高黏度涂料施工最常用的方法，利用高流速和高压力使涂料雾化，具有生产效率高、漆膜质量好等优点，适合大面积施工。

为确保漆膜厚度且防止漏涂，规定每道涂层的颜色与上一道有明显差异，同时颜色必须是开始涂层暗至完工涂层淡。

4. 钢结构油漆施工

钢结构的油漆施工分为在预制车间和现场进行两种，都有其不同的特点和要求。车间内进行表面处理更为方便，它可以有效地利用自动化的生产设施来提高生产效率。车间内进行涂装，可以有效地进行环境控制，并能全年度地处于工作状态；温度和相对湿度得到了控制，防止喷砂时的返锈；照明好，提高生产效率和工作质量；不会受到风力的影响而产生过喷涂等现象。

对于边、角、焊缝、切痕等部位，在大面积涂覆前应先涂刷一道，以保证这些部位的漆膜厚度。在组装过程中需要焊接的接口部位 100 mm 内不涂装涂料，需要采用适当的方式进行临时的保护。

5. 混凝土面油漆施工

混凝土浇筑后至少需要 28 d 的充分养护，表面干透，达到含水率要求后才能进行表面处理。处理前对混凝土含水率要进行检测，一般含水率不大于 6%，同时用 pH 试纸检查 pH 值不大于 9。

由于现场湿度大，施工条件较差，应保证足够的通风条件，以利于漆膜中水分的挥发。同时，提高环境的温度有利于水分挥发。所以，现场使用抽风机等设施也是必需的。

6. 涂层修补

为保证涂膜的质量，所有涂层上的缺陷都应进行修补，主要的涂层缺陷有机械或焊接造成的缺陷和涂装过程中造成的缺陷两种。

（1）机械或焊接造成的缺陷的修补

这种缺陷主要是由于机械碰撞、焊接等对已经涂装完毕的涂膜造成的损坏，需要进行相应的底材处理和补漆。

（2）涂装过程造成缺陷的处理

在涂装中会由于操作不当而造成漆病，从而会影响涂膜的外观和防腐效果，因而对这些漆病也必须进行修补。

### 3.6.3　附着力测试

涂层间或涂层与底材间良好的附着力可以大大提高涂层系统的使用寿命。涂料的拉力强度取决于涂料本身。拉力破坏有两种:附着破损和凝聚破损。附着破损发生在涂层间或第一道涂层和底材之间;凝聚破损发生在单一涂层内部。很多情况下,涂层是由自身内部发生破损,所以涂料的凝聚性能相当重要。如果环氧涂料进行良好的表面处理,拉力强度可以达到5～10 MPa,甚至更高。

按照涂装技术规格书要求进行拉力试验。拉力试验可按照相应的标准进行。拉力试验有多种仪器可供选择,测得值有所不同。进行试验前,将夹具放下,夹住试验柱,拉力数据调到0刻度处,然后施加拉力,直到拉开漆膜,读取数据。

由于机械式拉开法测试仪在实际操作时,测试值不稳定,所以比较可靠的还是气动式或液压式的拉开法测试仪。

### 3.6.4 见证板和参考面

在混凝土表面开始涂装前,先施涂面积大于40 m² 的参考表面(有涂料供应商的技术人员在现场指导和验收),作为长久的参考面,以建立验收的参考标准。

为了电厂运行后涂层性能的评估,对用于反应堆的每种涂层系统采用与实际施工相同的条件和基底材料制备见证板。见证板尺寸为200 mm×100 mm,混凝土表面见证板厚度为40 mm,金属表面见证板厚度为6 mm。见证板的数量为每种涂层至少40 块,标记编号并在电厂运行后放置于与该涂层系统对应的区域内。

## 3.7 核清洁施工

根据法国压水堆核电厂的建造标准——RCC－M 的相关要求,核电厂的土建施工有一个极为特殊的工序,即核清洁施工。其目的在于核电厂运行前通过核清洁施工使核清洁区达到核清洁标准,为核辐射区和可能存在核辐射风险区域的工作人员提供清洁安全的工作环境。同时限制辐射剂量积聚和限制杂质进入回路中,避免造成设备功能下降、损害和过多沉积物产生。

### 3.7.1 施工范围

核电厂的核清洁包括有放射性污染或有潜在放射性污染的区域,工作内容就是对以上区域进行核清洁施工,以及维持清洁及其他相关服务。核电厂的核清洁施工工作范围主要包括以下几个区域:

(1)停堆大修、小修期间的反应堆厂房(RX) 全部。

(2)核辅助厂房(NX) 全部。

(3)核燃料厂房(KX) 全部。

(4)连接厂房(WX) 全部。

(5)停堆用更衣室(ET) 部分。

(6)热机修车间和仓库(AC) 全部。

(7)废物储存罐(QA、QB) 全部。

(8)固体废物长期储存区(QT) 全部。

(9)电气厂房(LX) 部分。

（10）放化分析实验室（AL）全部。

（11）固体废物处理厂房（QS）全部。

具体工作内容包括：对核清洁施工区域内的地面和楼梯、墙面、天花板、天窗、钢结构和钢格栅表面、洞口内表面、设备的支撑架内外侧、设备和仪表外表面等进行灰尘和杂质清洁、污染和油渍清洗、不锈钢氧化皮清除酸洗和钝化，以及其他施工残留垃圾的清除等清洁施工。

三门核电厂各个厂房的位置分布图如图 3-20 所示。由图可以看到各个厂房之间的衔接还是非常紧密的，大部分辅助厂房都是围绕着安全壳厂房建设的，这样可以减少管道的连接，提高整个反应堆系统的安全性。核清洁施工就是对辅助厂房及安全壳厂房进行清洁。通过对不同区域的核清洁施工，可以看出核清洁施工的范围还是非常广泛的，涉及大部分厂房，由此表明了在土建施工过程中核清洁施工的重要性。良好的核清洁施工对核电厂以后的安全运行起着至关重要的作用。

**图 3-20　三门核电厂各个厂房的位置分布图**

### 3.7.2　施工要求

核清洁区即对所需要进行核清洁的区域的总称。

核清洁区在进行核清洁施工中和通过验收后核清洁维护期间，需达到如下所述标准：

（1）有隔离。指该区域内有长期或临时的封闭区或增压封闭区。该隔离要能很好地防止外界污染并具有满足要求的清洁度。在核清洁区的地板革、塑料和永久性的门窗都可起到有效隔离的目的。

（2）专用的工作服。操作人员必须穿着无纽扣和口袋全封闭的白色连衣裤，必须戴帽子和穿不起毛的干净的鞋或套鞋。参观者或非核清洁施工人员须穿白色连衣裤或工作罩衣及套鞋方可进入。

（3）空气过滤。增压封闭区的补充空气必须是洁净、干燥和过滤过的空气，其区域的通风系统必须是已经开始运作，且通风口送出的空气必须是干净的、过滤过的。

（4）严禁吸烟、进食、大小便和随地吐痰。

（5）防尘。隔离区内严格限制机械加工和可能产生灰尘的一切活动，如必须进行这类活动，则要安装收集和排尘系统，并采取有效的临时隔离措施。

（6）地面应光洁，墙面和天花板面本身的材料应难以产生灰尘。

(7)应有专人使用吸尘器、抹布等清洁工具对该区进行随时清理。

(8)必须采取恰当的设备防护措施,以保护设备免受重物下落的撞击,对堆坑等敏感、重要构件,在现场必须有这种设备的防护措施。

(9)人员进出口应设立警卫,查验证件、保管衣物和鞋套等。

### 3.7.3 施工前的准备工作

1. 确定需要进行核清洁的厂房和房间号

并不是每个厂房所有的房间都必须达到Ⅰ级清洁区的标准。在每个厂房进行核清洁施工前,由业主和设计院根据核污染区的分级,以及未来核电厂运行期间的具体要求来决定需要进行核清洁施工的厂房和房间号。

2. 编制核清洁施工计划

该计划应根据核电厂的施工目标日,结合核清洁施工所需的时间来进行编制。如在反应堆厂房装料前,与该系统有关的所有区域核清洁应已施工完毕;在反应堆厂房进行安全壳打压试验前,反应堆厂房的核清洁应已完成;在核燃料进场前,核燃料的储存地应已完成核清洁。同时,该计划应包括在核清洁施工期间对人力资源量的充分估计。

3. 清理土建、安装施工尾项,编制详尽可行的房间移交计划

在核清洁施工前,核清洁区的土建、安装施工尾项应已大部分完成,尤其是那些要进行打磨、钻孔、焊接等有污染的施工尾项,须在核清洁施工前完成。

房间的移交计划应根据核清洁计划和现场实际进行编制,必须详尽可行。施工尾项应结合房间计划一起来统计完成。

4. 清洁剂化学成分鉴定,并报业主审批

在法国压水堆核电厂的建造标准中,规定了清洁剂和包装材料中硫、磷、氯化物等为有害物质。其含量要求如下:

(1)氯含量 < 0.25%。

(2)卤素含量为 $25 \times 10^{-6}$ 以下。

(3)含其他易分解的镉、锑、铜、硫、磷、锌、汞、锡、铋、钾、钠、砷等物质的物品也严禁接触。

5. 编制施工方案、程序等执行文件

施工方案应是对特定区域施工组织、施工方法和施工技术的详细要求。

6. 提交各项材料采购计划

材料计划应包括:脚手架钢管、跳板、铝合金操作平台、铝合金梯子、洗衣房设备、工作服、吸尘器、白棉布、抹布和清洁剂等。

7. 人员的培训

考虑到核清洁工作的重要性和敏感性,所有参加核清洁施工的人员都必须是已经经过培训的合格人员,培训内容包括:

(1)核清洁施工的概念和目的。

(2)设备的保护。

(3)安全消防知识。

(4)现场操作技能。

培训应以课堂学习与现场操作实践相结合,时间不少于 16 h。培训完成后,参加培训

人员必须经过闭卷考试,考试合格者才予以发证上岗。

### 3.7.4　核清洁的施工

1. 主要施工顺序

对于一个区域,遵循自上而下、相对独立的原则进行施工。

施工顺序:对该区域地面、通道进行初步清扫→对门窗、洞口进行封闭、隔离→室内设备检查和临时防护→脚手架搭设→核清洁施工→检查验收→核清洁维护。

2. 清洁剂的使用范围

岭澳核电厂现场所使用的清洁剂包括:洗洁精、无磷洗衣粉、高纯度丙酮、高纯度酒精等。洗洁精用于所有油漆面、塑胶面的除油、除垢;无磷洗衣粉用于清洗衣物、抹布及其他消耗性材料;高纯度丙酮用于不锈钢、保温外壳、电梯门等外表的除油、除垢、除胶,严禁用于电缆外表;高纯度酒精用于无油漆覆盖的金属外表的除油。

3. 一般表面的清洁

天棚、墙面、地面等油漆面的清洁,应用吸尘器吸一遍→湿抹布擦一遍→干抹布擦一遍→干白棉布擦至合格。

设备、管线等有油漆或塑胶覆盖的外表面应用吸尘器吸一遍→毛刷刷一遍(细小部位)或湿抹布擦一遍→干抹布擦一遍→干白棉布擦至合格。

对部分狭窄、隐蔽的部位,清洁施工前可先用吹气工具吹出里面的灰尘或杂物后再按常规方法进行清洁。

4. 不锈钢外表面的清洁

(1)清洁原则

在核电厂内,不锈钢的管道、设备、水池较多,考虑到不锈钢材料的特殊性,对其进行清洁时应遵循以下原则:

①不可用任何铁制构件直接接触不锈钢外表。

②清洁时,所使用的水必须是经过处理的除盐水。

③只准使用专用的清洁剂,严禁使用任何未经允许的清洁剂清洗不锈钢外表面。岭澳核电厂允许使用的不锈钢清洁剂是高纯度丙酮。

(2)不锈钢管道、设备部件的清洁

对其表面灰尘、杂物,应用吸尘器吸一遍→普通湿抹布擦一遍→干白棉布擦至合格。

对于不锈钢外表面的水泥浆、油漆等杂物和小面的锈蚀,可先用不锈钢铲刀铲除表面锈斑,再用砂轮机配铝基砂轮片进行打磨,打磨后进行酸洗、钝化处理。

(3)不锈钢水池的清洁

①水池底部用吸尘器吸一遍→水池底部湿抹布擦一遍→水池池壁用除盐水冲洗一遍→整个水池湿抹布擦一遍→整个水池干白棉布擦至合格。

②对于不锈钢外表的水泥浆、油漆等杂物和小面积的锈蚀,可用不锈钢铲刀铲除,再用砂轮机配铝基砂轮片进行打磨,打磨后进行酸洗、钝化处理。上述操作应在水池整体冲洗前进行。

③对于水池底部大面积的锈蚀可采用浸泡法处理,但在施工前必须征得业主的允许,施工时先将水池底部进行初步清洁,对于老锈斑外表面可先尽量用不锈钢铲刀铲除,然后加入酸洗液(浓度为20%的硝酸溶液)进行整体浸泡,一般浸泡时间为8 h,以锈斑与酸液完

全反应为标准。浸泡达到要求后,将酸液进行收集,并用除盐水对残液进行冲洗,之后用 pH 试纸进行检测,pH 值为 6~8 时为合格。上述操作应在水池整体冲洗清洁后进行。

④不锈钢外表面的油污可使用高纯度丙酮进行擦拭,然后用除盐水进行清洗。

**5. 电缆槽和电缆线的清洁**

对于电缆槽,已有封盖的电缆槽内的电缆不必进行清洁,只需对电缆槽外表面进行清洁即可。

对于电缆线,在清洁前应注意观察其外表是否有破损、橡胶老化、脱线等情况,如果发现应及时汇报等待处理;在清洁时,对单根的电缆可用抹布直接擦拭,对成束电缆如果已经捆扎好,不必解开捆扎带,用抹布对其表面和能擦到的缝隙进行清洁即可。对电缆外表面的油污可用抹布蘸洗洁精擦拭。擦拭完成后,用拧干的湿抹布擦拭,最后用干白棉布将电缆擦拭至合格。清洁过程中,严禁用腻子刀、铁丝等尖锐的物体刮、铲电缆外表,严禁对电缆进行清洗、浸泡。

**6. 电机、通风房等有危险性的设备和区域的清洁**

对于这些部位,在清洁施工前应首先与业主设备管理方取得联系,申请办理隔离工作证,并得到在施工期不会启动设备的承诺。在清洁施工前,设备管理方应结合现场实际向清洁施工人员进行技术安全交底,对设备内部构件,严禁用铁丝、抹布进行通捣。施工完成后,设备管理人员应检查抹布等工具是否有遗漏,并锁好门以防他人进入。

**7. 精密设备、仪表的清洁**

核电厂内有许多精密设备、仪表,在进行该部位清洁施工前,应要求业主组织设备管理方、安装方的专业人员向清洁工人说明设备清洁施工时的注意事项,并成文,之后由业主、安装方、土建方共同签字。在清洁施工前应结合现场实际向清洁施工人员进行技术安全交底,采取合适的设备保护措施。清洁施工完成后,清洁施工人员应及时通知业主、安装方来进行检查,以防留下隐患。

**8. 除油**

对于核清洁区的油污,应先确定其是否是保护油和润滑油。对于吊车铜缆、螺栓、设备传动装置等涂有保护油或润滑油的外表面,一般用吸尘器对表面灰尘杂物吸一遍或用干抹布轻擦一下即可。如必须要求清除,油漆面可用抹布蘸清洁剂进行擦拭,金属面应使用干白棉布蘸高纯度酒精擦拭。清洁完成后,必须及时通知业主,由其安排相关部门重新涂抹或加注油料。

**9. 核清洁的维护**

核清洁区验收合格后,该区自动进入核清洁维护状态,其要求同Ⅰ级工作区要求。维护时间为各厂房每个房间核清洁验收通过之后 4 个月。

在维护期内,每一定数量的房间安排 2~3 人用吸尘器、抹布、水桶等工具按常规方法进行清洁,保持区域的清洁度。

维护范围包括核清洁区的所有通道、房间地面及人在不借助工具状态下所能触及的设备、管道、墙面等。

### 3.7.5　质量保证措施

(1)核清洁的检查过程和方法如下:

①检查过程:施工人员自检→班长检查→工长、技术员检查→施工方质检员检查→业主检查验收。

②检查方法：

一般表面：用白布擦拭物件表面，白布表面肉眼观察无污迹；物件表面无污迹、无施工残留物，即为合格。

不锈钢外表面：用白布擦拭物件表面，白布上肉眼观察无污迹即为合格；物件表面应无污迹，无施工残留物，有疑问的区域还可利用放大镜观察，也可采用喷雾法，即在表面喷洒滴状蒸馏水，能形成一连续水膜为合格。

(2)在核清洁施工过程中，要求所有人员必须小心谨慎、认真施工，不能放过任何一个细小环节。

(3)对施工中发现的土建或安装施工遗留项，应及时上报，得到批准后才可进行处理。

(4)对于构件表面确实无法清除的施工残留物，可以在经相关负责人批准后采用油漆修补的方法处理。

### 3.7.6  安全保证措施

(1)脚手架施工时的设备保护措施如下：

①入场前，应将钢管、扣件、跳板等施工材料清理干净，表面无杂质、无油污。钢管两头应缠上布或海绵条。对敏感设备应预先做好临时保护。对大型设备如堆芯等采用整体屏蔽保护，对小型设备一般采用胶合板等材料进行覆盖保护。

②在运输钢管的过程中，要小心谨慎，轻拿轻放，严禁钢管或其他含铁工具直接接触设备和不锈钢衬里、管道。钢管存放区应先垫好隔离物，严禁直接与地面油漆接触。

③用铁丝把钢管架和墙上的支架拉连时，拉结面应用布包裹，以免破坏油漆。立杆和地面间应有隔板隔开。

④施工过程中，施工人员必须戴好安全帽、手套、安全带等防护用品。钢管、扣件吊运过程中，一定要设立警戒线，非施工人员严禁入内。施工中，严禁抛掷工具。所带工具如扳手等应用绳子系在手上或皮带上，以防跌落。

(2)在核清洁施工过程中，严格要求工人不准踩踏设备、管道，不准随意开启、关闭设备，不准随意移动设备部件，禁止旋动任何阀门、扳手等。如确实需要使用现场设备，需通过现场管理人员协调同意后，才可使用。

(3)现场施工人员应配备足够的安全防护用品，包括（但不限于）：安全帽、工作服、安全鞋、防护口罩、防护眼镜、安全手套、安全带等。

(4)施工中将接触到大量的化学溶液，在使用这些化学溶液时应防止皮肤直接暴露在外面，并配备必要的防护手套、防护眼镜等，尤其要防止化学溶液溅入眼中。

(5)酒精、丙醇等均为易燃品，其存放仓库和现场施工时都要小心谨慎，防止烟火，并配备足够的与其化学性能相匹配的灭火器。

(6)在施工过程中，所有进入施工现场的机具都必须经过二次包裹，防止机具破坏设备和结构油漆层。

(7)进入每一个新的区域都必须先熟悉环境，辨别该区的危险因素，并及时采取相应措施。

(8)在施工现场，将使用大量的电器设备，在使用过程中应防止发生触电、漏电事故。严禁将插座、电缆直接放在地面或悬挂在金属构件上。

(9)现场需使用大量的清洁用水，所有水的使用必须用专用的容器盛放，使用完后的污水必须倒入指定的排水口。

### 3.7.7　核清洁施工的验收标准

1. 设备、管道表面检查标准

除无法按程序去除的锈蚀外,应做到无灰尘、无污物、无油渍。检查人员戴白色细纱手套抚摸设备和管道表面,如手套无明显灰尘或污渍则视为合格。

2. 地面、墙面检查标准

除无法按照程序去除的划痕、污斑,地面应无灰尘、无脚印、无污染、无油渍、无积水或积油,地面应无不明用途的杂物。检查人员目视检查,必要时可参考上述1的标准进行检查,满足条件者视为合格。

### 3.7.8　秦山第三核电厂辐射区清洁实例

本实例为秦山第三核电厂辐射区的核清洁,按照核清洁的流程所有审批计划均已完成,接下来要建立的就是核清洁区域和清洁周期(表3-4),反应堆厂房(R/B)厂房监督清洁区核清洁范围(表3-5),服务厂房(S/B)厂房监督清洁区和清洁范围的计划(表3-6),最后按照上述清洁步骤进行核清洁以及后续的清洁维护。

表3-4　核清洁区域和清洁周期

| 清洁区域 | 频度 | | | |
| --- | --- | --- | --- | --- |
| | 自主清洁区<br>每日一次或两次 | 监督清洁区 | | |
| | | 两周一次 | 建议每月一次 | 停堆后清洁 |
| R/B厂房 | R-002、R-003、R-004、R-005、R-009、R-010、R-011、R-101、R-102、R-201、R-301、R-302、R-401、R-402、R-502<br>公共楼梯、扶手及走廊 | R-007、R-008、R-013、R-014、R-108、R-307、R-110 | R-001、R-114、R-115 | R-006、R-012、R-017、R-104、R-107、R-108、R-109、R-111、R-112、R-303、R-304、R-305、R-306、R-403、R-404、R-405、R-406、R-501、R-504、R-503 |
| S/B厂房 | S-001、S-002、S-003、S-004、S-009、S-015、S-016、S-019、S-012(应急闸门)、S-221、S-22(设备闸门)、S-131、S-132、S-133、S-134、S-135、S-138、S-139、S-141、S-142、S-142A、公共楼梯、扶手及走廊 | | | |
| 重水升级塔 | 1层、3层公共楼梯、扶手及走廊 | 整体清洁(建议隔周一次) | N/A[①] | |
| 物理和化学实验室 | 全身污染仪(随时) | 物理和化学实验室(周二、五) | N/A | |

注:①N/A表示不适用。

表3-5　R/B厂房监督清洁区核清洁范围

| 房间编号 | 可清洁部位 | 禁止清洁部位 | 备注 |
|---|---|---|---|
| R-223 | 地面、大的平面以及凹凸部分 | 阀门、放气阀、充气阀、仪表 | |
| R-201 | 地面、扶手、楼梯 | 两侧的电磁阀、泵 | |
| R-012 | 地面 | 其他所有设备、管线 | |
| R-018 | 地面 | 其他所有设备、管线 | |
| R-007、008 | 一层地面、工字钢 | | 二层如有特殊要求,必须有监督人在场指导清洁 |
| R-106、107、108 | 地面、钢架、直爬梯 | | 运行期间,不能进入 |
| R-103、104 | 地面 | 其他所有设备、管线 | |
| R-110、113、114、115、109 | 地面 | 其他所有设备、管线 | |
| R-302 | 地面、楼梯、扶手、管道、黄色罐子表面 | 仪表、阀门 | |
| R-306 | 地面、电话亭 | 门两侧的配电箱、电磁阀、SDC泵 | 注意热点 |
| R-402 | 地面、大型管道、消防柜、重水柜、楼梯、扶手、钢架 | 气体取样分析系统、氘化系统和毒物罐系统 | |
| R-406、406A | 地面、电话亭 | 其他所有设备、管线 | |
| R-405、405C | 地面、电话亭 | 其他所有设备、管线 | |
| R-401、403 | 地面、电话亭 | 其他所有设备、管线 | |
| R-501、503 | 地面、直爬梯 | 其他所有设备、管线 | |
| R-303、305、307 | 地面、电话亭、配电箱的外表面 | 禁止打开仪表盘面板 | 注意6310PL1264后面的液氮喷出口 |
| R-013、014 | 地面(一层地面工字钢、电话亭) | 其他所有设备、管线 | 二层如有特殊要求,必须有监督人在场监督清洁 |
| R-601 | 地面 | 其他所有设备、管线 | 运行期间不做清洁 |
| R-501A侧 | 地面 | 其他所有设备、管线 | 运行期间不做清洁 |
| R-501C侧 | 地面 | 其他所有设备、管线 | 运行期间不做清洁 |
| R-017楼梯 | 地面、扶手楼梯 | 其他所有设备、管线 | 运行期间不做清洁 |
| R-111 | 地面 | 其他所有设备、管线 | 运行期间不做清洁 |
| R-112 | | 其他所有设备、管线 | 运行期间不做清洁 |

表3-6　S/B厂房监督清洁区和清洁范围的计划

| 房间编号 | 可清洁部位 | 禁止清洁部位 | 备注 |
|---|---|---|---|
| S-222 | 地面 | 阀门、压力变送器 | |
| S-003 | 地面、电话亭、消防管道 | 阀门、阀杆、标识为红色的设备 | |
| S-004 | 地面 | 所有设备及部件 | |
| S-005 | 地面 | 手轮、北墙、直爬梯以上、测控仪表 | 变压器不得用湿抹布清洁 |
| S-006 | 地面、电话亭、大型管道 | 除地面、电话亭、大型管道,其他所有设备 | |
| S-008 | 地面 | 盘台、压缩机、测控仪表、各类阀门、阀杆 | |
| S-009 | 地面 | 盘台、测控仪表、电缆护线 | |
| S-011 | 地面 | 运转设备 | |
| S-015 | 地面、管道、工字钢 | 设备、管阀、重水桶、临时堆放的物品 | |
| S-018 | 地面、管道表面 | 玻璃液位计 | |
| S-020 | 地面、管道表面 | 玻璃液位计 | |
| S-022 | 地面 | 所有设备、管线 | |
| S-013 | 地面 | 墙面上的阀门 | |
| S-025 | 地面 | 阀门和仪控回路 | |
| S-021 | 地面 | N/A | |
| S-024 | 地面 | 液位计阀门 | |
| S-01地坑 | 地面、管道 | 阀门和阀门的仪控回路 | 责任单位现场监督清洁 |
| S-023 | 地面 | 取样阀门 | |
| S-030 | 地面 | 阀门及阀门的仪控回路 | |
| S-118 | 地面 | N/A | |
| S-149 | 地面 | 所有设备和电源开关 | |
| S-244 | 地面 | 所有系统设备 | |
| S-235 | 地面 | N/A | |
| S-124 | 地面 | 阀门和电源开关 | 防止异物掉落 |
| S-126 | 地面 | 阀门 | 防止异物掉落 |
| S-130 | 地面 | N/A | |

表 3 – 6（续）

| 房间编号 | 可清洁部位 | 禁止清洁部位 | 备注 |
|---|---|---|---|
| S – 144 | 地面 | 阀门、压控管线和电源开关 | |
| S – 145 | 地面 | 阀门、压控管线和电源开关 | |
| S – 146 | 地面、基座 | 所有设备、仪用压控管线 | 注意热点 |
| S – 17 | 地面、墙面 | 阀门和取样柜内所有设备 | 如发现水，报告主控 |

　　通过以上 3 个秦山第三核电厂核清洁施工的表格，可以看出核清洁施工是一个非常复杂的工作。在核清洁施工过程中涉及的厂房数量非常多，且每个厂房的清洁范围和清洁度的要求都是不同的，这些都增加了核清洁施工的难度，对参加施工的人员都提出了不小的挑战。所以在上面的核清洁施工前的准备工作中提到了参加核清洁施工的人员必须经过培训、考试，合格之后才可以上岗。

# 第4章 核岛系统主设备的安装施工

## 4.1 概 况

核电机组所选用的堆型、功率、参数、规范标准,以及建造模式等方面的不同,使得核岛安装施工的工程量、安装工艺、采用的规范标准以及工程组织管理模式等方面亦各有不同。本章所叙述的内容主要参照了岭澳核电厂核岛安装施工的实际情况,同时亦参照和吸取了国内其他大型核电厂核岛施工的经验。

### 4.1.1 核岛安装和常规岛安装的异同

核电厂是以核反应堆来代替火电站的锅炉,以核燃料在核反应堆中发生特殊形式的"燃烧"产生热量,来加热水使之变成蒸汽。蒸汽通过管路进入汽轮机,推动汽轮发电机发电。一般说来,核电厂的汽轮发电机及电器设备与普通火电厂大同小异,其特别之处在于核反应堆。

核岛和常规岛设备是相关联的,但是由于核岛的核安全特性,使得核岛设备有着它所独有的特殊性,有别于常规岛的安装,在安装项目上、安装的特点上、标准的使用方面都存在着不同,给安装单位提出了不同的要求。下面对一些主要的特点进行比较。

1. 安装项目的异同

(1)核岛

①主要安装工程量:分为10个设计管理工作包(EM1 – EM10)。

EM1:重型吊装设备安装。

EM2:主系统设备安装,包括 EM2.1,一回路设备安装;EM2.2,反应堆及相关设备安装;EM2.3,核燃料装卸及储存系统的设备安装。

EM3:辅助设备安装(包括设备已装仪表的校验)。

EM4:辅助管道安装,包括 EM4.1,辅助管道中 RCC – M3 级和无级大于 2 in[①] 碳钢管道及全部普通支架的预制;EM4.2,辅助管道中等于和小于 2 in 不锈钢与碳钢管道的预制(不包括 RCC – M1 级不锈钢管道),以及全部不锈钢管道、碳钢管道、衬胶管道、铜管道、玻璃纤维管道和它们相应的全部支架的安装;EM4.3,钢衬里混凝土管的安装。

EM5:采暖通风空调安装,包括 EM5.1,风管和风管支架预制;EM5.2,风管、风管支架、通风空调设备安装。

EM6:保温预制和安装。

EM7:现场制造贮罐(其中板材供货状态全部为未卷制成形的商业平板材)。

EM8:一般电气安装(包括 DCS 部分)。

---

① 1 in = 2.54 cm。

EM9：过程仪表安装。

EM10：负载小于 40 t 的吊装设备安装。

②核岛安装的主要设备。

主回路设备是核岛的核心设备，包括反应堆压力容器、蒸汽发生器、主泵、稳压器和主管道，此外还有堆腔密封环、396 t 环吊、380 t 龙门吊、应急柴油机组，以及各种转动设备（泵、空压机等）、静止设备（容器、热交换器、过滤器）和电气盘柜、仪表控制盘柜等。其中以EM2 主回路设备的安装为重点。

（2）常规岛

常规岛系统主要设备有：汽轮机厂房内的汽轮发电机组（由 1 个双流五级的高压缸、3个双流各五级的低压缸、5 个落地式轴承座、4 组高压联合气门、6 组低压联合气门和发电机组组成）、高压/低压加热器、汽水分离再热器、除氧器、冷凝器等和厂房外的主变压器、厂用变压器。其中最重的设备是汽水分离再热器和发电机内定子，体积最大的设备是除氧器。而辅机设备大致可分为两大类，即容器类和动力类。容器类的辅机主要包括汽轮机回热系统内的高压加热器、除氧器和水箱、低压加热器以及凝汽器等设备；动力类的辅机则主要是泵，如给水泵、凝结水泵等。

（3）对比

核岛和常规岛安装项目的不同，势必会造成工程量的差异，这就决定了各自安装的特点及工期方面的要求等。由此可以看出，核电工程是一项规模大、技术含量高、质量要求高、工期紧的工程，同时它又是一项系统工程，工程所需的各种资源只有系统地、科学地、合理地进行配置和有效地管理才能保证工程的成功。

2. 安装的特点及难点

（1）核岛

①施工区域

法国机型运行安全可靠，但安装的系统多，各系统设备按其安全重要性划分为不同的安全级别、分区和房间，并进行防火保护隔离。为了减少放射性泄漏时污染的扩散和方便去污，核岛厂房被分为 1 600 个带隔墙的房间。放射性管线越多的安装区，房间被分割得越小。因此，核岛辅助系统、通风系统、电气仪表系统的安装因这些房间的分割会遇到很多困难。

②接口

核岛安装工程是一项复杂的系统工程。核岛设备布局紧密，在部分区域、房间内，各系统的管道、通风、电气等的管路、支架、电缆槽、设备等的布置在较狭窄的空间里，造成这些区域、房间中各种设施相互交叉、紧密相靠，施工作业空间十分狭小。加之施工工期的压缩，势必造成安装施工各专业间，以及与土建施工之间的大量交叉作业，给施工带来更大的困难。核岛安装不仅有着复杂的上、下游接口关系，还有几个安装承包商及分包商之间的接口，从而增加了接口管理的复杂性。因此在施工时，必然需要加大内外部协调力度，事先根据各专业、系统交叉的具体情况，做出各专业系统安装的进入和退出的最合理的顺序安排。

另外核岛安装具有极高的质量要求，如工程施工精度高、大型/重型设备吊装就位难度大、图纸改版次数多和数量大、施工流程复杂、施工区域狭窄、设备布置紧凑、通用安装技术要求高、计划体系复杂、预埋设备多、清洁度要求高等。

（2）常规岛

常规岛的施工是个庞大的系统工程，涉及面广，接口多，技术复杂。岭澳二期核电厂安装工程为自主设计、自主建造、自主经营，安装有其自身的特点及难点，主要表现在以下几个方面。

①施工区域

常规岛厂房主要由汽轮发电机厂房和辅助间以及联合泵站组成。所以常规岛是汽轮发电机的工作区域，里面包含有汽轮机、发电机、冷凝器、除氧器、给水泵等厂房。核岛厂房的划分考虑到了放射性，所以分区较多，与常规岛相比，后者的厂房（区域）划分则相对要大一些。

②接口

由于安装工期压缩，与岭澳一期核电厂相比，施工管理和过程控制难度大。需要消化上游的风险加大，与其他承包商的接口相对较多，施工工期受上道工序的承包商影响较大。例如，设备到货、上游文件移交、大宗材料采购、土建移交、不符合项的处理等因素。特别是广东省电力设计研究院首次全面负责常规岛的设计工作，设计深度远低于岭澳一期核电厂。

核岛安装和常规岛安装有各自的特点，但是由于考虑到核安全性和高质量，二者在此方面又是相同的。作为安装单位，必须严格按照程序办事，坚持"安全第一、质量第一"的方针，做到凡事有章可循、凡事有人负责、凡事有人检验、凡事有据可查，以达到核岛和常规岛安装工程的要求。

3. 安装工期的可压缩性

（1）核岛

①可压缩工期的先决条件

a. 供图、供货必须按计划进度保障；

b. 供图、供货配套且质量必须满足规定要求；

c. 土建房间按计划移交，质量满足安装要求；

d. 合理组织施工。

②工期压缩分析

对于核岛安装工期的可压缩性，按工作包优化（主要为 EM4、EM5、EM8、EM9）；预制为安装先决条件之一，优化时主要考虑 EM4.1、EM5.1。因为涉及的系统、设备、接口、各种工种交叉作业等较多，这就使得核岛工期压缩较困难。根据系统完工状况，将重点对与核回路清洗（NCC）、冷态功能试验（CFT）相关的系统进行优化和压缩，特别是冷试相关的 75 个子系统，将作为重点进行优化，对其上游条件进行分析，给出文件和设备供应建议，确保这些系统按时交付。只有这些系统保证了，工期压缩才会成为可能。

除此之外，在设计采购和变更修改方面、物项采购方面、与土建的配合方面、工程管理方面、组织施工等都可以进行控制，加强核岛安装关键部分和各工作包里程碑①的控制。这些里程碑包括范围广，从前期的临建工程、预制、各工作包的安装、管道水压试验、安装结束报告（EMR/C）的提交到安装结束状态报告（EESR）的交付，基本上每月都有数十个里程碑需要完成，这势必将成为进度控制和计划管理的重要目标及核心之一，在关键路径条件满

---

① 在工程项目中，里程碑是项目中的一个时间点，通常指一个可支付成果的完成。

足的情况下,将全力以赴优先做好这一重点工作的控制。

(2)常规岛

与岭澳一期核电厂相比,岭澳二期核电厂常规岛工期压缩了4个月。在工期压缩时,可以从以下几方面进行考虑:人力和机械资源准备、设计图纸、物资供应以及工程协调等。与核岛相比较,常规岛工期压缩较容易,在保证工程公司计划的前提下对工期进行调整和优化,使计划趋于合理、受控。

工期的压缩势必造成资源的投入量的增加,这给公司的管理、技术和各工种之间的交叉又带来了新的考验。

4. 质量管理分析

核岛安装工程质量保证体系必须遵循中华人民共和国国家核安全局发布的核安全法规 HAF003(1991)《核电厂质量保证安全规定》及相关导则,它具有强制性;而常规岛方面安装质量保证体系需遵循 ISO 9000 的要求。在核电厂建造过程中,核岛和常规岛的安装管理模式基本相同。

(1)"一级 QA、两级 QC"的质量管理组织模式,使其具有充分的权力和组织独立性,并确保质量管理组织有效运作。

(2)总的质量管理原则:凡事有章可循、凡事有人负责、凡事有人检验、凡事有据可查。

(3)建立严密的组织体系,设置合理的质量管理组织结构。

(4)建立培训、考核体系,确保所有与质量有关的活动由合格人员执行。

(5)建立并有效实施符合核安全法规和合同要求的质量保证大纲及一整套层次结构清晰的质量保证大纲文件。

(6)建立有效的不符合项处理体系,确保所有不符合项都得到快速、高效、正确的处理。

核岛和常规岛都要求始终贯彻"安全第一、质量第一"的核电建设总方针,并以"优质、高效"的工作宗旨进行和完成安装工程。

5. 建造安装标准

核岛建造设计标准必须遵循 RCC 系列标准的规定。RCC 系列标准覆盖了压水堆核电厂燃料组件的建造和规则、核岛电气设备的设计和建造规则、核岛机械设备设计和建造规则、核电厂防火设计和建造规则、核电厂系统设计和建造规则等,涉及核岛设计、建造、检查和验收的所有领域。RCC 系列标准是法国百万千瓦级压水堆核电厂核岛机械设备设计和建造法规,具有强制执行的特点。所有核电厂核岛安装参与方,在进行该法规所规定的活动时,都必须严格遵守。

而常规岛安装标准方面,根据核电法规中规定的程序、规程、标准等,以及合同阶段业主提供的安装程序、规程和引用的法规与标准的要求,必须遵循 ASME 和国标的要求,开展岭澳二期核电厂常规岛的各项安装任务。

### 4.1.2 核岛安装工程量

核岛厂房包括核反应堆厂房、核燃料厂房、核辅助厂房、核连接厂房、电气厂房、柴油发电机厂房和停堆用更衣室等 7 个厂房,总计 1 627 个房间,分别分布在 1 号机组、2 号机组和 1 号、2 号机组共用(该区域用"9"来表示)区域。

主要实物工程量见表 4 - 1。

表 4 – 1 主要实物工程量

| 序号 | 专业 | 单位 | 数量 |
|---|---|---|---|
| 1 | 管道支架安装 | t | 1 580 |
| 2 | 工艺管道安装 | m | 129 500 |
| 3 | 电缆敷设 | m | 1 245 000 |
| 4 | 仪表管道安装 | m | 33 292 |
| 5 | 机械设备安装 | 台 | 1 294 |
| 6 | 通风管道安装 | m² | 36 966 |
| 7 | 保温 | m² | 31 200 |
| 8 | 管道支架预制 | t | 1 450 |
| 9 | 辅助管道预制 | m | 71 750 |

各专业点数分布情况见表 4 – 2。

表 4 – 2 各专业点数分布

| 区域 | 工作分项 | 总点数 |
|---|---|---|
| 1 + 2 + 9 | EM1 | 40 000 |
| | EM2 | 162 000 |
| | EM3 | 127 179 |
| | EM4 | 2 692 763 |
| | EM5 | 295 160 |
| | EM6 | 303 636 |
| | EM7 | 55 449 |
| | EM8 | 1 914 831 |
| | EM9 | 272 032 |
| | EM10 | 128 646 |
| | 合计 | 5 991 696 |

点是指一个法国熟练工人在其本国现有机械施工条件下,1 h 所完成的工程量。用点来表示工程量,比用其他定额来计算安装工期要简单和准确得多。例如,R20 区域,管道安装工程量为 23 370 点。按每人每月工作 172 h,点效率 1.5 工时/点计算,由 1 个班组 20 名生产工人施工,则工期为 8.2 个月[23 370 × 0.8 ÷ (172 × 20 ÷ 1.5),式中 0.8 系数是扣除了水压试验 15% 和文件工作 5%)]。

以 1 号机组为例,核岛安装工期要求如图 4 – 1 所示。1 号机组主要安装工期以环吊可用为起点,冷态功能试验为结束点,共约 24 个月;2 号机组在 1 号机组的基础上后延 8 个月。

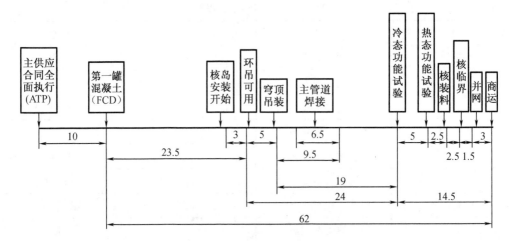

图 4 - 1 1 号机组安装工期要求(单位:d)

### 4.1.3 核岛安装工程的施工特点

(1)技术含量高,严格按照核电厂建造的各项法规和技术标准进行。

(2)质保要求严格,按照国家核安全法规 HAF003 及相关导则要求建立完整的质量保证体系,以及执行国家核安全法规 HA0400 和国际原子能机构法规 IAEA50 - C - QA。

(3)施工工艺复杂,系统繁多,施工逻辑顺序要求严格,各工种交叉作业量大。

(4)厂房结构和布置紧凑,施工空间狭小,施工难度大。

(5)安装与土建、调试配合密切,分布面广,内外接口众多复杂。

(6)工程量大,施工周期长,从签订合同、开始安装准备工作到调试期间安装配合结束约 62 个月。

(7)核岛安装所用物项种类繁多,跟踪难度大。

(8)文件资料数量庞大,涉及众多机电安装工作包和部门,文件准备周期长,发行过程程序多,对下游制约多。

(9)人力资源需求种类多,管理人员数量大,工程的人力动员难度大,耗资大。

## 4.2 重大部件的运输和吊装

核电大件设备具有数量大、种类多、结构复杂等显著特点,因此其吊装施工技术复杂且难度高。与此同时,核电大件设备还具有价值高、生产周期长且不可替代性的特点,一旦在吊装过程中发生损坏,将给核电厂的造价和工期造成重大影响。按照《电力大件运输规范》(DL/T 1071—2014)的规定,电力大件按照长、宽、高及质量 4 个评价因素共分 4 级,见表 4 - 3。

表 4 – 3 重大部件的分级标准

| 等级 | 长度/m | 宽度/m | 高度/m | 质量/t |
|------|--------|--------|--------|--------|
| 一级大件 | 14 ~ 20 | 3.5 ~ 4.5 | 3.0 ~ 3.8 | 20 ~ 100 |
| 二级大件 | 20 ~ 30 | 4.5 ~ 5.5 | 3.8 ~ 4.4 | 100 ~ 200 |
| 三级大件 | 30 ~ 40 | 5.5 ~ 6.0 | 4.4 ~ 5.0 | 200 ~ 300 |
| 四级大件 | >40 | >6.0 | >5.0 | >300 |

核电大件设备种类繁多,主要包括汽轮机成套系统相关的大型汽缸模块,如汽轮机转子、发电机定子、发电机转子、除氧器等;核反应主设备相关的反应堆压力容器蒸汽发生器、稳压器、堆内构件、主泵系统设备等;辅助系统相关的梁式起重机、应急柴油发电机、各类大型贮罐等。共计 40 余种核心设备。

核电厂建造中重大部件的定义为:长、宽、高分别大于等于 9 m、3 m、3 m 的设备,或总质量大于 30 t 的设备。大件运输和大件吊装作业都是核电厂建造中的重要环节。尤其大件吊装作业需要大型吊机,其又具有相当大的技术风险,一旦发生事故不仅会造成吊机损坏,也会引发设备损坏及土建主体工程损坏,极可能造成重大人员伤亡,进而将会严重影响核电厂的建造进度,因此大件吊装作业在核电厂的建造中通常由专业性的机械起重公司来承担。而大件运输则需配备大型的专用运输车辆,准备各种专用运输程序和相关的配套机具,大件运输的可能工程风险较大件吊装作业要小,但也必须做到万无一失,确保被运输设备和运输车辆的安全。核电厂建造中的大件运输也通常由专业性的运输公司来承担。

在竞标的前提下选择专业性的起重公司和大件运输公司首先考虑的是尽量减少起重和运输作业的技术风险;降低大件吊装和大件运输的工程费用也是考虑的因素之一。特别在议标签订合同的条件下,施工合同商对大件吊装和大件运输的分项报价肯定会大幅度提高一个工程中的设备折旧费,且价格较高。而且建造合同商的重型吊机和大型运输车辆的空置率肯定比专业性的起重和运输公司要多,相应的大型吊机和运输车辆的维修费用也肯定高。

典型的百万千瓦级核电厂的大件吊装工程从第一件预埋罐吊装作业开始至最后一件电厂排气筒水平段吊装结束,历时 33 个月。在大件吊装合同中明确规定,没有业主的书面批准,大型吊机不得离开核电厂工地,以防止自然灾害造成道路故障时,影响大型吊机返回核电厂工地,从而影响大件吊装作业计划的完成。在这 33 个月中,共完成大件吊装作业件数为 140 件,总质量为 4 723 t。其中,核岛安装工程 92 件、常规岛安装工程 16 件、核岛土建工程 32 件。最大件为反应堆厂房钢制穹顶,直径 37 m,高 11.5 m,总吊重约 160 t;最终件为发电机定子(全速机组约 350 t);最长件为常规岛行车主梁,长 42.6 m,重 71.3 t。大型吊机最大作业半径为 105.4 m。

在核电厂的建造过程中,对大件吊装作业应注意如下事项:

(1)大型吊机机型对核电厂厂区总平面布置的影响。

(2)签订完整的大件吊装合同。

(3)使大型吊机和配套的施工机具处于良好的技术状态。

(4)做好起重工程师和起重工长的培训。

(5)做好起重总作业程序的审定。

（6）做好每次起重作业的安全管理。

（7）做好每次起重作业的质量管理。

（8）组织好多个起重用户需求情况下的专职起重协调指挥机构。

（9）坚持对大件引入通道进行事前检查。

（10）坚持起重作业前的空吊试验，防止起重作业时相互干涉。

（11）做好大型吊机作业时的空间安全距离监控，在相关塔吊或建筑物上指派专人用对讲机监控大型吊机作业半径范围内有无障碍物。

（12）大型吊机的防雷和接地保护。

核电厂建造中重大部件的运输和常规火电厂及化工工程建设中的重大部件的运输并无本质的区别，以2台百万千瓦级核电厂的建造为例，对重大部件的运输通常需关注的要点如下：

（1）重大部件的运输宜单独作为一个分包合同，交给专业的运输合同商承担。

（2）运输合同的完整性和严密性。

（3）主要运输车辆的配置。2台百万千瓦级核电机组建设中，重大部件运输合同规定高峰期的运输能力需达到800 t，配置的主要车辆为400 t拖头1台、200 t拖头2台、400 t平板车1台、200 t平板车2台，以及其他配套机械设备。

（4）根据现场施工计划和重大部件的海运计划制订重大部件的运输作业计划，第1组200 t车组，占场作业时间为35个月；第2组200 t车组，占场作业时间为30个月；第3组400 t车组，占场作业时间为17个月。合同规定这3个车组在作业计划内不得离开现场，以确保现场大件运输的需要。由于重大部件的海运是由另一个独立的合同承担，重大部件的到货比较集中，海运公司又规定船到码头后3 d内必须完成卸货，以确保船只离港，否则业主将承担巨额的船滞港费，使大件运输在货运到码头后的作业十分紧张。

（5）重大部件运输的接口管理。

（6）重大部件的运输程序准备。

（7）重大部件的运输车辆处于良好的技术状态。

（8）大件运输合同商的主管工程师及主要技术工人需持证上岗。

核电大件设备的吊装施工属于高风险作业任务，一旦出现事故，不仅会造成设备损坏、吊机损毁的巨大经济损失，对作业区域的人身安全也构成巨大威胁，因此吊装风险的识别和控制非常关键。造成核电大件设备吊装事故的原因是多方面的，主要包括人员风险、机具风险和环境风险，具体风险项目和其控制措施简述如下：

（1）人员风险主要包括人员无证上岗、不按规定佩戴劳保用品、违规违章作业、冒险作业等。控制的主要措施有加强人员资质检查、加强人员培训、做好技术交底，以及做好施工作业的监管。

（2）机具风险主要包括起重机风险和吊索具风险两大类。针对起重机风险，应关注超载、机械故障（各种限位失灵、制动装置故障等）、漏电事故等，其控制应注意"管、用、养、修"并重，注重提升吊机管理人员、技术人员和操作人员的素质能力。针对吊索具风险，应关注工具型号选用不当、超限值使用、报废不及时等风险，其控制重点在于严格按照运输方案选用吊索具，做好吊索具的用前检查、日常养护及及时报废处理。

（3）环境风险主要包括作业场所狭小拥挤、控制区管理混乱、作业区光线不足、大风大雨等天气影响等，其控制重点在于合理规划和布置作业区，建立吊装作业控制区，禁止在夜晚等光线不足的条件下作业，禁止在6级以上风力或其他极端天气作业等。

# 4.3 环吊安装

核电厂用环形吊车(以下简称"环吊")(图4-2)安装于反应堆厂房内。在核电厂建造阶段,环吊用于安装反应堆厂房内的各种重型设备的吊运,环吊吊运的最重设备为蒸汽发生器;在核电厂运行阶段,环吊用于反应堆停堆换料和反应堆厂房内设备维修所需的各种吊运服务。

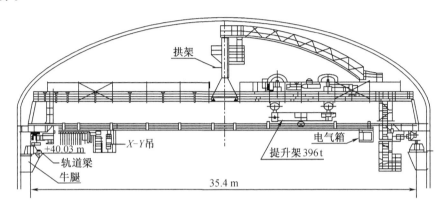

**图4-2 环吊结构简图(正视图)**

国外具备环吊设计能力的公司主要有美国 PAR 公司、P&H 公司,法国 EIFFEL 公司、REEL 公司,德国 PWH 公司、诺尔(NOELL)公司等;具备核环吊制造能力的公司有美国 PAR 公司、P&H 公司,韩国斗山集团,法国阿尔斯通公司、ElFFEL 公司、REEL 公司、PHB 公司,日本东芝、日立,德国 PWH 公司等。

目前,我国主要制造用于第二代核电厂的环吊,相关设计、制造技术由国外提供或引进、消化、吸收国外技术,环吊部分部件仍需进口。我国环吊制造企业主要有大连重工起重集团有限公司、太原重型机械厂有限公司和上海起重运输有限公司。

核岛反应堆厂房设有环吊一台,用于一回路设备就位吊装、检修及反应堆的装、换料等常规工作(图4-3)。每台环吊总质量约为600 t,最重部件电气梁质量约为79 t,其起重能力为217 t 的运行小车与起重能力为190 t 的现场小车配合,达到396 t 的额定起重能力。

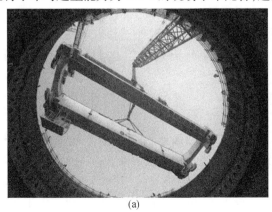

(a)

(b)

**图4-3 环吊安装**

环吊安装的吊装工作量大,安装精度要求高,技术含量高,且处于核岛安装的关键路径上,因此是核电厂建设的重要一环。

### 4.3.1 施工准备

测量施工前的准备工作完善与否将直接影响到环吊安装的施工质量和施工进度,在正式开展现场施工工作以前,要求工程测量在各方面做好充分的准备,以保证环吊安装工作的顺利进行。

1. 技术准备

明确环吊安装技术要求,确定了以下指标:

(1)牛腿顶面标高 40.061 m,限差值 ±25 mm,牛腿顶面平整度限差值 ±2 mm。

(2)轨道梁安装钻孔定位($R$ = 17.700 m)的切向限差值 ≤ ±3 mm,径向限差值 ≤ ±4 mm。

(3)轨道梁内侧(下边缘)半径偏差 $R$ = 17.190 m,限差值 ≤ ±4 mm。

(4)环吊梁圆度限差值 ±5 mm。

(5)环吊轨道($R$ = 17.700 m)顶面标高 40.946 m,限差值 ±5 mm。

(6)相邻牛腿间轨道标高差限差值 ±4 mm。

(7)轨道标高差限差值 ±2 mm/2 m。

(8)轨道坡度限差值 1 mm/1 m。

(9)小车双梁(主梁)对角线公差限差值 ±5 mm。

(10)小车轨道剖面高差限差值 ±10 mm。

同时,做好文件准备,编写好相关的工作程序,确认可用的相关测量基准数据。

2. 人力、测量仪器设备准备

人力方面,根据施工进展情况,安排 7 人左右参与该项施工工作。其中,主管工程师 1 名,负责编写相关工作程序或技术方案,控制施工质量;现场执行工程师 1 名,负责解决现场技术问题,并完成相关的数据处理;助理工程师和技术员 5 名左右,负责完成现场测量施工工作。

仪器设备方面,采用徕卡全站仪 TC2003(1 台)、电子经纬仪 T1800(1 台)、投点仪 NL(2 台)、水准仪 NA2 + GPM3(2 台套)等仪器装备,确认所使用的仪器在计量标定有效期内,并要在施工前做一次全面的常规性检校。另外,还必须配备测量平差计算软件一套,用于数据处理。

3. 现场准备

核反应堆中心塔吊上应垫有厚木板,并高于专用测量三角支撑顶面约 20 cm,且保证测量仪器和施测人员互不受干扰;环吊牛腿周围架设台板、护栏和安全网;至少一个以上可用的标高基准点和两个以上在 20 m 平台可通视的平面微网点;协调好现场作业时段,尽量避免交叉作业干扰。

### 4.3.2 环吊主要部件

环形吊车的到货状态为各部件分开包装:6 段弧形轨道梁、2 个端部小车、2 根主梁、运行小车、现场小车、其他辅助设备和钢丝绳等,主要部件见表 4 - 4。环形吊车的大体安装顺序为:安全壳牛腿尺寸测量和验收、地面组装、环轨梁安装、端梁(包括导轮)安装、主梁安装、运行小车安装、中央拱架安装、5 t 小车安装、电气安装、运行小车和施工小车穿钢丝绳、安装完工符合性检查等。

表4-4　环吊主要部件

| 名称 | 数量 | 单位 | 质量/t |
|------|------|------|--------|
| 电气主梁 | 1 | 根 | 77.000 |
| 对应主梁 | 1 | 根 | 63.000 |
| 端部小车 | 2 | 台 | 70.520 |
| 217 t 运行小车 | 1 | 台 | 57.600 |
| 190 t 现场小车 | 1 | 台 | 42.550 |
| 拱架 | 1 | 个 | 14.400 |
| $X-Y$ 吊,轨道和5 t 卷扬 | 1 | 台 | 12.240 |
| 提升平衡梁 | 1 | 个 | 10.700 |
| 环吊环形轨道梁 | 6 | 段 | 102.800 |

1. 环形轨道

梁环吊的轨道梁是由6段成60°环形的轨道梁连接在一起组成的一个环形支撑梁,用螺栓固定在反应堆安全壳的36个牛腿上。每段轨道梁长约19 m,质量约为17 t。在环形轨道梁后均匀地分布有12个水平方向的千斤顶以对轨道梁进行径向调整,尽可能使环形轨道梁形成一个圆形。吊车的环形轨道(共18段)通过压板固定在轨道梁上。安装调整后的环形轨道中心直径为35.410 m,顶部标高为40.946 m。

环形轨道梁如图4-4所示。

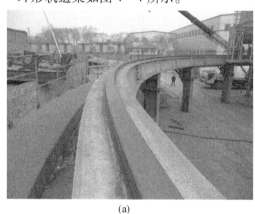
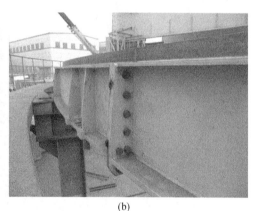

(a)　　　　　　　　　　　　　　　　　　(b)

图4-4　环形轨道梁

2. 环吊主体结构

环吊主体结构主要由2台端部小车(图4-5),以及连接到2台端部小车上的2个主梁(电气梁和对应梁)构成。主梁与端部小车之间由高强度螺栓连接,组合成1个刚性的矩形。每台端部小车由2套铰接的转动轮支撑在环形轨道上,每套转动轮各有1个驱动单元。环吊被2台端部小车上的4个驱动单元驱动并沿着环形轨道梁运转。

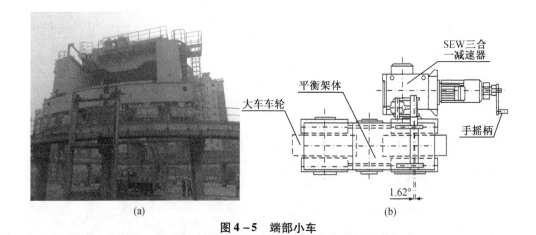

(a)                                          (b)

**图 4-5 端部小车**

在圆周方向上,吊车由 4 个位于端部小车两端并沿着轨道梁内缘水平转动的导向轮(图 4-6)引导,导向轮通过导杆与弹性限制器相连。当吊车在轨道上转动发生偏差时,导向轮能够限制端部小车转动轮的运动并使其沿着圆周方向行走。

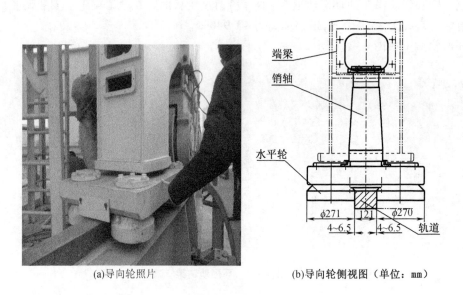

(a)导向轮照片                          (b)导向轮侧视图(单位:mm)

**图 4-6 导向轮**

环吊的中心是 1 个横跨在 2 个主梁中间位置上的拱架(图 4-7),通过拱架上的滑环由敷设于穹顶上的电缆给环吊输送电力,同时拱架也用于 190 t 现场小车的拆卸与安装。

电气梁一端的下方有 1 个控制室(图 4-8),它包括吊车各种运动所需的监测和控制元件,并与环吊的载荷及其他指示器一起形成一个完整的操纵控制系统。

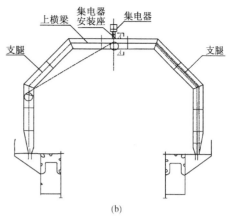

(a) (b)

图 4 - 7　拱架

带有按钮盒的电动单轨安装在电气梁的外侧,按钮盒能从 45.445 m 悬挂到 20 m 标高,这样,在 20 m 标高处也能通过按钮盒直接控制环吊的各种运动。

图 4 - 8　控制室

3. 217 t 运行小车

217 t 运行小车(图 4 - 9)主要由一个 217 t 的主卷扬机和一个 10 t 的辅助卷扬机组成。运行小车横跨在两个主梁上并沿着主梁上的轨道行走,小车由两个驱动单元驱动并带有防震装置,以防止行走轮脱离轨道。

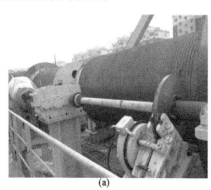

(a) (b)

图 4 - 9　217 t 运行小车

4.190 t 现场小车

190 t 现场小车由 1 个 190 t 的主卷扬机横跨在两个主梁上,并沿着主梁上的轨道行走。

### 4.3.3　主要部件地面组装

环吊部件以散件的形式供货,在安装前,一部分在地面组装,一部分在空中组装,重要部件之间的连接均为高强度螺栓连接,如拱架连接表面、端部小车与主梁的连接表面等,应按照高强度螺栓连接的要求进行。

1.拱架的地面组装

拱架主要由三个组件组成,分别为电气梁侧支架、对应梁侧支架,以及上部水平支架。根据安装要求,组装是用高强度螺栓连接的,要对其连接表面进行喷砂处理。

2.端部小车的地面组装

在端部小车吊装之前,应对其与主梁连接面进行喷砂处理,安装导向轮调节用弹簧组件。

由于导向轮比端部小车低很多,在地面时对其进行组装较困难,故在端部小车吊装时进行,即先用重型吊车将端部小车提起一定高度,再借助辅助吊车对导向轮进行组装,导向轮与弹簧组件连接好后直接吊装端部小车。

### 4.3.4　环吊轨道梁的安装

环吊轨道梁的安装包括地面检查,连接面的喷砂、吊装、最终就位及测量和调整等步骤,环吊轨道梁安装在反应堆厂房内的牛腿上,共分 6 段,形成一个环形。环吊轨道梁之间用高强度螺栓连接。

在反应堆厂房预应力后,反应堆在标高和半径方向都会有一个变化值,环吊轨道标高等也会有相应的变化,即轨道的标高理论值由原来的 40 946 mm 改变为预应力后的 40 915 mm。在反应堆厂房预应力后必须对环吊轨道进行全面的测量,测量合格后在每个牛腿上焊接两个轨道止挡块。环吊轨道梁验收标准见表 4 – 5。

表 4 – 5　环吊轨道梁验收标准

| 轨道跨度偏差 | 轨道半径偏差：±4 mm |
| --- | --- |
| 轨道标高 | 轨道标高：±5 mm<br>两个牛腿之间轨道的最大标高偏差：≤4 mm |
| 轨道面倾斜度 | 导轨的横向倾斜度：≤0.3%<br>导轨的纵向倾斜度：≤1 mm/m |

### 4.3.5　主要部件的吊装

1.端部小车的吊装

环吊轨道梁调整、紧固之后,在 1,4 号轨道梁上安装 4 个防倾斜支架,用以在端部小车就位时起到固定作用。

端部小车分为驾驶室侧和驾驶室对侧两台,在吊装之前应根据主梁的就位位置决定端部小车的大致就位位置;起吊之前在端部小车后侧各安装两个拉杆;检查高强度螺栓连接表面的状况后起吊端部小车。

在端部小车就位后,用螺栓将端部小车和防倾斜支架连接起来,将事先安装于端部小车后侧的斜拉杆固定到牛腿上,通过斜拉杆调整端部小车的水平度。

2. 主梁(图 4 - 10)的吊装就位及紧固

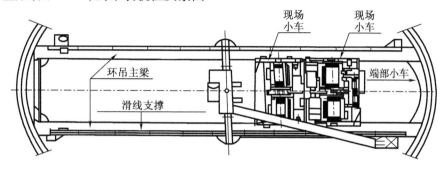

图 4 - 10　环吊主梁结构简图

(1)主梁的吊装就位

主梁在吊装之前先对高强度螺栓连接表面进行喷砂处理,之后分别吊装对应梁和电气梁。电气梁吊装之前进行驾驶室的组装。

主梁吊装就位后,进行螺栓连接。用 φ30 mm 的销子放置于主梁与端部小车的连接螺栓孔内以确保良好的对中,但销子不能穿入角上的 4 个装配定位螺栓的孔内,以免破坏其配合精度。

(2)主梁与端部小车的紧固

在紧固到最终力矩前需要进行以下操作:拆除轨道梁上固定端部小车的防倾斜支架;拆除端部小车后的斜拉杆;检查主梁上轨道平行度≤3 mm;检查四边形对角线,四边形对角线之间的偏差为 ±2 mm;检查两个相对点之间的高度差,在垂直于小车轨道的同一平面的两点之间标高差值≤10 mm。

(3)环吊小车的吊装

小车分运行小车和现场小车,分别重 57.6 t 和 42.55 t,就位于主梁中心两侧,横跨于主梁上的轨道上。两小车与主梁中心间距应保持 3 m 以上,以保证在安装拱架时不发生干涉。运行小车就位于主梁上后,安装防地震缓冲装置。

环吊小车验收标准见表 4 - 6。

表 4 - 6　环吊小车验收标准

| 轨道跨度偏差 | 小车轨道跨距偏差:±3 mm |
|---|---|
| 轨道标高 | 在垂直于小车两条轨道的同一平面的两点之间标高的差值:±5 mm |
| 轨道面倾斜度 | — |

(4)拱架的安装

拱架在组装后质量约为 14.4 t,在环吊小车就位后,利用重型吊车对拱架进行吊装,在就位时,将拱架与电气梁侧支座用销子连接好,在对应梁侧用千斤顶将支座顶到预先放线的理论位置上,对拱架支座进行焊接。

### 4.3.6 机械调整和电气调整

在环吊正式运行(转动)之前,需要对其进行全面、彻底的检查和调整,包括机械调整和电气调整。

1. 端部小车上电机的对中

在端部小车的电机联轴节安装之前,通过调节电机的位置使联轴节两部分达到一个良好的平行度、同轴度及间距要求。调节好后,固定电机位置,安装联轴器连接用弹簧,最后安装保护罩。在电机对中之前需要通电检查电机的转向,确保安全。

2. 机械检查

包括检查所有螺栓和螺母的锁紧,检查各处通道、护栏,各转动部件上的润滑脂,各齿轮箱、液压箱的油位等。

3. 电气调整

环吊正式启动前应将所有电气部件安装就位,包括各处的电缆电线的敷设,限位器的安装,电子称重器的安装,环吊电力输入汇流排的连接,各处电机的绝缘测试、接地电导性测试等。另外,还需对随设备一起到货的电气部件进行检查。

4. 小车的操作检查

在对机械、电气各项检查完毕后,检查小车的各项运动是否可执行。包括:217 t 小车的行走,卷筒的旋转;190 t 小车的行走,卷筒的旋转;10 t 吊钩卷筒的旋转;5 t 小车的行走、横向运动,卷筒的旋转等。

### 4.3.7 环吊试验

环吊的试验包括初始试验、空载试验、减载试验、静载试验、动载试验、额定载荷试验和疲劳试验等。

按照不同的吊车,又可分为 5 t $X-Y$ 吊车试验、10 t 吊钩试验、217 t 运行小车试验、190 t 现场小车试验和联合试验(217 t + 190 t)。

考虑到现场的实际需要,先对 5 t $X-Y$ 吊车和 10 t 吊钩进行试验,试验后可以利用 5 t $X-Y$ 吊车和 10 t 吊钩进行小件吊装,以方便工作,然后进行 217 t 运行小车试验和 190 t 现场小车试验,最后进行联合试验。

1. 初始试验

初始试验主要是试验接地导通性、绝缘电阻和电源相序,还要检查机械系统和润滑状况,可以说只是对设备进行初步检查。

2. 空载试验

需要重点检查提升机构抱闸动作次序、抱闸有无震颤、端部小车和两台吊装小车的行走情况以及提升机构的动作。这一阶段,还要完成穿绳操作。需要注意的是:在正式的载荷试验前,应对 217 t 和 10 t 提升机构以额定载荷的 50% 进行试验(190 t 吊车是旧设备,已经做过试验),检查提升机构的可变速度控制等参数的定值。它与国内吊装设备不同的是,环吊的静载试验载荷为 1.5 倍的额定载荷,动载载荷为 1.2 倍的额定载荷(国内规定分别为 1.25 倍和 1.1 倍)。

3. 静载试验

静载试验主要检查大梁的变形量和抱闸有无滑动。在额定载荷低、高速运行检查抱闸、限位开关等安全设施,吊装小车行进速度以及极限行程等情况下,将小车置于梁的正中间,将1.5倍额定载荷的试重块悬吊于空中1 h。测量梁的变形量,检查并确信抱闸无滑动,记录测量值。释放载荷后,再次检查变形量,应回零。

该试验不应造成永久性变形或弯曲,即变形在释放载荷后不会继续存在。如果发现梁的变形没有回零,残余变形不得超过试验过程中最大变形量的1/5。

4. 动载试验

悬挂1.2倍额定载荷,吊车的每一运动必须走满全程。每一动作持续20 min,且不包括任何测量占用的时间。检查确信抱闸能在无滑动的情况下止住试验载荷。检查确信变速齿轮没有过热,其温度不应超过室温40 ℃。

在高速提升过程中需要切断电源进行断电试验,确信抱闸可以止住载荷且无滑动。

在完成该试验后,恢复过载限制器和电机保护设备。

5. 额定载荷试验

将额定载荷悬挂于吊钩,设备分别在低速和高速下运行。检查安全设施(抱闸和限位器)的有效性;进行电压、电流和功率测量;对小车进行速度测量;对小车进行行程末逼近距离测量;吊钩竖直性测量(仅对于217 t吊钩和10 t吊钩);在额定载荷试验结束后,设定超载限制,即确保在1.1倍额定载荷下不能提起载荷。

6. 疲劳试验

疲劳试验是在额定载荷下进行各种操作,每一动作持续30 min。在整个过程中,电机和电气设备不得有异常的温度升高。

### 4.3.8　安装过程出现的实际问题及解决方案

在实际的施工过程中总会出现很多的问题,以下列举在岭澳核电厂工程实施过程中出现的两个问题,并提出解决方案。

1. 轨道超差

根据供应商设备安装特殊规范要求,环吊轨道梁内侧半径限差为17 190 mm ± 4 mm;每2 m内标高差不大于2 mm。该规范的验收标准没有明确规定测量精度要求及温度影响下测量结果的修正。2号核岛反应堆厂房预应力拉伸后,安装承包商对2号环吊轨道标高和半径进行了测量,其环境温度为22 ℃,测量发现水平度(每2 m长度的标高差)有两处超差,环吊轨道半径有13处超差。供应商认可了标高测量报告,认为尽管有两处超差,但不影响正常使用;而对于半径的测量报告中超差部分未予以确认,仅仅要求安装承包商按照制造厂方给出的方法对环吊导向轮与轨道梁的间隙进行测量,然后根据测量数据再做进一步分析。

2. 振动和噪声

环吊逆时针高速转动时,驾驶室一侧出现噪声和振动,现场检查发现如下异常情况:驾驶室一侧环吊旋转驱动装置中,固定行走轮电机和齿轮箱的销轴与孔配合间隙过大。大车偏移,端部小车行走轮内侧到轨道内侧距离仅有18 mm(轨道宽340 mm,行走轮宽230 mm,行走轮内侧到轨道内侧距离理论值为55 mm),驾驶室正对面导向轮与轨道梁无间隙。业主要求安装承包商将上述测量结果和异常情况通报供应商总部。

供应商岭澳项目现场经理、安装承包商和业主召开协调会,对2号环吊轨道超差、振动问题进行讨论并达成共识:安装承包商按照供应商提供的调整程序调整2号环吊轨道,由环吊制造厂专家提供技术支持。2号环吊在轨道调整前,为确保环吊的安全使用,大车限定在顺时针转动工况下工作。

吊车制造专家到达现场后,对2号环吊进行了全面彻底的检查,认为行走电机内部电流不稳定是产生噪声和振动的原因,而与环吊轨道变形无关。环吊的四个行走机构由两个速度控制器控制,一个谐波信号发生器控制两个速度控制器,该控制系统在电机内部电流不稳定时,使环吊回转过程中产生噪声。即使两个速度控制器的电压绝对相同,但由于四个行走电机影响机电特性的许多参数也不是完全相同的(电机内电线长度、电机的一些特性参数等),再加上环吊轨道的误差、吊装过程中吊物的位置不同,也会导致两侧行走电机受力不同,以上因素都有可能造成电机电流不稳定。

在实际调整过程中,首先将两个速度控制器的电压差值调整在40~50 V之间,这样在保证两组电机运行速度相同的情况下,两个速度控制器输出力矩不同,但两组电机内部的电流稳定,就不会产生噪声;其次在对环吊进行电气调整的同时,按照供应商提出的处理方法,在固定齿轮箱的销轴与孔间隙内注入特种胶。这些工作完成后,解决了噪声和振动问题。

## 4.4　主设备安装

主设备是核电厂反应堆主回路的核心设备,也是核电厂核岛安装工程中最为关键的部分,包括反应堆压力容器、蒸汽发生器、稳压器、主冷却剂泵、主回路管道、反应堆堆内构件等。

主设备以反应堆压力容器为中心,主冷却剂泵、蒸汽发生器通过主回路管道与反应堆压力容器相连并形成环路。每台机组设有3个环路,每个环路具有1台蒸汽发生器和1台主冷却剂泵,3个环路在反应堆压力容器周围并列相连。每台机组有1台稳压器,通过波动管与主回路管道的第一环路热段相连,稳压器利用加热和喷淋冷却来维持反应堆主回路系统的压力(图4-11)。在反应堆压力容器内装有一套堆内构件,它主要由上部堆内构件、下部堆内构件组成。上部堆内构件上的控制棒导向筒、热电偶柱,以及下部堆内构件的二次支撑、能量吸收器、堆芯仪表等部件在现场进行组装。堆内构件是主设备安装中精度要求最高的设备,堆内构件的现场加工件的最高加工精度为0.001~0.018 mm。

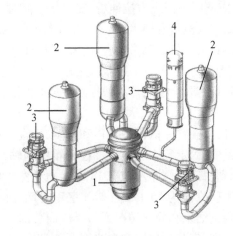

1—反应堆;2—蒸汽发生器;3—主泵;4—稳压器。

**图4-11　反应堆回路示意图**

主设备的安装具有核安全级别要求高、质量保证等级高、设备质量大、设备体积大、安装空间狭小、安装精度高、施工逻辑性强以及施工人员素质要求高等特点。

### 4.4.1　反应堆压力容器安装

反应堆压力容器是一个能维持控制核裂变的反应装置,其容纳反应堆堆芯、堆内构件、控制棒以及与堆芯直接相关的其他部件。主回路的冷却剂通过反应堆容器的 3 个入口和出口,将堆芯核裂变产生的热量输送至蒸汽发生器。

压力容器是核电厂反应堆中的重要设备,其基本作用包含如下三个:

(1)作为盛装及包容反应堆堆芯的容器。压力容器不仅起着固定和支撑堆内构件的作用,保证燃料组件按一定的间距在堆芯内的支撑与定位,同时也起到了维持和控制核裂变链式反应的作用。

(2)作为反应堆冷却剂系统的一部分。压力容器不仅使高温高压的冷却剂保持在一个密封的壳体内,从而实现核能 – 热能转换,还承受着一回路冷却剂与外部压差的压力边界的作用。

(3)考虑到反应堆内中子的外逸,压力容器的壁厚起到了辐射屏蔽的作用。

反应堆压力容器主要技术参数:最大外形尺寸 6 418 mm × 5 910 mm × 13 208 mm;壳体/顶盖质量 256.6 t/55.5 t;设计压力 $171.3 \times 10^5$ Pa;设计温度 343 ℃;运行压力 $154.1 \times 10^5$ Pa;进口温度 286 ℃;出口温度 323 ℃;壁厚 200 mm。

一般核电厂的设计寿命为 40 年(目前世界上较先进的第三代核电厂的设计寿命已达到 60 年),以及核电厂运行时由于冷却剂的循环流动,造成的水对核心设备的冲刷和腐蚀,设备的耐腐蚀性能与金属的蠕变及老化,在材料的选择上要选用具有高机械强度和在强中子辐射下不易脆化的材料。

压力容器在安全等级上属于核一级设备,必须具备极高的可靠性和安全性,以保证其在各种工况条件下均能保持安全可靠运行,不致发生容器破坏或者放射性冷却剂外泄等严重的事故。

反应堆压力容器的安装工艺如下。

1. 反应堆压力容器支撑环安装

将反应堆压力容器支撑环运到龙门架下,使用龙门架吊车、吊索和手拉葫芦,起吊并就位到 20 m 平台的专用运输支架上运进反应堆厂房(图4 – 12)。

检查支撑环外观和在 0°、90°、180°、270° 方向的轴线标记,用专用支撑将支撑环垫高 500 ~ 600 mm,并用水准仪测量找平支撑环支撑面。

支撑环的通风管口两侧安装滑动止挡块,用螺钉调整止挡块与其侧面的间隙至 0.2 ~ 0.5 mm,安装通风接口装置并焊接下部挡板。

在反应堆压力容器基础上安装用于顶丝调整的垫板,垫板的标高根据支撑环精加工面的理论标高确定,预调支撑环上顶丝的长度,安装顶丝并用塑料管和润滑脂保护顶丝。

用反应堆厂房环吊吊起支撑环并调平,支撑环就位于反应堆堆腔的基础上。

使用全站仪观测压力容器支撑环方位,调整其方位误差不超过 ± 0.5 mm;使用水准仪测量支撑环精加工面的标高及水平度,用顶丝来调节标高及水平度,控制支撑环精加工面的标高和水平度使其符合安装技术要求(图4 – 13)。

在支撑环的精加工面上安装保护罩,进行二次灌浆,灌浆后复测支撑环的方位、标高和水平度,并检查挡板间隙。

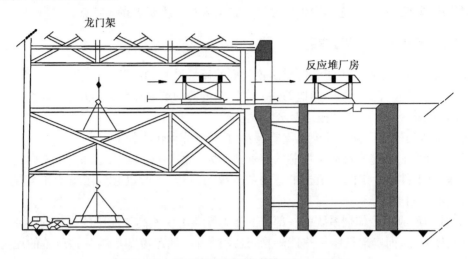

图 4 – 12　反应堆压力容器支撑环引入示意图

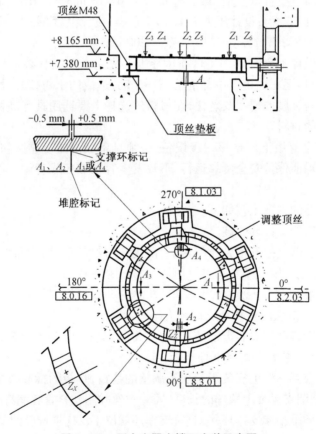

图 4 – 13　压力容器支撑环安装示意图

2. 反应堆压力容器引入反应堆厂房

反应堆压力容器从现场储存区域运至龙门架下,压力容器法兰面朝向反应堆厂房侧,轴线处于龙门架中心垂直平面内,反应堆压力容器的重心与龙门架 380 t 吊车吊环处于同一垂线上。

反应堆压力容器起吊前进行必要的吊装试验:将反应堆压力容器吊起 100 mm 后停车,检查龙门架 380 t 吊车的制动性能。降低反应堆压力容器至 50 mm 时,再次检查制动器性能。

提升反应堆压力容器到 20 m 平台。将反应堆压力容器坐落到已组装的专用重载运输托架上,并使反应堆压力容器法兰上的密封凸缘卡进车前部托架的沟槽里;检查和调整压力容器 0°~180° 中心线的垂直度在 ±10 mm 范围内,拆除龙门架 380 t 吊车所用的吊具;使用两台牵引机将反应堆压力容器引入反应堆厂房。

3. 反应堆压力容器翻转吊装

在反应堆厂房外龙门架下的地面上组装两个半圆形的翻转套箍,保持两套箍间距约 240 mm,以便翻转套箍能安装到反应堆压力容器上。将龙门架 62 t 吊车和 20 t 汽车吊车配合使用竖立翻转套箍,起升翻转套箍并套入反应堆压力容器底部。

翻转套箍末端的凸缘和反应堆压力容器底封头的凸肩靠紧,翻转套箍两侧的轴颈调整水平,控制轴颈轴线距容器底部封头仪表管水平距离,控制轴颈与压力容器中心线相距 200 mm,使用专用液压扳手紧固翻转套箍上的螺栓。

拆除反应堆压力容器法兰保护盖的中间部分,清洗反应堆压力容器法兰的螺栓孔(0° 和 180° 位置各 5 个),使用螺纹规检查螺栓孔;检查吊耳固定螺杆、润滑脂润滑螺纹孔和固定螺杆的螺纹,用反应堆厂房环吊安装固定专用吊具的螺杆,注意将螺杆旋到底后再往回退半圈。

用环吊起吊专用吊具,并安装在压力容器法兰面上,紧固专用吊具固定螺杆;在环吊的两台小车的吊钩上安装平衡梁,在平衡梁和反应堆压力容器之间安装吊杆,并用销轴路径。

用牵引机牵引压力容器到翻转位置,安装翻转支撑架,用垫板调整套箍轴颈和支座间的间隙至最小值,紧固翻转支撑架的固定螺栓。

用环形吊车调整吊杆并使其保持垂直,微微提升反应堆压力容器,检查翻转抱箍的轴颈在翻转支撑架上的位置是否正确,检查翻转套箍和翻转支撑架固定螺栓的紧固状况,拆除压力容器牵引装置。以两个耳轴为反应堆压力容器翻转中心,环吊的两个小车保持同样的提升速度提升压力容器,通过移动小车调整反应堆压力容器吊杆的垂直度,通常吊杆倾斜度不大于 5°。提升反应堆压力容器直至垂直状态。

4. 反应堆压力容器吊装就位与调整

拆除压力容器支撑环上的保护装置,清洁所有支撑面,安装水平滑动调整垫板,将压力容器吊入反应堆腔。

检查压力容器主管嘴的位置,将压力容器降落到支撑环上,调整压力容器方位,使反应堆压力容器密封凸缘上的方位标记(0°、90°、180°、270°)与堆腔混凝土结构上方位标记对中,误差控制在 3 mm 以内。

测量压力容器内的堆内构件支撑面标高,标高误差控制在 1 mm 以内,水平度控制在 0.3 mm 以内。

提升压力容器,安装压力容器筒体部分的保温层支撑架、固定保温层和在役检查用可拆卸保温层,压力容器最终就位调整,测量反应堆压力容器支撑侧面与支撑环的间隙,加工和安装竖直滑动调整垫板,检查压力容器支撑块和竖直垫板间的间隙,间隙控制在 0.4 ± 0.05 mm 范围内。

5. 反应堆压力容器调整垫板加工安装

反应堆压力容器的标高、水平度和方位是通过调整安装在压力容器支撑环上的水平滑动调整垫板和竖直滑动调整垫板来实现的。水平滑动调整垫板的加工厚度以堆压力容器内的堆内构件支撑面的理论标高为基准来计算。侧向竖直滑动调整垫板的加工厚度是在反应堆压力容器筒体保温完成后,方位调整到误差范围内(0±1 mm)的条件下,计算侧向垫板厚度(图4-14)。

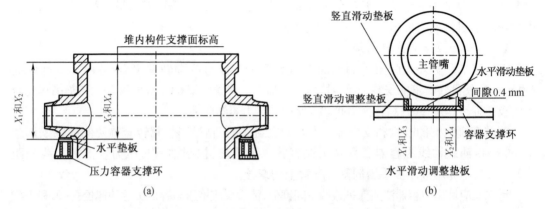

图4-14　压力容器支撑垫板安装示意图

压力容器筒体保温安装完成后,安装压力容器支撑水平垫板和侧向垫板,最终就位压力容器。用全站仪和水准仪复测压力容器位置方向和标高,标高控制在理论标高±1 mm范围内,方向误差控制在±1 mm范围内。

### 4.4.2　蒸汽发生器的运输工艺管理

福清核电厂1#机组的蒸汽发生器属于四超设备,即超长、超宽、超高、超重。它结构复杂,价格昂贵,是核岛内单体最重件。此外根据蒸汽发生器的技术规格书,在运输装卸过程中对加速度及氮气压力值有特殊要求,所以必须确保蒸汽发生器在运输过程中的安全。

核电厂总承包工程中,设备运输管理按照国家核安全局发布的导则及核电厂设计、建造期间核岛设备采购运输管理程序进行组织和管理,确保设备(核安全1级设备)从设备供应商工厂起运出厂运输到达核电现场指定地点全过程的安全和质量。

1. 运输过程管理和控制

(1)运输设备信息获得和方案编制

运输主管部门应在发货两个月前收集包括但不限于设备运输装箱单、外形图纸、运输贮存技术要求、技术规格书等。这些资料收集后,需编制运输方案和运输质量计划,派专人到工厂及现场对现场陆运倒运的道路路况、地形进行路勘,其主要内容包括:

①派专人到工厂对设备进行货勘(包括抽真空及充氮气全过程跟踪)。

②了解设备的外形、衬垫、绑扎加固部位、吊点等情况。

随后进行运输工具和运输路线的选择和相应的路勘活动,根据货勘和路勘情况进行运输方案的编制。通常由运输承包商(中国外运股份有限公司)编制完运输方案、运输质量计划后发函提交给中国核电工程有限公司进行审查。

（2）运输方案、运输质量计划审查

运输主管部门负责组织对设备运输方案、运输质量计划的审查。

运输方案审查的重点是：

①运输路线的选择，根据设备的高、质量等参数合理选择运输路线，1#机组蒸汽发生器由于超高、超重，陆运方式不可行，因此选择海运加短途陆路倒运的水陆联运方式，即工厂车间行车起吊蒸汽发生器后，行车行至工厂码头装船；船舶起航经航线运输至核电自备码头；采用自备码头固定旋转吊卸船装载到液压平板车上倒运至核岛龙门架下交付现场。

②运输工具的选择，海运方式选择合适的船型，蒸汽发生器采用 3 000 t 级深舱船，确保船舱深度满足设备的装载，并可以关上船舱盖板，保证在运输过程中设备不受到盐雾、雨水的侵蚀影响。由于一般散货轮在空载状态下航行时重心相对较高、稳性差，为了控制船舶的稳性，特设置深舱。深舱一般在船舶的底部，通常为双层底来做压载舱。所以海运选择深舱船。陆路倒运采用自行式 3 纵列 13 轴液（AP000）压平板车，车货总重为 431 t，最小转弯外径为 19.5 m（EPR：1 台 15 × 4 轴线液压全挂车，且船舶为 5 400 t 级）。液压平板车具有很多灵活的特性，如图 4 - 15 所示。

(a)升降货物　　　　　　　　　　(b)纵向连接

(c)凹凸路面缓冲　　　　　　　　(d)横向扩展

(e)小转弯半径　　　　　　　(f)红沿河蒸汽发生器短途陆运

**图 4 - 15　液压平板车特性**

③运输组织机构，包括运输操作、技术、质保、安全等人员组织情况和相应岗位职责

要求。

④运输技术要求和质量措施,包括陆运和海运过程中的技术要求、注意事项,对蒸汽发生器 $0.9g$ 加速度要求的控制措施、充氮保护检查和补充氮气措施、氮气记录检查报告。

⑤安全措施。

⑥应急预案,包括海运过程中突遇台风、大风的避风措施,陆运过程中突遇机械故障、交通管制等突发事件、事故的应对措施、预案等。运输主管部门对运输方案进行审查批准后,承运单位方可按照运输方案各步骤执行。

运输质量计划包括运输全过程中的操作、检查、维护和文件记录环节,运输主管部门对运输质量计划进行审查和选点,如装船前先决条件检查、装船情况检查、绑扎检查及加速度仪数据读取等。承运单位根据审查和选点意见修改运输质量计划后提交最终执行版,运输主管根据选点对运输有关重点环节进行见证或检查。

2. 运输实际过程的管理和控制

(1)起运前检查和协调

根据制造厂的发货日期,制订船舶靠泊码头计划。工程公司主管部门在检查起吊设备完好无缺、适合运输的要求、氮气压力值正常、保压记录完整、设备重心标注正确、钢丝绳起吊位置合理、托架安装牢固、试吊试验满足规定等后,进行设备发运前的准备工作。

运输主管部门进行设备发运前的准备工作,确认装船之前船舶是否准备完毕、用于货物加固的装置是否备齐并放在指定位置,确定加速度仪安装位置,检查设备氮气压力值。

蒸汽发生器在运输时,其一、二次侧充氮后,压力表表压分别不低于 6 kPa、10 kPa。

(2)设备起吊装船、绑扎加固

设备起吊过程中应保证匀速平稳,避免加速度超过设计要求(图 4 - 16,图 4 - 17)。设备在落到船舱底之前应对准船舱的中心,避免产生偏重现象,以使设备运输中保证平稳,在蒸汽发生器落到舱底之前应提前铺垫橡胶板,增大与设备的摩擦系数。蒸汽发生器吊装到船舱底后,厂家、承运商进行货物交接单的签署,并记录交接时间(精确到年、月、日、时、分,以便区分加速度记录各负责的时段)、氮气压力值。

图 4 - 16　蒸汽发生器在工厂的起吊过程

图 4 - 17　蒸汽发生器在码头的起吊过程

设备起吊作业步骤:

①检查两台龙门吊、吊索具等用于吊装工作的设备、工具,确保可以安全可靠使用。

②调整驳船和龙门吊的相对位置,保证起吊时蒸汽发生器重心与装船时重心的连线与

龙门吊轨道平行,减少吊钩横向移动。

③利用液压平板车将蒸汽发生器运输至港池边沿起吊位置。

④启动龙门吊,将每根吊装带的两头分别挂置在同一台龙门吊的两个吊钩上,形成绳圈,并保证吊钩在同一高度。

⑤分别调整龙门吊上两个吊钩的间距及高度,直至绳圈可以穿过蒸汽发生器上指定吊装位置的底部,然后停止调整。

⑥分别移动两台龙门吊,直至吊装带到达蒸汽发生器上指定吊装点。

⑦检查确认同一龙门吊上两个吊钩的间距与吊装位置的宽度一致,并在同一高度。

⑧同时缓慢起升 4 个吊钩,当吊装带受力达到 50 kN 时,停止起升,检查确认吊装带处于竖直状态。

⑨确认无误后,继续同时起升 4 个吊钩,直至蒸汽发生器离开液压平板车 30 cm,保持水平状态静止 3 min。

⑩当蒸汽发生器稳定后,两台龙门吊向船舱方向移动,直至蒸汽发生器到船舱内的放置位置,停止移动龙门吊,再次静止 3 min。

⑪蒸汽发生器稳定后,同时缓慢降落 4 个吊钩,直至蒸汽发生器托架底部到达离船舱内支撑托架的 H 型钢 30 cm 的高度。

⑫检查确认蒸汽发生器的位置与船舱内 H 型钢的铺设位置相符,可通过纵向移动龙门吊或横向移动吊钩的位置来调整,最终缓慢就位。

⑬拆除吊索具,装船结束。

蒸汽发生器落到船舱底之后开始绑扎加固工作(图 4-18)。绑扎时应注意:货物本体不能接触绑扎钢丝绳,只能对货物鞍座进行钢丝绳绑扎加固,在使用电气焊焊接辅助设施时,一定要在设施上方使用防护板,以防止作业中火星、火渣迸溅至货物包装材料上损伤货物。为满足设备防尘、防雨的要求,将设备放在船舱内运输。由于其尺寸大、质量大,甲板所受的单位面积压力大,因此积载在船舶底舱。

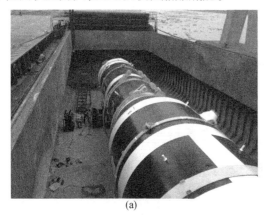

(a)　　　　　　　　　　　　　　　　(b)

**图 4-18　蒸汽发生器落到船舱底之后开始绑扎加固**

绑扎加固方案:

①横向绑扎。在设备本体上设计有两处吊点,吊点是由宽 700 mm 的橡胶垫组成的。采用 20 mm 粗的钢丝绳绕其一周,并斜向下固定在地令上。钢丝绳横向对称布置,每个吊点处左右各 4 道。每根钢丝绳配套使用 6 只 20 号 U 形绳夹头、2 只螺旋扣(图 4-19)。

②纵向加固。前支撑架下铺设的后端底座,由 4 组 H 型钢和 4 块钢板焊接而成。设备大头端的型钢底座纵向力通过传递到舱壁上止动。舱壁和铺设的型钢之间竖直摆放 500 mm 高的 350 mm×350 mm 的型钢,通过加筋板完成两者之间的焊接。横向通过型钢延伸到油舱外焊接,内部通过接头处经连接板焊接型钢上下表面连接在一起。小头端的型钢可以直接和甲板焊接在一起,型钢与支撑架的底板通过焊接连接在一起(图 4-20)。

蒸汽发生器底部,有大量 H 型钢承担压力分散工作。H 型钢是一种截面面积分配更加优化、强重比更加合理的经济断面高效型材,因其断面与英文字母"H"相同而得名。由于 H 型钢的各个部位均以直角排布,因此 H 型钢在各个方向上都具有抗弯能力强、施工简单、节约成本和结构质量轻等优点,已被广泛应用。

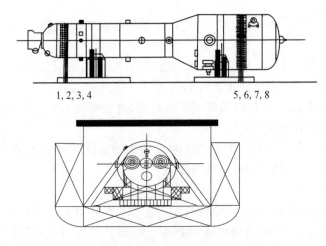

1, 2, 3, 4　　　　5, 6, 7, 8

图 4-19　横向绑扎图

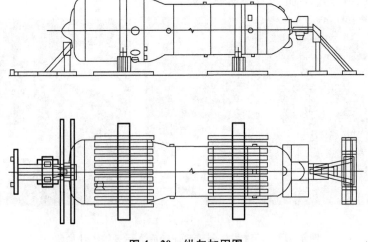

图 4-20　纵向加固图

绑扎加固设备后关闭舱盖并苫盖篷布。装船工作完毕后船舶开航。

(3)船舶航行过程控制

船舶航行过程中,运输承包商的押船人员应根据运输质量计划每日对设备绑扎情况、设备氮气值等情况进行检查,如发现压力下降,及时进行氮气补充。每日将设备情况和船舶所在位置等运输信息报告运输主管部门,运输负责人根据运输信息判断设备是否处于正常运输状态,同时将该运输信息发送给现场接货人和业主相关人员。

(4)召开船前会

船舶到达福清核电厂自备码头前由工程公司在现场组织召开船前会,会上明确船舶到港时间,现场项目部负责向海事局报告船舶抵港计划。需要检查的事项有:卸船机具、人员;短倒道路宽度、坡度、转弯半径、排障情况;卸车吊机到位时间;卸车位置;设备装车方向;进车驻车方向;仓储条件,明确卸船顺序;明确一次引入的时间(具体到倒运、卸车的日期、作业时间段)等。

(5)卸船及场内短倒

船舶靠泊福清核电厂自备码头后,天气、风力、潮位等满足开舱作业的要求,开始蒸汽发生器起吊工作(图4－21)。

图4－21　蒸汽发生器在福清核电厂自备码头的卸船过程

具体卸船步骤:

①检查吊机、吊索具。确认吊机运行正常、吊索具安全可靠,浮吊按起吊位置进行定位。

②两主吊钩下落并分别挂上一根200 t×40 m的吊带。吊带挂好后两主钩同步起升,当起升至适当高度后停止起升。

③前后移动浮吊船位,使吊钩位移至设备的重心上方并松钩。

④吊带下端头分别从货物吊点处一侧的底部穿到货物的另一侧,利用辅助的索具钩将吊带的两个端头分别套进两吊钩中。连接好后,浮吊两吊钩缓慢起升,至适当的高度后停止起升。

⑤在货物四周安装4根稳关索,货物在起吊过程中,稳关索控制人员要及时调整稳关索长短,以防止设备晃动。

⑥起吊过程中,在货物尚未离开船底时,通过前后左右移动船位和起升机构,分3次校对货物前后左右中心位置,在每次校对无误后,才能继续缓慢起升。当货物离开船舶舱底达到10 cm时,两主钩停止起升,静止10 min左右,待货物平稳后两主钩方可同时起升,起升时要保持两主钩缓慢地平衡同步。当货物起升至适当的高度后,两主钩停止起升。

⑦浮吊向前移动,使货物平移至卸货位置上方缓慢落钩。下落过程中防止出现震动及

冲击,直至货物平稳落在卸货位置。

⑧待货物加固、绑扎完成后,吊索拆除,作业完毕。

卸船过程中的注意事项:设备穿销挂钩后,起吊过程中设专人监护设备起吊后运行轨迹,监护吊车运行状态,防止磕碰,保障安全。蒸汽发生器装到轴线液压平板车上,装车之后应对设备进行绑扎,绑扎完毕之后发车运至 20 m 平台。发车后前后有专车引导护送,管制道路交通,并应提前对卸车场地检查,避免杂物影响行车路线。

蒸汽发生器在福清核电厂现场的运输过程如图 4 – 22 所示。

图 4 – 22    蒸汽发生器在福清核电厂现场的运输过程

在到达 20 m 平台卸车位置停车后,解除绑扎。各方对设备外观、氮气压力、运输加速度交接时间进行检查见证和签字确认,签署货物交接单,蒸汽发生器运输工作结束,之后由安装公司负责将设备运至 20 m 平台进行后续安装工作。设备吊入 20 m 平台后,拆除加速度记录仪,拆除过程有关各方进行见证签字。蒸汽发生器制造厂派专人到现场对加速度记录仪进行读取,读取记录结果有关各方进行见证签字确认。该加速度记录发福清核电厂备案。

蒸汽发生器到达龙门架下的场景如图 4 – 23 所示。

图 4 – 23    蒸汽发生器到达龙门架下的场景

3. 运输完工报告

运输承包商在完成蒸汽发生器运输工作后,将设备运输方案、签署的运输质量计划、交接单、加速度记录报告提交给工程公司的运输主管部门,由运输主管部门对该运输文件整理成册,编号归档。至此,蒸汽发生器的运输工作完成,可进入下一步蒸汽发生器的安装工作。

### 4.4.3　蒸汽发生器安装

1. CPR1000 立式蒸汽发生器安装

蒸汽发生器安装主要作业步骤如图 4 - 24 所示。

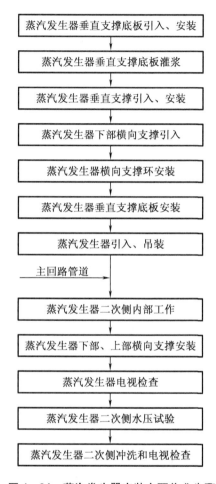

图 4 - 24　蒸汽发生器安装主要作业步骤

蒸汽发生器由一次侧和二次侧两部分组成。一次侧由 U 形管束和半圆形封头焊接到管板构成,二次侧由下部壳体、过渡锥形体、上部壳体、椭圆形封头、汽水分离器和干燥器等组成。

蒸汽发生器外形尺寸:高 20 995 mm,下部外径 3 446 mm,上部外径 4 484 mm,净重 340.3 t。

蒸汽发生器安装包括:垂直支撑安装、下部横向支撑安装、上部横向支撑(包括支撑环和阻尼器)安装(图 4 - 25)。

(1)垂直支撑安装

蒸汽发生器垂直支撑是以热态中心位置为基准进行安装的。

核电一回路主系统的设备,在核电厂装料投入运行后,由于容器和管道中充满高温高压的水、汽或混合体,会在一回路主系统中产生热应力。这种热应力会造成一回路主设备和部件的位移,如布置或者安装不当,会造成设备和部件的损坏。

为防止这种现象,设计部门要进行力学分析计算,给出主设备的位移预留量及热态运行位置。因此本书中蒸汽发生器的各部件安装位置均已考虑了这种位移的影响。

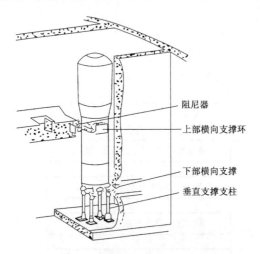

阻尼器
上部横向支撑环
下部横向支撑
垂直支撑支柱

**图 4 - 25　蒸汽发生器的安装**

蒸汽发生器热态中心点控制标记、主管道热段轴线及其通过蒸汽发生器中心点垂直线的控制标记已安装在厂房内,现场清洁度可满足垂直支撑安装的要求。

清洁垂直支撑的预埋套管并打磨套管法兰面,预埋并调平调整顶丝的垫板,测量每个预埋套管法兰面的标高。参照支撑底板的理论标高计算每个套管的长度,对套管进行加工并编号(图 4 -26)。

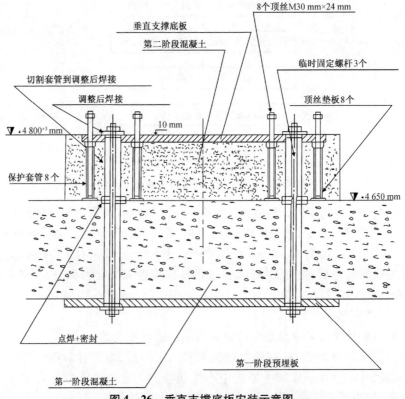

8个顶丝M30 mm×24 mm
垂直支撑底板
第二阶段混凝土
临时固定螺杆3个
切割套管到调整后焊接
调整后焊接
顶丝垫板8个
▽ -4 800⁺³ mm
10 mm
保护套管8个
▽ -4 650 mm
点焊+密封
第一阶段预埋板
第一阶段混凝土

**图 4 -26　垂直支撑底板安装示意图**

蒸汽发生器垂直支撑筒以热态中心位置为基准进行安装,安装前需测量并确定热态中心点控制标记、主管道热段轴线及其通过蒸汽发生器中心点垂直线的控制标记。

同时应清洁垂直支撑的预埋套管并打磨套管法兰面,安装调整顶丝的垫板,测量每个预埋套管法兰面的标高,以确定每个套管的长度。

根据确定的套管长度切割套管,在每个穿楼板螺杆的位置上安装相应的套管,并调整垂直支撑底板的方向、标高及水平度。

在底板螺栓孔内对称点焊套管。用临时螺杆固定底板,在上部套管和预埋套管的法兰结合面进行点焊,用泥子封堵接合面间的缝隙。每个顶丝的螺纹上涂润滑脂,以便垂直支撑底板二次灌浆后拆除顶丝。

二次灌浆前检查垂直支撑底板的标高、水平度和位置的符合性(标高:±3 mm;水平度:1 mm;位置:±1 mm)。

垂直支撑底板灌浆:灌浆 48 h 后,拆除调整顶丝、临时固定螺杆并复测垂直支撑底板的标高、水平度和位置,在底板上画出安装轴线。

将垂直支撑水平地运进反应堆厂房 +20 m 标高处,在垂直支撑上安装专用套箍、调整拉杆组件。使用专用吊具翻转竖立垂直支撑,提升支撑并安装贯穿螺杆、垫圈、螺帽,调整螺杆尺寸,采取措施保护螺杆底部螺纹。

调整垂直支撑,使支撑座上的轴线对准垂直支撑底板上的轴线,连接调整拉杆,检查垂直支撑的方位,垂直支撑的垂直度调整到 ±5 mm 范围内。

紧固贯穿螺杆:贯穿螺杆紧固分为两次进行,第一次是在垂直支撑底板二次灌浆 28 d 后进行;第二次是在蒸汽发生器安装后进行拉伸。

调整垂直支撑顶面的水平度,精确测量每个支撑顶面四点的标高,以确定蒸汽发生器安装底板的厚度。

(2)横向支撑安装

蒸汽发生器横向支撑包括上部支撑和下部支撑,其安装分为三个阶段,即蒸汽发生器安装前、蒸汽发生器安装后和主管道焊接完成后。

①蒸汽发生器安装前

下部横向支撑:在墙面及 6 个支撑底板上画出安装中心线,清洁和检查每个预埋螺杆,将下部横向支撑引入、就位,并使支撑尽可能地靠近墙面。

上部横向支撑:测量蒸汽发生器支撑环滑板的平直度,检查每个预埋件的螺纹孔,在预埋件螺纹孔中安装 6 个螺杆,将滑板引入就位,并使滑板尽可能地靠近墙面。

②蒸汽发生器安装后

下部横向支撑:用垂直支撑间的拉杆调整蒸汽发生器,使其位于热态下的中心位置,在每个横向支撑上安装 3 个临时垫块,调整支撑,使临时垫块与蒸汽发生器支撑块接触。

上部横向支撑:在蒸汽发生器支撑环上焊接角钢;调整支撑环与蒸汽发生器壳体的间距、支撑环标高、水平度和方向;测量支撑环与其 4 个支撑间的距离,并安装 4 个 L 形支撑块。

③主回路管道焊接后(图 4-27)

下部横向支撑:检查蒸汽发生器在冷态下的位置,拆除 3 个临时垫块,调整横向支撑和蒸汽发生器支撑块的间隙,确定横向支撑位置尺寸。在预埋螺杆上安装保护套管以防二次灌浆时混凝土渗入。灌浆前、后检查横向支撑和蒸汽发生器支撑块的间隙及横向支撑的位置尺寸。灌浆后紧固下部横向支撑螺杆(图4-28),分两次紧固支撑螺栓。

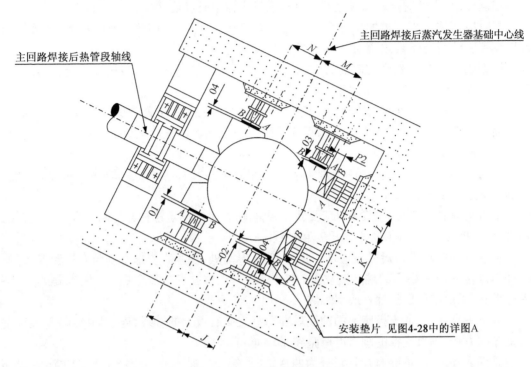

图4-27 主回路管道焊接后

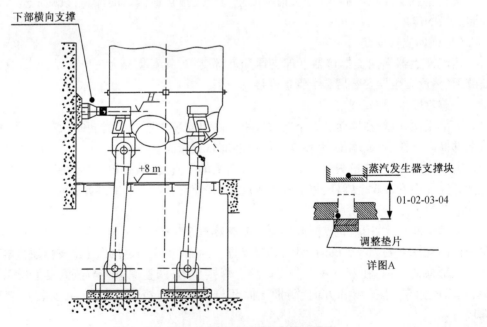

图4-28 蒸汽发生器下部横向支撑位置图

上部横向支撑:安装预埋件顶部剩余的螺杆,调整滑板与支撑环支撑面间的平行度和间隙30 mm±2 mm,并使滑板、支撑环支撑面与热段轴线平行。在滑板和支撑环间安装临时垫片,以避免二次灌浆时滑板变形。在每个螺杆和顶丝上安装保护套管,以避免二次灌浆时混凝土渗入。灌浆前、后检查滑板和支撑环支撑面的间隙和平行度。灌浆后紧固滑板螺栓。

(3)阻尼器底板和模拟件安装

阻尼器是核电厂中机械设备重要的安全保护装置之一,它用来保护核电厂管道和设备在遭受突加载荷(地震和压力突变等)时免遭破坏,其对正常热膨胀引起的缓慢运动不产生约束作用,当承受突加载荷时(如地震及交变载荷或持续载荷),阻尼器近似为刚性,可对管道及设备提供刚性支撑,约束其位移,使其不受损害。核电厂核岛厂房大量采用的为液压阻尼器(图4-29)。

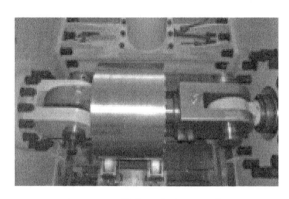

**图4-29 核岛厂房液压阻尼器**

阻尼是使自由振动衰减的各种摩擦和其他阻碍作用,而安置在结构系统上的"特殊构件"可以提供运动的阻力,耗减运动能量的装置,称为阻尼器。低速时允许移动,在速度或加速度超过相应的值时闭锁,形成刚性支撑。液压阻尼器利用液体在小孔中流过时所产生的阻力来达到减缓冲击的效果。

①阻尼器底板安装

阻尼器底板必须在主回路管道热段的焊接量达到50%以后才可安装。安装前先检查阻尼器底板的平面度,在阻尼器底板和墙面上画出安装轴线,安装底板和调整顶丝。检查和预调阻尼器模拟件的安装尺寸,在蒸汽发生器支撑环和阻尼器底板间安装模拟件。

在预埋螺杆上安装适当长度的定位套接管和螺帽,调整阻尼器底板和模拟件,找正它们的水平和垂直中心线,用夹紧装置将底板和模拟件固定在一起。调整底板/模拟件组件的位置、标高和水平度,用顶丝、螺帽、预埋螺杆和定位套管将底板/模拟件组件固定在调整后的位置上。阻尼器底板安装示意图如图4-30所示。

测量螺杆套管的尺寸,拆除阻尼器底板和模拟件,在顶丝和预埋螺杆上分别安装塑料套和套管,重新安装并最终调整底板和模拟件,并用顶丝和夹紧装置固定。拆除定位套管和螺帽,在底板上逐一点焊后重新安装。灌浆前、后检查阻尼器底板的位置、标高和水平度,拆除阻尼器模拟件并检查底板的平直度。

②阻尼器安装和检查

阻尼器安装是在主回路管道全部焊接完成后进行的。蒸汽发生器阻尼器安装示意图如图4-31所示。阻尼器安装前,墙面侧的阻尼器的支座和销轴不组装到阻尼器上,而蒸汽发生器侧的支座组装在阻尼器上。检查阻尼器的安装尺寸,并在阻尼器上安装专用长度调整工具、方向校正工具和专用吊具。安装阻尼器支座球形接合面夹持装置。

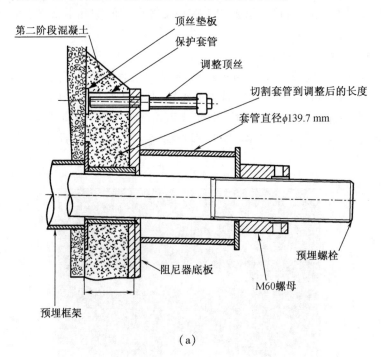

（a）

（b）

图 4 - 30　阻尼器底板安装示意图

在墙面侧的阻尼器支座上画出安装中心线，拆除底板上的顶丝、螺帽和定位套管，安装墙面侧支座到底板上，找正安装中心线。

用专用吊具水平地吊起阻尼器，控制水平倾角不超过 30°。缓慢地下降阻尼器并调整其方向，以避免碰撞蒸汽发生器。将阻尼器的装配端小心地插入支座并拆除球形接合面上的夹持装置。对中装配端与支座的铺孔，在销轴上安装导向件和装配工具，调整阻尼器和装配工具，以使销轴自如地插入销孔，拆除装配工具并安装开口销。

用专用吊具、方向校正工具和长度调整工具同时调整阻尼器，对正蒸汽发生器侧阻尼器支座上的螺孔和蒸汽发生器支撑环上的螺孔,安装上部螺栓。拆除方向校正工具,用长度调整工具使支座和蒸汽发生器支撑环完全靠紧,安装下部螺栓。

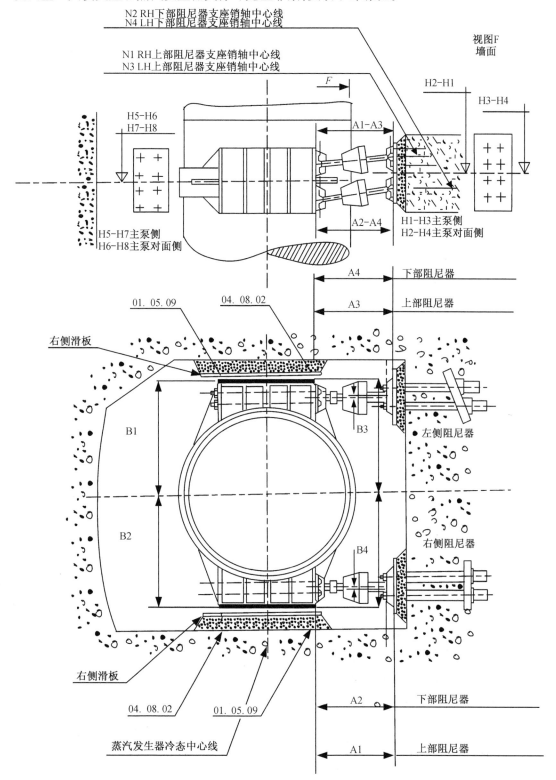

**图 4 – 31　蒸汽发生器阻尼器安装示意图**

用螺栓拉伸装置紧固蒸汽发生器4个阻尼器的螺栓。拉伸后检查支座的位置,即用销轴穿过支座(如有变形,则拧松螺栓并在支座和底板间安装垫片以调整支座销孔的垂直度),使销轴能自如地穿过支座销孔。阻尼器在最终紧固后,检查每个阻尼器活塞的行程和安装长度,误差控制在±1 mm以内,同时安装阻尼器液压系统和储油箱。

(4)蒸汽发生器引入反应堆厂房

①准备工作

a. 以蒸汽发生器一次侧热段入口中心的理论标高(9 445 mm±2mm为基准,计算调整垫片的厚度。

b. 考虑蒸汽发生器安装后垂直支撑的压缩量。蒸汽发生器垂直支撑调整垫铁安装示意图如图4-32所示。

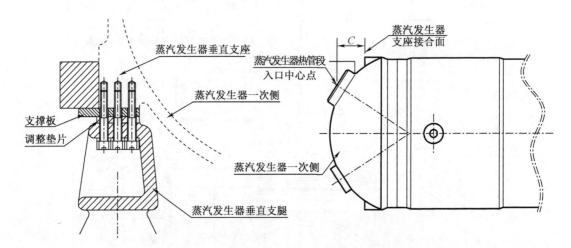

**图4-32 蒸汽发生器垂直支撑调整垫铁安装示意图**

c. 安装条件检查:

(a)蒸汽发生器一次侧主管嘴和支撑面的保护状况;

(b)蒸汽发生器方位中心线标记;

(c)蒸汽发生器内的氮气压力;

(d)蒸汽发生器热态下的中心点和热段轴线的控制标记;

(e)垂直支撑是否已调整;

(f)横向支撑部分安装;

(g)蒸汽发生器调整垫片已加工完成;

(h)蒸汽发生器翻转支撑预埋板的位置;

(i)重轨及牵引装置已安装;

(j)环吊396 t平衡梁的组装并存放在反应堆厂房+20 m定标高处;

(k)蒸汽发生器运输通道状况等。

蒸汽发生器在龙门架下准备就位,开始吊装如图4-33所示。

图 4 - 33　蒸汽发生器在龙门架下准备就位，开始吊装

d. 蒸汽发生器的引入准备：

（a）蒸汽发生器的引入、就位所用专用工具、设备和安装零部件运进反应堆厂房 + 20 m 标高处的平台并检查其状况；

（b）装备有直径为 φ298 mm 的轴及拆装工具的提升梁；

（c）两个翻转支撑和轴颈；

（d）前、后牵引托架和连杆；

（e）蒸汽发生器上部支撑环及附件；

（f）吊装用钢丝绳等；

（g）在外部龙门架 + 20 m 平台的重轨上，组装前、后牵引托架和连杆；

（h）检查并用二硫化钼润滑辊排，在前、后牵引托架下安装辊排；

（i）在预埋锚固支撑上安装牵引机和手扳葫芦，并连接到重轨上的前、后牵引托架上；

（j）连接提升平衡梁和 380 t 龙门吊的吊钩；

（k）380 t 小车移到距反应堆厂房侧龙门架垂直立柱中心 18 500 mm 的位置；

（l）62 t 小车移到靠近反应堆厂房生物屏蔽门一端。

② 蒸汽发生器引入、吊装（图 4 - 34）

蒸汽发生器运到反应堆厂房外龙门架下，调整其纵向轴线和龙门架中心线重合，重心与 380 t 龙门架吊车的吊钩在同一垂线上。专用吊具连接到蒸汽发生器和 380 t 龙门架吊车吊钩上的提升梁。

图 4 - 34　反应堆厂房外蒸汽发生器的吊装、引入

**137**

蒸汽发生器吊装试验:提升蒸汽发生器距运输托架 200 mm 后停车,下降蒸汽发生器在接近但未接触运输托架时停车,检查 380 t 龙门架吊车的抱闸是否可靠;再次提升蒸汽发生器 1 m 后停车,下降蒸汽发生器在接近但未接触运输托架时停车,再次检查 380 t 龙门架吊车的抱闸是否可靠。

利用 380 t 龙门架吊车将蒸汽发生器提升到龙门架 +20 m 平台,平移蒸汽发生器就位于牵引托架上,调整蒸汽发生器二次侧人孔的中心线在同一水平面上,用 62 t 龙门架吊车拆除专用吊索组件,排空蒸汽发生器二次侧内的保护氮气。

③蒸汽发生器翻转吊装

a. 翻转套箍和支撑环的安装。在龙门架下组装两个半圆形的翻转套箍,在两个半圆形套箍上使用专用定位支撑,以便于套入蒸汽发生器底部。使用牵引机将蒸汽发生器牵引入反应堆厂房,以便安装蒸汽发生器翻转套箍。

在蒸汽发生器底部画出中心线,用 62 t 龙门架吊车提升翻转套箍并安装到蒸汽发生器上。拆除套箍间的定位架,安装连接螺栓和拉杆,在蒸汽发生器支座上安装连接板。

调整翻转套箍耳轴及二次侧人孔中心线的水平度,用螺栓张紧器定位翻转套箍和后部牵引托架。紧固翻转套箍上的固定螺栓和支座连接板间的拉杆。

用牵引小车将蒸汽发生器引入反应堆厂房 +20 m,安装蒸汽发生器上部支撑环。用环吊 10 t 小钩首先安装上部支撑环的半环,用手拉葫芦临时固定,再吊装另一半环。两个半环用螺杆定位。转动支撑环角度 1°30′,使支撑环对称平面与主回路热段轴线平行,在支撑环和 4 个支撑板间安装临时垫片(图 4 - 35)。

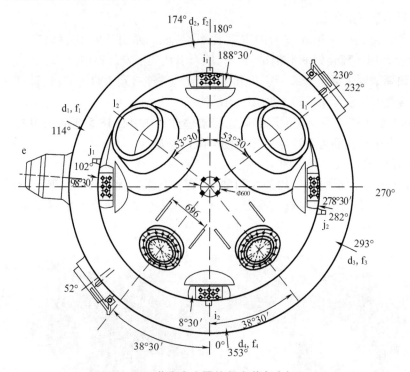

**图 4 - 35 蒸汽发生器热段安装角度标记**

蒸汽发生器上部的抗震支承环,在工程中也经常称之为蒸汽发生器抱环。其安装工作中要旋转 1°30′,原因如下:

由图 4-35 可以看出,蒸汽发生器热段进口管嘴的角度为 180° + 53°30′ = 233°30′。蒸汽发生器支承总图中的截图如图 4-36 所示。根据分析,由于在蒸汽发生器转运至 +20 m 平台后,蒸汽发生器本体角度为 142°朝向正上方,而抱环套装至蒸汽发生器上后,抱环箱体结合处所在的轴线此时处于 142°和 322°所在连线上,因此需要将抱环箱体结合面的角度调整至 143°30′和 323°30′,这就需要旋转 1°30′,而旋转方向为面向堆芯顺时针旋转(图 4-37)。

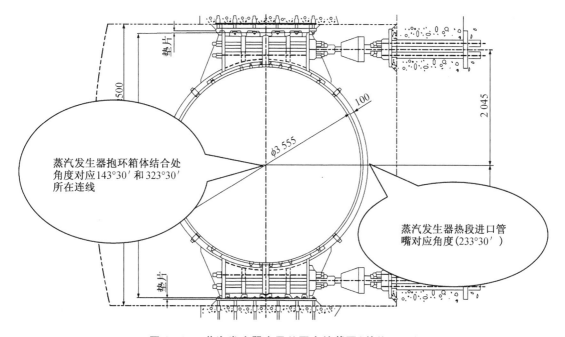

**图 4-36　蒸汽发生器支承总图中的截图(单位:mm)**

b. 翻转支撑安装及蒸汽发生器吊装就位。在蒸汽发生器二次侧人孔上安装吊耳,连接环吊 396 t 平衡梁和蒸汽发生器专用提升梁,安装专用吊索。

用环吊将蒸汽发生器提起大约 1°,拆除前部托架上的支撑块和前、后托架间的连接杆。下降蒸汽发生器至水平位置,并在其上部位置下方安放枕木,以临时支撑蒸汽发生器。将两台牵引机的牵引绳固定到蒸汽发生器后部托架上,用两台牵引机将蒸汽发生器牵引到翻转位置,检查套箍耳轴的中心线是否在翻转支架安装中心线的正上方。在蒸汽发生器两侧安装翻转支架,最终调整套箍耳轴和翻转支架支撑面间的间隙。

提升蒸汽发生器以检查翻转套箍上的耳轴是否完全地坐落在翻转支撑的支撑面上,交替提升蒸汽发生器和移动环吊小车直到蒸汽发生器处于垂直位置。在此期间,吊索的倾斜度不能超过 5°,提升蒸汽发生器并使套箍耳轴离开支撑面,拆除翻转支撑(图 4-38)。

安装套箍拆除小车,转动蒸汽发生器,使套箍耳轴的中心线位于重轨纵向中心线的上方。移动套箍拆除的专用小车到蒸汽发生器正下方,调整蒸汽发生器以使得套箍支腿对正小车,拆除套箍和蒸汽发生器支撑连接板件的拉杆,拧松套箍连接螺栓,分开两个半圆形套箍并坐落在专用小车上,移开专用小车,以便于吊装蒸汽发生器。

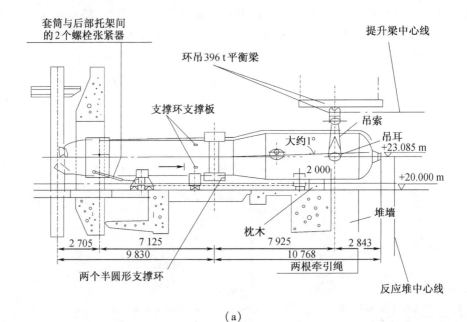

（a）

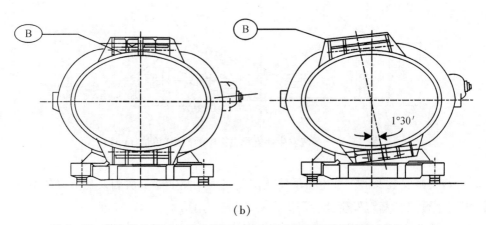

（b）

**图 4-37　蒸汽发生器引入反应堆厂房及上部支撑环调整示意图（单位：mm）**

**图 4-38　蒸汽发生器吊装翻转图**

在蒸汽发生器的4个垂直支撑上安装已加工的调整垫片。提升并调整蒸汽发生器的方向,使蒸汽发生器下降到垂直支撑上方的1 m处,确保能自由通过上部、下部横向支撑,蒸汽发生器就位在4个垂直支撑上。

拆除蒸汽发生器热段入口管嘴的保护装置,在入口管嘴上安装对中装置,调整蒸汽发生器至热态下的中心位置上,测量蒸汽发生器热段入口管嘴中心线的标高和相对于热管段的轴线偏差。最终检查蒸汽发生器在热态下的位置、垂直度。

拆除专用提升梁、吊索和二次侧人孔上的耳轴。安装蒸汽发生器二次侧干式储存保养装置,防止蒸汽发生器二次侧在安装期间内表面产生锈蚀。

(5)蒸汽发生器二次侧内运输定位板拆除

首先在蒸汽发生器安装定位后打开二次侧人孔,在人孔上安装入口平台,在二次侧内部安装防护木板和玻璃丝防火布。每次进入蒸汽发生器二次侧的人员,与工作无关的任何物品不得带入,需进入蒸汽发生器二次侧使用的工具机和材料,在进入前必须进行登记,工作完成后确保全部带出,不得遗留任何物品在蒸汽发生器二次侧内。

使用砂轮切割机切割蒸汽发生器运输定位板,每天使用真空吸尘器清洁蒸汽发生器二次侧施工区域,确保其内部清洁度。

(6)蒸汽发生器二次侧水压试验

蒸汽发生器水压试验是在主给水管、主蒸汽管、辅助给水管、排污管,以及部分加药系统部分管线完成后一起进行水压试验。

蒸汽发生器二次侧水压试验压力为$128.5 \times 10^5$ Pa,除盐水在水压试验期间的温度在$30 \sim 60$ ℃之间。试验步骤如下:

①提升试验系统压力,升压速度限制在4 bar/min;

②在压力到达58 bar时,调节升压泵维持压力平台,测量蒸汽发生器上部支撑环和蒸汽发生器筒体外表面之间的间隙,完成后继续升压;

③在压力到达85 bar时,调节升压泵维持压力平台,对蒸汽发生器水压试验回路进行全面检查,轻微泄漏只要不影响继续升压,均可接受;

④继续升压,当达到试验压力后(绝对压力128.5 bar),维持压力平台30 min,并对水压试验回路进行全面检查,包括试验装置;

⑤继续投用升压泵,通过开启排水阀门进行卸压,控制降压速度不得超过4 bar/min;

⑥当压力接近大气压时,停止升压泵,关闭疏水阀;

⑦通过临时排水装置将系统内的水排掉,清除蒸汽发生器管板上的余水,在蒸汽发生器二次侧安装干燥机,立即进行干保养;

⑧发布蒸汽发生器二次侧水压试验报告。

核岛内保温层安装后的蒸汽发生器如图4-39所示。

(7)蒸汽发生器二次侧电视检查和冲洗

①蒸汽发生器二次侧电视检查

蒸汽发生器二次侧电视检查分两次进行:蒸汽发生器二次侧水压试验前进行第一次电视检查,二次侧水压试验后进行第二次电视检查。

主要内容如下:蒸汽发生器二次侧与主蒸汽系统相连管道,蒸汽发生器二次侧与主给水系统相连管道,蒸汽发生器二次侧给水环内部进行检查,U形管束及管板。

检查过程中如发现任何异物,将使用专用设备将异物全部取出。检查过程需进行全过程录像,确保蒸汽发生器二次侧内在检查后无任何异物,并保留全部检查记录。

**图 4 – 39　核岛内保温层安装后的蒸汽发生器**

②蒸汽发生器二次侧冲洗

蒸汽发生器二次侧冲洗是在二次侧水压试验之后,利用专用的高压和中压水冲洗设备冲洗二次侧管束中心、管束周围以及管板的泥浆等异物。蒸汽发生器二次侧内部的泥浆通过吸出设备吸出,使用除盐水冲洗蒸汽发生器二次侧,除盐水经过过滤可再循环使用。

冲洗最高压力为 $200 \times 10^5$ Pa,冲洗流量为 76 L/min;中压冲洗压力为 $8 \times 10^5$ Pa,冲洗流量为 5 m³/h。

2. AP1000 立式蒸汽发生器安装

(1)运输

大型设备的运输基本都是采用海运。世界首台 AP1000 蒸汽发生器由韩国斗山制造厂通过海运运输至山东海阳核电自备码头。到达码头后采用 1 200 t 浮吊为主吊机,由拖轮绑拖进港,用两根型号 R01 – 200 t × 40 m 的软圆环吊装带兜吊蒸汽发生器。

(2)CA01 模块就位

AP1000 机组的安装设计采用了模块化施工技术,固定蒸汽发生器、压力容器、稳压器的隔间由 CA01 结构模块(图 4 – 40)组成,模块的尺寸为 25 m × 29 m × 26 m,质量达 600 t。蒸汽发生器支撑的预埋件和临时支撑直接固定在 CA01 模块蒸汽发生器隔间的墙体上,随CA01 模块在反应堆厂房外整体组装完成后,用大型吊车吊装就位(图 4 – 41)。

(3)支撑安装

支撑包括临时支撑结构和永久支撑结构。蒸汽发生器临时就位后需要测量安装间隙以便加工垫片,因此需要保持蒸汽发生器的站立状态,从而需要临时的支撑设备,且需要配置两台支架用以安装。临时支撑由两部分组成:

①千斤顶和支撑柱

每个固定圈有 4 个支撑点,2 个以螺栓形式与蒸汽发生器连接部件固定,另 2 个用千斤顶固定。

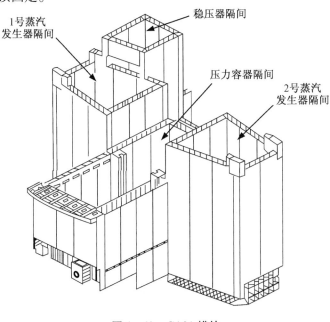

图 4 – 40　CA01 模块

图 4 – 41　CA01 模块吊装

②临时支撑架和预埋件

临时支撑架由 4 根支撑梁和牛腿(含肋板)通过螺栓连接而成(图 4 – 42、图 4 – 43)。

AP1000 蒸汽发生器的固定支撑是在蒸汽发生器就位之后进行的安装。由 1 个垂直支撑和 5 个横向支撑组成,垂直支撑是单根钢结构立柱,横向支撑包括上、中、下 3 层支撑。上部横向支撑筒体过渡段的上方,每个支撑上带着阻尼器,平行于主管道热段;中部横向支撑,位于筒体过渡段的下方,垂直于主管道热段;下部横向支撑有 1 个,在垂直支撑顶部位置处,垂直于主管道热段。所有这些横向支撑均固定在蒸汽发生器设备隔间的内墙体上(图 4 – 44、图 4 – 45)。

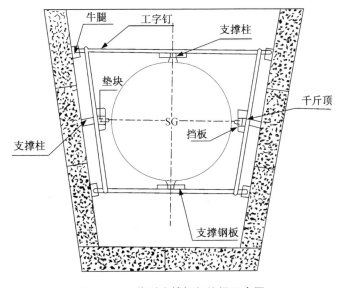

图 4 – 42　临时支撑框架俯视示意图

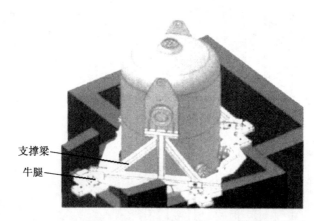

图 4 – 43　临时支撑架示意图

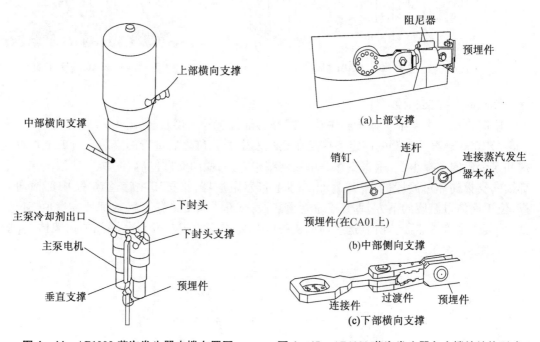

图 4 – 44　AP1000 蒸汽发生器支撑布置图　　　图 4 – 45　AP1000 蒸汽发生器各支撑的结构形式

（4）蒸汽发生器吊装

AP1000 机组的安装采用开顶法施工技术,蒸汽发生器的吊装就位不再采用传统压水堆从设备闸门移入的安装方法,而是采用开顶法垂直吊装就位。

吊装过程可分为水平吊装、旋转 SG 和翻转竖立吊装三个阶段。

首先,用 400 t 和 2 600 t 起重机双机抬吊,在正式吊装前先进行试吊,试吊成功后进行正式吊装。将蒸汽发生器从运输车上吊至旋转装置上,操作旋转装置将 SG 二次侧人孔旋转至水平状态,在吊装过程中用全站仪分别测量 400 t 和 2 600 t 起重机的钢丝绳垂直度,为控制偏差适时对起重机进行微调,达到水平位置后安装翻转组件、主吊耳、下部临时支撑等部件。

再用 2 600 t 大吊车提升蒸汽发生器头部,设备尾部放置在翻转支架上,设备和翻转支架放置在运输拖车上。大吊车的吊钩缓慢提升设备头部,放置在翻转支架上的设备尾部随着拖车同时向吊钩方向缓慢移动,使设备逐渐翻转直至完全竖立,尾部脱离翻转支架,撤离拖车和翻转支架(图 4 – 46、图 4 – 47)。

图 4 – 46　AP1000 蒸汽发生器现场翻转

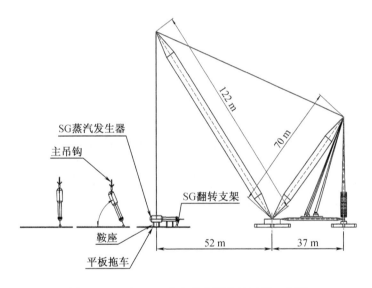

图 4 – 47　AP1000 蒸汽发生器翻转过程示意图

翻转竖立的关键是要保证吊钩的竖直起吊速度和水平拖车速度的协调配合,如果配合不当,吊索将会偏离竖直线。如果偏离太大,就会产生很大的水平力,使得拖车无法制动,不利于安全。

SG 竖直之后用起重机缓缓回转,使 SG 边缘距离安全壳边缘近处,再缓慢提升,使其高于安全壳边缘,根据实际情况继续回转,2 600 t 起重机缓缓落钩,落钩过程中控制好 SG 状态,注意 SG 与环吊走道的位置,确保安全距离(图 4 – 48)。

2 600 t 起重机继续落钩至 SG 底部距临时支撑顶端 500 mm 处,用绳索将 SG 旋转到就位方向,根据现场情况使起重机缓慢落钩,同时,辅助人员根据起重机控制好 SG 的位置和方向,直到距离吊耳连接上部 200 mm 处,拉紧预先栓好的锚点。将吊耳连接件放置在上部临时支撑上,吊装完成。

(a) (b)

**图 4 - 48   AP1000 蒸汽发生器吊入厂房过程**

(5)就位

安装就位后拆除临时支架,进行固定支架的安装、调整,并进行测量,由此可以进行蒸汽发生器垫板的加工、安装,SG 与主管道的焊接工作,以及相关的热态试验等(图 4 - 49)。主要步骤在前面已进行过相关说明。

(a) (b)

**图 4 - 49   AP1000 蒸汽发生器吊装就位**

3. CPR1000 与 AP1000 立式蒸汽发生器安装方法的主要区别

(1)AP1000 机组的安装采用开顶法施工技术,蒸汽发生器的吊装就位采用开顶法垂直吊装就位,传统压水堆 SG 吊装(如岭澳二期)采用从设备闸门移入的安装方法,这主要是考虑空间的有限,如果在安全壳内翻转,则需要较大的空间,而开顶法吊装需要的空间相对较小。

(2)AP1000 机组的安装设计采用了模块化施工技术,固定蒸汽发生器、压力容器、稳压器的隔间由 CA01 结构模块组成,模块在厂房外组装之后吊入厂房内,而不是厂房内固定的小房间。

(3)AP1000 机组垂直支撑只有 1 个,而 CPR1000 则由 4 个垂直支撑将蒸汽发生器本体支撑起来。

#### 4.4.4　冷却剂泵安装

冷却剂泵又称主泵,是主回路设备中的高速旋转设备,用于驱动一回路的冷却剂,使冷却剂以很大的流量通过反应堆堆芯,把堆芯产生的热量传递给蒸汽发生器,从而完成一回路水的循环。

主泵总重 132.777 t。其中,泵壳重 29.5 t,尺寸 3 440 mm×3 000 mm×2 315 mm;电机重 47.855 t,尺寸 4 278 mm×2 680 mm×2 905 mm。

主泵安装范围包括垂直支撑安装、横向支撑安装(阻尼器)、泵壳安装、水力部件安装、电机支撑及电机安装、密封安装、电机泵组对中、附件安装(图 4-50)。其中以泵壳安装、水力部件安装及电机泵组对中为关键工作。

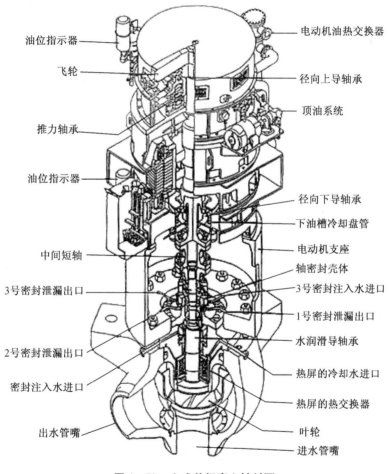

图 4-50　立式单级离心轴封泵

1. 泵壳安装

(1)安装前的准备

泵壳安装前确定垂直支撑上的垫板加工是否完成,检查泵壳外观、上部法兰盖,入口和出口管嘴保护盖是否完整,泵壳和主回路管道冷段热态中心标记是否标注,相关房间是否满足泵壳安装要求。

（2）主泵泵壳引入

泵壳运到龙门架下，使用62 t 龙门架吊车和专用链式吊索吊装泵壳到 +20 m 平台，并降落到运输平板车，用运输平板车将泵壳引入反应堆厂房。

（3）泵壳安装

拆除泵壳在支撑架上的螺栓，利用环吊 217 t 小车起吊泵壳，调整泵壳上表面水平，将泵壳吊入主泵房间，就位于已调整好的垂直支撑上，拆除吊装专用吊具。泵壳吊装示意图如图 4 – 51 所示。

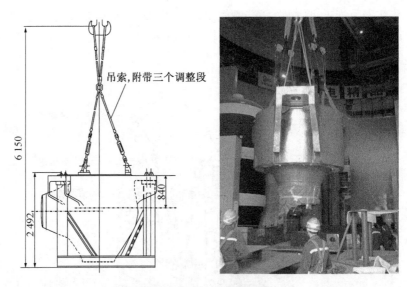

**图 4 – 51　泵壳吊装示意图（单位：mm）**

在泵壳入口安装中心支架和线坠，调整泵壳中心到热态中心位置，误差控制在直径 5 mm 范围内，出水管口与主回路管道冷段热态中心线的误差控制在 2 mm 范围内。

检查泵壳水力部件支撑面标高和水平度，标高控制在 ±2 mm 误差范围内，水平度控制在 2 mm 范围内。

2. 水力部件及电机支撑安装

释放水力部件包装容器内的氮气，拆除水力部件在支撑架上的螺栓，安装 3 个 M48 吊环螺栓，水力部件吊具连接到环吊上，将水力部件从容器中吊出，拆除水力部件运输锁紧装置，在水力部件下表面槽内安装密封环，并固定。

水力部件吊装接近泵壳内入口环时，对中泵壳和水力部件标记和螺栓孔。检查泵壳上部和水力部件间的径向间隙，检查水力部件内热屏至泵壳表面的距离。

清洁泵壳上表面螺栓孔和螺杆。先安装定位杆（互为 120°），再安装 21 根螺杆，调整螺杆高度。起吊主法兰，调整主法兰水平度，用丙酮清洁主法兰下表面。

吊装主法兰至水力部件上面时，根据主法兰和水力部件标记进行对中，主法兰套入主泵壳的螺杆，下降到最后 50 cm 时，调整主法兰使其正确地固定在热屏中心装置上。

拆除吊具和定位杆，使用丙酮清洁主法兰上表面。

3. 电机与泵组对中

调整电机泵组联轴节的平行度。在联轴节周围 8 个等分点上测量电机半联轴节和中间节的距离，计算两个表面的偏差并确定放置在电机下部法兰和电机轴承间垫片的厚度，用于调整平行度。调整垫片厚度,确保电机的负荷均匀地分配到电机支承上。使用的垫片厚度差最大 0.05 mm。松开 4 个电机对中的顶丝,以及电机和支承的连接螺栓,用 4 个顶丝顶升电机,在电机支撑面上的固定螺栓间插入选择好的垫片,退回顶丝下降电机,检查所有垫片都已压实。临时紧固电机固定螺栓,检查平行度、公差。

调整电机泵组的同心度,在中间节上安装特殊对中工具,并用螺栓和垫圈固定,在特殊对中工具上安装百分表支架,在支架杆上安装百分表,使百分表触头接触电机半联轴节。转动特殊对中工具和电机转子,在 8 个点记录百分表的读数。必要时,松开电机固定螺栓后用 4 个顶丝重新调整电机泵组的对中,用百分表监测位移,紧固对中顶丝到 100 N·m。操作过程中平行度调整和同心度调整可交替进行。同心度最大公差为 0.012 5 mm。

### 4.4.5　稳压器安装

稳压器又称容积补偿器,是核岛一回路主设备之一,是用于稳定和调整反应堆冷却剂工作压力的设备。在工作状态下,稳压器内的介质(蒸汽和水)保持着两相平衡的饱和状态。调节介质的温度即能控制稳压器内的压力。AP1000 稳压器示意图如图 4-52 所示。

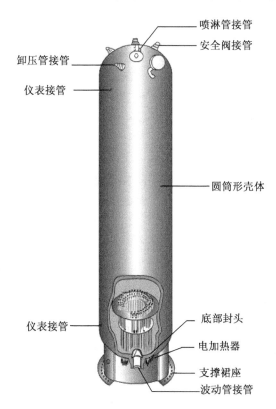

**图 4-52　AP1000 稳压器示意图**

稳压器由焊在底部封头上的圆筒形裙座来支承,裙座连接法兰盘是用 24 只螺栓固定在底板上。在稳压器相应的高度上安装有横向支撑,一旦发生地震或稳压器的接管破裂时,能限制稳压器横向运动。机组在运行时它能允许稳压器轴向和径向热膨胀。

底封头上共安装有 60 根电加热器。加热器通过底封头插入容器内,而且以封头轴线为圆心呈同心圆分布。

波动管线接管位于底部封头的中心,波动管的另一端与反应堆冷却剂系统的一环路热段相连接。

在顶部封头上设置有人孔,可使用专用工具来打开和关闭人孔。

1. 接收、装卸与贮存

(1)接收与检查

设备在现场接收时,安装单位应按相关要求全面检查设备的外部情况。

①检查设备的包装保护情况和设备的外观,不得有损坏、缺陷和锈蚀,一旦有锈蚀现象,应立即清除锈迹。对损坏的表面保护层应进行补漆。

②检查堵头或封板是否完好,一旦有脱落或者松动,应进行相应的表面清洁或除锈,然后重新设置保护盖,对机加工表面应重新涂以保护层,并维持充氮保护。

③检查设备的外表面、突出部位和各接管嘴,不得有损伤和变形等。

④检查设备是否满足干保养所必需的氮气压力,要求满足相关的规定。

⑤开箱检查安装所需的备品、备件是否齐全,如有遗漏,应立即向有关单位报告。

应将发现的任何损伤或差异记录在案,并及时报告给业主或有关部门,以便采取必要的措施予以及时处理。

(2)装卸

①装卸工具应具有有效的检验合格证。

②装卸方法应符合相应的规程。装卸时应在设备下方设置吊绳,吊绳应包缠相应的保护层,保证在起吊时不会使稳压器壳体表面产生损伤或压痕,起吊时应水平起吊。

③起吊时应避免对接管嘴、接管嘴保护盖及铭牌等的冲击、碰弯或其他任何方式的损伤。起吊应缓慢、平稳地进行。

(3)贮存

①由于安装前准备不足等原因,被安装设备可做短暂的中间贮存。在贮存稳压器之前,应对在运输过程中损坏的涂漆表面进行补漆。贮存期间应注意不得污染或损伤设备,保持设备出厂时的原始包装状态,不得随意开启和拆封。应注意保持各加工表面的保护涂层、可剥漆等,以防止表面损伤和腐蚀。除非进行验收检查,否则包装应保持原状直到贮存期的结束(盖子和塞子应保持原位)。检查后,应立即恢复稳压器的包装。

②供中间贮存的区域应满足 RCC – M F6634.3 中Ⅲ级存放区的要求,设备应放置在能承受其全部质量而不变形的支架上。设备在室外存放时,必须覆盖篷布,并应定期揭开篷布透风;还应防止氯化物、氟化物等接触不锈钢金属表面,防止腐蚀出现。

③设备在现场贮存期间应进行定期检查,至少检查以下内容:标识是否齐全、封口是否完好、涂漆是否损坏、有无机械损坏、有无污染和腐蚀、有无氮气压力等。

2. 安装前准备

(1)安装场地

稳压器的安装通道及场地应保持畅通可达,并留有足够大的安装、拆卸空间。稳压器的安装环境应满足 RCC – M F6243 中规定的Ⅲ级工作区的要求。

(2)人员要求

安装施工人员应经过培训,并取得相应资格。主要施工人员应具有稳压器安装经验。

(3)稳压器

稳压器的设备主要数据如下:

稳压器包装前的总高约 12.846 m

稳压器的干重:约 81.5 t

稳压器包装后的总高:13.111 m

稳压器的起吊质量:约 85 t

稳压器外表面涂漆和可剥落漆要完整,包装要完好,其内部要有充氮保护和干燥剂防潮。

稳压器壳体上应有明显的表示方位的标记。

在装卸、吊装过程中,稳压器上应保留运输用的连续记录式加速度记录仪。

在龙门架下起吊稳压器前,建议稳压器卧置在鞍座上。竖立前始终保持稳压器运输状态为卧置的方式。

(4)稳压器支承

稳压器下部垂直支承锚固件(包括一、二次预埋件)已安装到相应位置,下部垂直支承锚固螺栓、螺母、垫圈等已放置在稳压器隔间安装位置附近。

稳压器上部水平支承一次预埋件安装到相应位置,上部水平支承二次预埋件和横向限制器已放置在 +20 m 平台。

稳压器下部垂直支承锚固件和上部水平支承一次预埋件的安装应已验收合格。

(5)稳压器隔间

稳压器隔间的清洁应满足 RCC – M F6200 中Ⅲ级工作区的要求,墙体应涂以相应的油漆,照明灯应安装就绪, +12 m 标高处垂直支承和 +20 m 标高处水平支承的参考轴线已标明。应将 +20 m 标高处的直径 7.4 m 直径入口清理完毕,同时拆除 +12 m 标高临时平台。

稳压器安装前,预埋件与基础混凝土之间的接触应已密实,且锚固架上板定位后混凝土的强度应达到 60 MPa。

在稳压器的设备隔间中安装有基准块,它们用作稳压器安装时的定位标记。

(6)专用工具

稳压器吊装所需的专用工具,如:重载车、吊梁、翻转抱环、抱环吊钩和移动式翻转支座,以及与设备有关的人孔盖起吊工具、主螺柱拉伸机、喷雾头扳手等,应在安装前完成验收并准备妥当。其他专用工具和测量仪器等应已经校正,并且具备有效的校验合格证。

(7)天气条件

稳压器在反应堆厂房外起吊时,外界的最低温度不得低于 – 8 ℃,最大风速不得超过 40 km/h。

3. 安装操作与检查

其安装工作包括引入、翻转、就位等,过程与蒸汽发生器较为类似。这里的安装操作均为建议性的安装操作,仅供安装单位编制安装规程时参考。

(1)安装操作和检查建议

稳压器的主要安装操作和检查可参考下列顺序进行:

①在 0 mm 标高进行稳压器提升的起吊试验,并关闭氮气阀门,移除充氮系统。

②使用 380 t 龙门吊应进行稳压器起吊试验。注意:试验时外界的最低温度不得低于 – 8 ℃,最大风速不得超过 40 km/h。起升高度 60 mm 时,停止起吊,观察高度有无变化,时间为 10 min。降低稳压器 50 mm,观察高度有无变化,时间为 10 min。提升或降低操作中每次停止时,必须检查刹车。提升、降低及停止时,应无异常响声。起吊试验之后,才可以将

稳压器起吊至 20 m 平台。

③用反应堆厂房外的龙门吊车将稳压器提吊到堆厂房 + 20 m 平台处,放置于轨距为 3 200 mm 的重载车上。

④拆除稳压器与龙门吊车的连接。

⑤在稳压器规定位置安装翻转抱环,将其与安装在阀门支架上的小抱环用钢丝绳连接,并与裙座排气孔处的挂钩用钢丝绳连接起来,对稳压器进行保护。

⑥在稳压器支承裙座封盖下板上安装翻转支腿。

⑦牵引移动式翻转支座至裙座封盖下部,使裙座封盖下边缘基本位于翻转支座前横梁的正上方,测量裙座封盖下缘至翻转支座前横梁上表面的距离。

⑧在正式进行稳压器的翻转竖立之前,应进行提吊试验和检查。在该过程中,观察、检查环吊、翻转抱环及连接部位,应无异常情况。

在完成上述提吊试验和检查无异常后,将稳压器翻转至垂直位置,应进行试吊和检查。在该过程中,观察、检查各吊具及其连接部位,应无异常情况。

在试吊未发现异常情况后,再将稳压器缓慢提升。定高度,拆除翻转支腿和裙座封盖,移走移动式翻转支座,并对电加热元件外露部分的保护装置加以拆除。

⑨提升稳压器至底端位于 + 28 m 标高位置。

⑩通过环吊,将稳压器缓慢提吊到稳压器设备隔间上方。

⑪将稳压器下降到距锚固架上板 + 100 mm 高度处,对称安装 24 个地脚螺栓中的 6 个(均匀分布)。

⑫利用已安装的 6 个地脚螺栓导向定位,正确地旋转和就位稳压器到锚固架上板处,同时安装其余 18 个地脚螺栓。

⑬使用螺栓拉伸机预紧支承裙上的锚固螺栓,预紧分两阶段完成。

第一阶段:预紧力为 420 kN;

第二阶段:预紧力为 500 ~ 540 kN。

预紧时,采用对称预紧,按照给定的顺序安装拧紧全部 24 个地脚螺栓(图 4 - 53);在预紧后验证预紧力(推荐在一个星期以后,一个月之内),并记录数据。

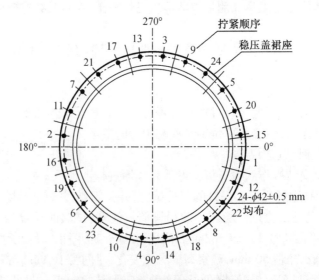

图 4 - 53　稳压器锚固螺栓的上紧顺序

⑭在进行安装验收后，安装用于拆卸抱环的桥架。

⑮拆走翻转抱环和相关保护装置，然后拆卸桥架。

⑯进行涂层及清洁度的检查，并安装保护措施。

⑰稳压器本体安装完成后，应对每根电加热元件进行绝缘性能测试。

测试应在稳压器本体安装完毕，但电加热元件尚未连接至接线盒前进行，此时稳压器需保持干燥。室温、1 000 VDC 下，测试电阻丝与外包壳间绝缘电阻，要求绝缘电阻 ≥100 MΩ。

⑱安装验收。

（2）安装就位要求

①稳压器经过安装操作，最终定位于设备隔间中。

②稳压器支承裙座底板的标高为 +12 000 mm。

③稳压器所有表面上的临时性保护涂层已清除干净。

④保护涂漆：设备安装完工后，对设备本体涂层质量检查及修补；地脚螺栓、螺母、垫片等外露碳钢件表面应按有关规定涂漆。

⑤清洁度检查：设备安装完工后按要求进行清洁度检查。

⑥在安装运输过程中，拖车应匀速运行。在任何情况下，其水平加速度应小于 0.5$g$，垂直加速度应小于 0.2$g$。吊装过程中，其升降速度应小于 0.1 m/s。

4.安装验收

安装完工后应进行的验收项目，其验收准则如下：

（1）垂直度检查。稳压器就位后，在不小于 8 000 mm 的高度范围上（图 4 - 54），通过 4 条稳压器上母线（0°、90°、180°、270°）测量稳压器的垂直度，并记录测量结果。

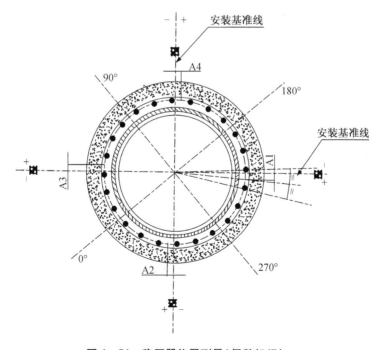

图 4 - 54　稳压器位置测量（偶数机组）

（2）稳压器的方位检查。如图 4 - 54、图 4 - 55 所示，图中 A1、A2、A3 和 A4 为稳压器裙式支座法兰的两个相邻螺栓孔的角平分线与螺栓中心圆的交点到相邻的安装基准线之间的距离。测量 A1、A2、A3 和 A4 值,并记录结果。

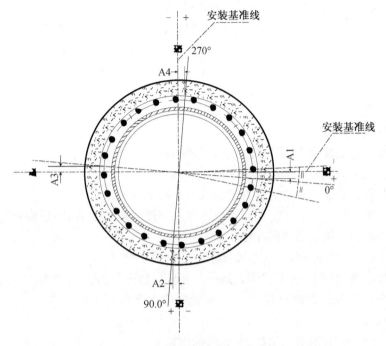

图 4 - 55　稳压器位置测量(单数机组)

(3)检查稳压器的清洁度及保护措施,确保其所有管口、异种金属接头部位、密封面和锚固螺栓端头等已完全保护和密封。

(4)在安装中产生的不符合项,应严格按照质保大纲的规定进行处理。

(5)安装结束,必须有完整的安装施工记录,并经检查验收,证明符合稳压器的安装技术要求。

(6)安装单位在安装完工后,应编写并向业主提供最终安装完工报告和合格证书,合格证书应有安装单位负责人的签名。

5. 安装单位应编写的主要文件

稳压器安装完毕后,应进行验收,同时提供安装完工报告,其中至少包括:

(1)安装的起止日期。

(2)安装的简要步骤。

(3)安装过程中的检验记录。

(4)验收记录和结论。

(5)如有不符合项,还应包括不符合项处理报告。

6. 质量保证

稳压器设备安装活动的质量等级为 Q1 级,质量保证要求按 HAF003 和 RCC - M A5000 的规定执行。

7. 稳压器试验项目

稳压器的试验项目本体和各单体系统试验,主要有泄压箱试验,安全阀组件功能试验,电加热器试验规程,连续喷雾调节试验,电加热器和喷雾效率试验,压力整定值检查、验证,压力控制通道开环试验,压力控制通道闭环试验,水位整定值,水位控制通道开环试验,水位控制通道闭环试验,螺栓超声检验,焊缝γ射线检验,人孔孔带和焊缝超声检验,内部堆焊层CCTV检验,内部堆焊层闭路电视检验,蒸汽发生器和稳压器接管交贯面超声检验,安全阀组冲洗及压力整定试验等。调试时做好记录,严格按相关规程执行。

### 4.4.6 主回路系统管道安装和焊接

**1. 主回路系统管道**

主回路系统管道包括反应堆主冷却剂管道(热段、冷段、40°弯头、过渡段)和波动管,由3个并联环路构成,每一个环路连接压力容器、蒸汽发生器和主泵,其中一个环路的热段由波动管道与稳压器相连接(图4-56)。

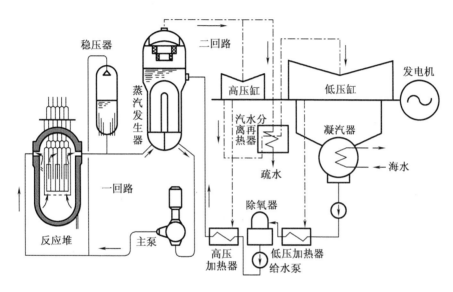

**图4-56 核电厂原理流程图**

主冷却剂管道分为:热段——压力容器至蒸汽发生器的管道;冷段——主泵至压力容器的管道;过渡段——蒸汽发生器至主泵的管道。

主冷却剂管道为大直径、大厚度的超低碳不锈钢管道,由图4-54可知,热段管道与压力容器及40°弯头分别各有1个焊口,40°弯头与蒸汽发生器有2个焊口,过渡段管道与主泵及40°弯头分别各有1个焊口,冷段管道与主泵及压力容器各有1个焊口,每个环路共计8个现场焊口。以大亚湾压水堆核电厂为例,3个环路,总计24个现场焊口。

波动管如图4-57所示。由于波动管为环形管道,根据图4-57可知,波动管道上有A、B、C、D共4个焊缝,加上波动管与热管段和稳压器的焊口,波动管共有6个现场焊口,这些焊口均采用钨极惰性保护焊(TIG)+手工电弧焊(SMAW)焊接方法予以实施。主冷却剂管道、波动管布置及焊口和焊接顺序有明确规定。

主回路系统管道安装焊接工艺流程如下:

主回路系统管道包括:主冷却剂系统管道的热段、冷段、过渡段,以及稳压器与热段相连的波动管。该系统管道施工逻辑性强,必须严格控制主回路系统管道每一个焊口的施工顺序,确保施工质量和进度。

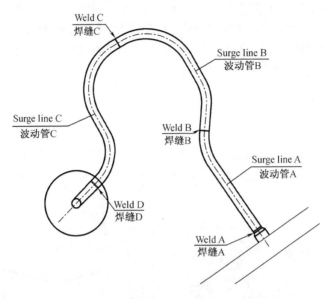

图 4 - 57　波动管

　　每个焊口均采取 2 名焊工对称施焊,采用 TIG + SMAW 组合焊工艺。TIG 焊接时管内壁充氩保护,SMAW 焊缝厚度达到约 15 mm 后,做内表面打磨,100% 焊缝完成后进行外表面打磨。为有效控制焊接过程的焊缝收缩与变形,需在焊接工艺上采取对应措施,还需在施焊过程中随时测量与监控,及时调整工艺措施和施焊顺序,以最终达到安装的技术条件要求。

　　焊接变形监测通常采用布放百分表测量管道的径向位移、预打样冲眼监测管道的纵向收缩变形和测量监控的方法来控制。

　　2. 主回路管道焊接工艺

　　(1)TIG 焊接方法

　　TIG 焊,又称为非熔化极惰性气体钨极保护焊。无论是在人工焊接还是自动焊接 0.5 ~ 4.0 mm 厚的不锈钢时,TIG 焊都是最常用到的焊接方式。用 TIG 焊加填丝的方式常用于压力容器的打底焊接,原因是 TIG 焊接的气密性较好,能降低压力容器焊接时焊缝的气孔。TIG 焊的热源为直流电弧,工作电压为 10 ~ 95 V,但电流可达 600 A。焊机的正确联结方式是工件联结电源的正极,焊炬中的钨极作为负极。惰性气体一般为氩气。

　　TIG 焊施工如图 4 - 58 所示。

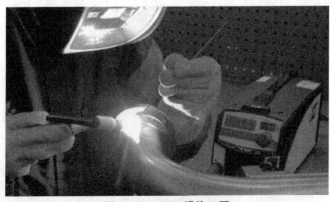

图 4 - 58　TIG 焊施工图

①TIG 焊优点

氩气能有效地隔绝周围空气,其本身不溶于金属,不和金属反应;焊接过程中电弧有自动清除工件表面氧化膜的作用。因此,可成功地焊接易氧化、氮化、化学活泼性强的有色金属、不锈钢和各种合金。

钨极电弧稳定,即使在很小的焊接电流( <10 A)下仍可稳定燃烧,特别适用于薄板、超薄板材料焊接。

热源和填充焊丝可分别控制,因而热输入容易调节,可进行各种位置的焊接,也是实现单面焊双面成形的理想方法。

②TIG 焊缺点

熔深浅,熔敷速度小,生产率较低。

钨极承载电流的能力较差,过大的电流会引起钨极熔化和蒸发,其微粒有可能进入熔池,渣成污染(夹钨)。

惰性气体(氩气、氦气)较贵,和其他电弧焊方法(如手工电弧焊、埋弧焊、二氧化碳气体保护焊等)比较,生产成本较高。

TIG 焊焊接效果如图 4 - 59 所示;TIG 焊焊口效果如图 4 - 60 所示。

图 4 - 59　TIG 焊焊接效果图　　　　　图 4 - 60　TIG 焊焊口效果图

(2)SMAW 焊接方法

SMAW,也就是我们通常所说的"手把焊"。它是通过带药皮的焊条和被焊金属间的电弧将被焊金属加热,从而达到焊接的目的。焊接保护气体是由焊条药皮在加热后分解形成的,这些气体帮助焊剂为电弧周围的熔融金属提供保护。

①SMAW 焊优点

SMAW 是用手工操纵焊条进行焊接工作的,可以进行平焊、立焊、横焊和仰焊等多位置焊接。

另外,由于 SMAW 设备轻便,搬运灵活,可以在任何有电源的地方进行焊接作业。

②SMAW 焊缺点

SMAW 的一个局限性是焊接速度,它受到焊工周期性停止焊接来更换长度为9~18 in 焊条的限制。

另一个缺点是影响生产率的,即焊后焊渣的清理。由图 4 - 61 和图 4 - 62 可知,SMAW 会造成焊口附近有大量焊渣,这为核电厂主管道的清洁造成了影响。

SMAW 施工如图 4 - 61 所示;SMAW 焊接效果如图 4 - 62 所示。

图 4 - 61　SMAW 施工图

图 4 - 62　SMAW 焊接效果图

（3）点焊

点焊通常分为双面点焊和单面点焊两大类。

点焊是一种高速、经济的连接方法,适于制造可以采用搭接、接头但不要求气密、厚度小于 3 mm 的冲压、轧制的薄板构件。它是把焊件在接头处接触面上的个别点焊接起来。点焊要求金属要有较好的塑性。

环缝焊接时,首先将焊缝左右对正、水平找好,将整个焊缝进行一定距离的点焊固定。这种做法的好处使管线平整、焊缝间隙适中,管线在焊接过程中不走样、固定稳固,可提高焊接质量和速度。

点焊施工如图 4 - 63 所示。

图 4 - 63　点焊施工图

（4）坡口

坡口是指焊件的待焊部位加工并装配成的一定几何形状的沟槽。坡口主要是为了焊接工件,保证焊接度,普通情况下用机加工方法加工出的型面,要求不高时也可以气割。根据需要,有 X 形坡口、V 形坡口、U 形坡口等,但大多要求保留一定的钝边。

V 形坡口如图 4 - 64 所示;V 形坡口参数见表 4 - 7。

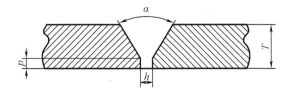

图4-64　V形坡口

表4-7　V形坡口参数

| 厚度/mm | 坡口名称 | 坡口尺寸 | | |
|---|---|---|---|---|
| | | 间隙c/mm | 钝边p/mm | 坡口角度α/° |
| 3~9 | V形坡口 | 0~2 | 0~2 | 65~75 |
| 9~26 | V形坡口 | 0~3 | 0~3 | 55~65 |

X形坡口效果如图4-65所示。

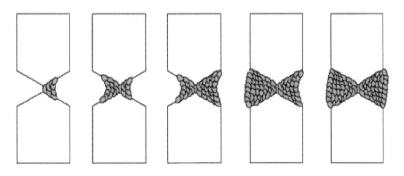

图4-65　X形坡口效果图

3. 主管道接收、装卸及贮存

（1）接收

主管道在现场接收时，安装单位应检查以下内容：

①主管道包括用于制作产品焊接见证件（由于生产过程中，需要进行必要的物理、化学、力学实验，但是这些试样又不能取自产品，往往采用和产品相同的材料，在同样的焊接环境、工艺参数，同样的焊条、焊剂下进行焊接的试件）和焊接工艺评定（为验证所拟定的焊件焊接工艺的正确性或进行焊工能力考核而进行的试验过程及结果评价）的短管与用于现场焊接的焊接材料应附有其制造厂所提供的完整技术资料及出厂合格证书。

②每个管段或管件上的名称和标记应一致。

③每个管段或管件的内、外表面和端部及接管日常端部焊缝坡口应做目视检查，不得有任何损伤。

④每个管段或管件做清洁度检查，不允许有氧化皮、锈迹、油污、擦布的纤维绒毛及其他异物存在。

⑤主管道开箱应在Ⅱ类清洁区域（按《建造阶段现场的清洁和清洁度》的规定）进行。管段或管件经检验后，应将被拆开的包装纸和塑料按原状缠绕，一直保持到安装焊接完毕。

（2）安装环境条件

①建立施工现场清洁区,有专人负责清洁区的清洁工作。

②安装施工区域应无土建交叉作业。

③安装现场具有通风除尘设施。

④现场使用的设备工机具、工装材料应摆放有序,做到文明施工。

（3）装卸

主管道在现场装卸时,安装单位应按《安装阶段设备的起吊和运输》的要求执行,并满足下列要求:

①装卸或吊运主管道的吊具应检验合格并表面清洁。

②禁止主管道与铁素体钢、碳钢直接接触。

③装卸时应对管段两端的坡口采取保护措施,避免装卸时碰伤坡口。装卸应缓慢、平稳地进行。

（4）贮存

主管道的存放应满足《核岛机械设备在安装阶段的存放、保护和保养》的规定。主管道应存放在《建造阶段现场的清洁和清洁度》规定的Ⅱ级存放区。应采取措施,使存放的主管道不得接触碳钢或污染物(按《奥氏体不锈钢的防污染》的规定)。除非进行检查,否则对已做好防护和保养的主管道在存放期间应维持原始状态(尤其是堵塞件应保留在原处)。检查后,应恢复主管道的防护和包装。

4. 主管道安装前的准备

（1）主管道安装位置简述

主管道热段和冷段中心线安装标高约为 8.920 m,过渡段水平管中心线安装标高约为 6.010 m。热段位于反应堆堆坑和蒸汽发生器隔间之间,冷段位于反应堆堆坑和主泵隔间之间,过渡段位于蒸汽发生器和主泵隔间之间。

（2）安装场地

主管道的安装应在Ⅱ级工作区(按《建造阶段现场的清洁和清洁度》的规定)进行。安装场地应有良好的通风、照明、防火及保持主管道清洁的措施。反应堆堆坑、蒸汽发生器和主泵隔间已具备主管道吊运、安装条件。反应堆堆坑、蒸汽发生器和主泵隔间等工作范围已建立清洁区。反应堆压力容器、蒸汽发生器和主泵泵壳吊运就位前,在设备隔间地面上准确画出各主设备的冷、热态中心线,反应堆压力容器进、出口接管中心线,蒸汽发生器进、出口接管中心线及主泵泵壳出口接管中心线的方位线。按划定的方位线设置上下、前后、左右可调节的临时支座。

（3）焊接和无损检验人员要求

承担主管道焊接的焊工或焊接操作工应按照 HAF603 的规定经考核合格,并持有相应的资格证书。无损检验人员应按照 HAF602 的规定经考试合格,且具有相应级别的资格证书。检验人员不低于Ⅰ级,评定人员不低于Ⅱ级。

目前的核安全法规 HAF 共以下 8 个系列:

HAF0xx/yy/zz——通用系列

HAF1xx/yy/zz——核动力厂系列

HAF2xx/yy/zz——研究堆系列

HAF3xx/yy/zz——核燃料循环设施系列

HAF4xx/yy/zz——放射性废物管理系列

HAF5xx/yy/zz——核材料管制系列

HAF6xx/yy/zz——民用核承压设备监督管理系列

HAF7xx/yy/zz——放射性物质运输管理系列

人员要具有以下资格：

①焊工应按 HAF603、0401AT203 的规定经考核合格，并取得相应的资格证书，并在有效期内。

②焊接教练有指导压水堆主管道焊接施工的经验。

③焊接记录人员应熟悉工作内容，能详细记录焊接环境、焊接电参数等内容，并对记录的准确性、完整性负责。

④焊接技术人员具有相应的专业知识，能处理焊接施工过程中遇到的各种技术问题，并及时汇报工作。

⑤焊接外观检查人员具有焊接操作的实际经验或来自无损检验人员，具有 VT Ⅱ 级证，并在有效期内。

⑥无损检验人员具有丰富的无损检验(PT、RT)经验，并取得相应的资格项目证。检验人员、审核人员的资格证不低于 Ⅱ 级。

⑦打磨工能胜任本职工作，并积极配合焊工的作业。

⑧作业区域控制人员能尽职尽责，严格控制与管理出入人员。

(4)接口设备状态

①主管道吊入相应隔间前

反应堆压力容器已安装并最终固定。蒸汽发生器和主泵泵壳及其垂直支承，安装单位已经检查接收。主管道除过渡段水平直管和垂直直管留有现场安装调整余量未加工焊接坡口外，其他各组件端部均已加工好焊接坡口。主管道各段应在反应堆压力容器最终固定后、蒸汽发生器和主泵泵壳吊入相应隔间前吊入各相应隔间。

②主管道焊接前

反应堆压力容器已安装并最终固定。蒸汽发生器和主泵泵壳及其垂直支承已经安装就位。

③安装单位的文件

安装单位应编写相应的安装操作规程、主管道安装方案和程序焊接工艺评定报告等文件。

④安装工具

主管道现场焊接坡口加工设备，焊机及施工用仪器、仪表等。

5. 主管道安装操作

(1)安装步骤

在反应堆压力容器安装就位后，即可进行主管道吊运。吊运前应检查运输通道，消除障碍，确保运输通道畅通，并对管段两端的焊缝坡口采取保护措施，避免吊运时碰伤坡口。

①冷、热段安装

在蒸汽发生器、主泵泵壳吊入相应隔间之前，将主管道各管段组件吊入各环路设备隔间，置于放置了不锈钢薄片的可调节临时支座上。当热段、冷段接近反应堆压力容器进、出口接管时应特别小心，不得使管段端部的坡口与反应堆压力容器的安全端相互碰撞。冷段、热段安置在各环路设备隔间的临时可调支座上后，应采取保护措施把主管道暴露部分盖严，防止污物进入或污染表面。

焊前再次检查冷段、热段内外表面及端部焊接坡口是否擦伤、碰伤及存在异物。主泵、蒸汽发生器下部垂直支承安装后，设备吊入就位。当主泵泵壳定位后，达到预定安装位置的尺寸要求，调整主管道冷段的临时支座，并适当调整主泵泵壳的上下、左右、前后的位置，实现主管道冷段与反应堆压力容器进口接管嘴和主泵出口接管嘴的组对。同样，蒸汽发生器安装就位后，通过调整蒸汽发生器支腿使主管道热段与反应堆压力容器出口接管嘴和蒸汽发生器进口接管嘴实现组对。

主管道在冷段、热段与各主设备组对、点焊及焊接过程中应保持主泵泵壳法兰平面的水平度和蒸汽发生器的垂直度（满足《蒸汽发生器安装技术要求》和《主泵安装技术要求》的规定）。

主管道冷段、热段在与反应堆压力容器进、出口接管嘴、主泵泵壳出口接管嘴及蒸汽发生器入口接管嘴组装时不得强行组对。设备位置可根据设计要求调节。

主管道冷段、热段与各主设备接管嘴的组对、点焊和焊接应符合《主管道自动焊焊接技术条件》的规定。在主管道冷段和热段与各主设备接管嘴的焊接过程中，应保证焊接时焊缝能自由收缩。为了测量焊接过程中的焊缝收缩量，应在管道两端离开端面 150 mm 处的上、下、左、右打上标记作为测量点（满足 RCC – M M 的规定）。测量分以下 5 个阶段进行：

a. 管口组对定位点焊后；

b. 焊缝根部氩弧焊打底后；

c. 焊接高度达到 9 mm 后；

d. 焊接高度达到 30 mm 后；

e. 焊接结束。

两测点长度在焊前、焊后进行测量，其测量结果应记录在完工文件中。

②过渡段安装

当确认冷、热段与主设备组装的焊缝不再收缩时方可进行过渡段的安装。

a. 过渡段 40°弯头与 SG 出口接管嘴的焊接

过渡段 40°弯头一端与蒸汽发生器出口接管嘴组对、焊接。焊接期间，应使该弯头另一端口端面呈水平状态。

b. 实测和计算有关尺寸

当 40°弯头与蒸汽发生器出口接管嘴的组装焊接完工后，即可测量该弯头另一端水平端面至主泵入口接管嘴端面的垂直距离。

测出 40°弯头水平端端面中心至主泵入口接管嘴端面中心之间的水平距离。

利用精密测量仪分别测出 40°弯头水平端端面中心和主泵入口接管嘴端面中心到过渡段的水平管段中心线的垂直距离。

利用精密测量仪分别测出 40°弯头水平端端面和主泵入口接管嘴端面与基准水平面的倾斜度。根据测出的水平距离 Al、垂直高度、端面倾斜度，再考虑现场焊缝收缩量，最终确定过渡段水平直管和垂直直管的现场安装尺寸。

③现场机加工调整段

在施工现场或预制车间内按规定的尺寸加工水平调整管段和垂直调整管段。焊接坡口形状、尺寸应满足主管道设计图纸的要求。加工完的坡口应做液体渗透检验（按《焊接接头液体渗透检验》中 1 级焊缝的规定）。对发现的缺陷必须铲除，对铲除区域，不得引起焊接工艺评定的失效，经检验合格后方可进行过渡段管段组对。

④焊接

在焊接过程中随时检测两个管口之间的长度,焊后的长度应与上述焊前测出的长度相同。经检验合格的过渡段组件与40°弯头水平端、主泵泵壳入口接管嘴进行组装、焊接。

(2)安装清洁和防护要求

由于接管嘴组对、充氢保护密封、焊缝内部修磨、液体渗透检验和射线探伤而需要进入管内时,工作人员应穿洁净的工作服、工作靴,戴上工作帽、工作手套等。随身携带的器械及照明器具不得擦伤管道内表面。严防任何异物残留在管道内污染管道。

(3)安装记录

安装过程中及安装后应对下列参数进行检查并记录:

①所安装的环路的几何长度。

②所安装的过渡段现场长度。

③焊缝收缩量。

④系统设备相对位置。

⑤主管道中心线实际安装标高。

⑥主泵泵壳法兰平面实际水平度。

⑦主泵泵壳实际冷态位置。

⑧蒸汽发生器实际冷态位置。

⑨蒸汽发生器中心线实际垂直度。

主管道焊接作业流程如图4-66所示;波动管焊接作业流程如图4-67所示。

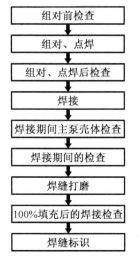

图4-66 主管道焊接作业流程

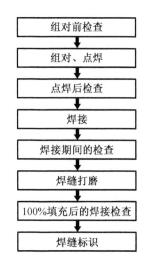

图4-67 波动管焊接作业流程

6.主管道安装验收

(1)安装尺寸检验

对反应堆压力容器、蒸汽发生器和主泵中心距离进行测量,对主管道过渡段尺寸的检验,检测实际安装和设计位置在规定的误差范围内。

(2)无损检验

①表面探伤和射线检测(Radiographic Testing,RT)检验

主管道所有现场焊缝的表面探伤和RT检验应符合《主管道自动焊焊接技术条件》的

规定。

为了便于将现场组装焊缝的检验结果与在役检查的检验结果对照比较,在对主管道所有现场焊缝进行 RT 检验时,应按照规定在管道外表面打上贴片定位用的永久性标记,标记方法不得有损于主管道的质量。

②超声波检测(Ultrasonic Testing,UT)检验

主管道所有现场焊缝的 UT 检验应符合《主管道自动焊超声波检验技术条件》的规定。

7. 主管道清洁度检查

主管道所有现场组装焊缝施焊结束后,应仔细清理焊缝及两侧管道表面的飞溅物,清除表面污染物、污痕及焊缝邻近母材保护层。

管内作业后,应立即检查管内清洁度。如不符合要求,应进行局部清洗,达到原来要求的清洁度。

主管道在安装、焊接、焊缝修磨、无损检验及内部清洗后,即可把各管段外原有的包装纸及塑料包皮缠绕带去掉。对管道外表面做全面清理,不允许有锈迹、油污及纸片和擦布纤维等污染物存在。所有主管道各管段外包装去除后,应对各管段采取保护措施,直至保温材料安装结束。

8. 主管道焊缝修磨与表面粗糙度

主管道所有现场组装焊缝的内外表面都应修磨平整,表面粗糙度 Ra 不超过 6.3 μm。

9. 主管道安装完工报告和合格证书

主管道安装完毕后,应提交包括下列内容的完工报告和合格证书:

(1)各管段、管件内外表面粗糙度检查结果。

(2)各管段、管件内外表面清洁度检查结果及最终清洗的检验分析报告。

(3)焊缝无损检验(VT - 宏观检测、PT - 渗透检测、RT - 射线检测和 UT - 超声波检测等相关检验)报告。

(4)焊接技术文件所要求的全部完工文件。

验收标准:

(1)反应堆冷却管道已 100% 焊接至反应堆冷却剂主泵、蒸汽发生器和压力容器上。

(2)主管道焊缝射线检查 100% 合格。

(3)主管道焊缝液体渗透检查完全合格。

(4)主管道内部清洁度检查完全合格。

(5)主管道回路外形检查完全合格。

(6)标高和水利部件安装平面水平度检查,以及泵壳调整垫片下间隙完全合格。

(7)波动管连接并且焊接至稳压器末端支管至一回路热段。

(8)波动管水压实验完全合格。

(9)波动管焊缝液体渗透检查完全合格。

(10)波动管焊缝射线检查 100% 合格。

(11)检查波动管和主管到现场的焊缝标记满足要求。

(12)波动管倾斜度检查完全合格。

### 4.4.7 堆内构件安装

堆内构件是指在反应堆压力容器内除燃料组件及其相关组件的所有其他结构件,从结

构上可以分为上部构件和下部构件(图4-68)。其用于支撑反应堆核燃料组件,为控制棒束导向和反应堆冷却剂提供流量通道,以及进行流量分配,使一回路冷却剂水均匀通过核燃料组件,同时将核燃料裂变产生的热量带出堆芯,传递给蒸汽发生器。

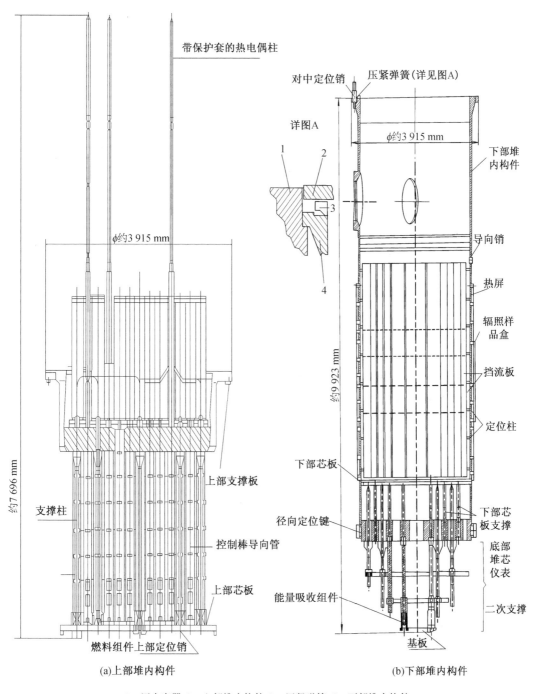

图4-68　堆内构件示意图

1—压力容器;2—上部堆内构件;3—压紧弹簧;4—下部堆内构件。

堆内构件的作用如下：

(1)可靠地支承、压紧和准确地定位燃料组件及其相关组件。

(2)为控制棒提升和下降提供导向，在事故工况下保证控制组件快速插入堆芯。

(3)提供冷却剂流道，引导冷却剂进入堆芯，限制旁通流量和减少泄漏量。

(4)合理分配进入堆芯的冷却剂流量。

(5)降低反应堆压力容器内表面所遭受的快中子注量。

(6)为堆芯测量(包括温度测量和中子注量率测量)部件提供支承和导向。

(7)支承和固定反应堆压力容器材料辐照监督装置。

1.堆内构件的包装、运输与吊装

(1)包装

反应堆的堆内构件重达约150 t，为保证运输安全需设计制造专用的工具，该工具按使用要求需综合考虑运输、起吊、翻身等功能。由于堆内构件尺寸大、精度高，包装的设计有其特殊性。包装装置应能正确地定位、可靠地夹紧产品，防止在包装、存放、吊装、运输过程中可能产生的碰伤、擦伤和变形。由于运输条件限制，吊篮部件采用卧运，因此设计成托架、角架、卡箍和连接柱的定位、夹紧结构形式，并有利翻转。为了防止围板组件和吊篮出水口变形，吊篮筒体内设有内撑。

包装要求：由于堆内构件全部是不锈钢材料，需制定专业的清洗、验收规程，充分考虑包装能否满足防污染、防潮和防海水侵蚀等条件。

(2)运输

堆内构件从制造厂到核电厂，一般要经过陆运和水运，为确保产品的结构完整性，应予以充分重视，严格要求。在运输前，应制定运输方案，对运输方式、运输的线路做出可行性论证，对所有的车辆、船舶和吊装工具等要求进行标定和检查。对运输过程中物品的安放、装拆、吊装、运输、贮存和保管都有具体规定。以保证运输过程中堆内构件的安全。

堆内构件运抵福清核电厂现场如图4-69所示。

图4-69　堆内构件运抵福清核电厂现场

(3)吊装

以大亚湾核电厂为例。大亚湾反应堆上构件直径最大处3 900 mm，高4 200 mm，净重43 t；下构件直径最大处3 900 mm，高9 920 mm，净重81 t，采用滑撬包装，滑撬重40.4 t，下构件吊装总重共计121.5 t。

2. 下部堆内构件

组成结构:下部堆芯支撑组件由吊篮筒体、堆芯下支撑板、堆芯二次支撑、涡流抑制板、堆芯围筒、中子衬垫、径向支撑键及相关附属组件组成。主要用 300 系列奥氏体不锈钢。

支承结构:下部堆芯支撑组件由吊篮筒体、堆芯下支撑板、堆芯二次支撑、涡流抑制板、堆芯围筒、中子衬垫、径向支撑键及相关附属组件组成。主要用 300 系列奥氏体不锈钢。

支撑结构:上法兰座在反应堆压力容器法兰边缘上下端依靠内壁径向支撑系统限制横向移动。径向支撑包括吊篮筒体组件下端定位键,与支撑块相结合,限制吊篮下端转动和位移,但允许径向热膨胀和轴向位移。

堆芯围筒:位于堆芯吊篮筒体内、下部堆芯支撑上面。其构成堆芯径向边界,实现了对流经堆芯的冷却剂的方向和流量的控制,同时作为圆形吊篮到方形燃料组件构成的堆芯边界两者之间的过渡。其置于吊篮筒体下部和堆芯之间,围绕着堆芯形成堆腔。其由成形垂直板组成,板与板之间由垂直段焊接而成,防止来自燃料组件的横向流。

下端支承:通过定位键和压力容器壁上的键槽组成,其中用 U 形支撑块作为支承结构。压力容器内壁上焊有 U 形支撑块,沿周向均匀分布,每个支撑块上安装螺钉连接的键槽型嵌块。组装过程中,当堆内构件放入压力容器时,定位键在轴向与键槽相互配合,通过安装组件的导向柱和导向套实现正确定位。

(1)吊篮组件

吊篮组件是由吊篮法兰、上部筒体、中部筒体、下部筒体、几个出水口管嘴焊接而成,吊篮法兰吊挂在压力容器内壁的凸肩上,其作用是将堆芯下部支承结构的质量及其承受的载荷传递给压力容器内壁的凸肩上。

(2)堆芯围板和辐板组件

在堆芯外侧,安装有围板和固定在吊篮上的辐板。围板从下堆芯板一直延伸到高于燃料组件的位置,将布置燃料组件的区域刚好围住,确定了堆芯燃料区的边界,从而减少从燃料组件以外流过的冷却剂。保证围板准直,保证边缘的燃料组件与围板有 1 mm 水隙。在辐板上开设有若干个流水孔,旁通流量进入吊篮筒体与围板之间,该水层作为反射层,冷却围筒。

(3)热屏蔽组件

热屏蔽组件是四组不锈钢板,每组由上、下两部分构成,通过热屏垫块直接用螺钉连接在靠近堆芯四角的吊篮外壁上,还为辐照样品监督管提供支承。

(4)下堆芯板

下堆芯板置于吊篮下方内侧的扇形支承环上,68 根支承柱(其中有 22 根兼作中子通量仪表的导管)把下堆芯板和堆芯支承板连成一个整体,并把下堆芯板所承受的载荷比较均匀地传递到堆芯支承板,支承柱上端有可调螺母用来调整下堆芯板的平直度。

(5)堆芯支承板

堆芯支承板是一块锻件,加工后的堆芯支承板开有流水孔,使冷却剂能够从下部流进堆芯,有人孔便于装配、调整。通过加工的坡口和吊篮筒体下端焊接,四周通过下部 U 形嵌入件和压力容器连接。

堆内构件下部支撑组件实体图如图 4 - 70 所示。

**图4-70　堆内构件下部支撑组件实体图**

(6)二次支承和仪表套管组件

堆芯二次支承由基础连接板、大小格架板和多个能量吸收装置等组成。基础连接板的外形与压力容器下封头底部形状相似,通过多个能量吸收装置悬挂在堆芯支承板的底面上。中子注量率仪表导管为测量堆芯内中子注量率的仪表导管。

(7)控制棒导向筒

允许控制棒组件包括星形架和吸收棒在其内上下运动,为控制棒组件提供定位和导向。导向筒分上部导向筒和下部导向筒,上部是一个圆筒结构,下部是一个方筒结构。

(8)载荷分配

堆芯结构的自重、燃料组件的预紧力、控制棒动态载荷、水力和地震等引起的垂直加速度向下载荷,由堆芯下支撑板传递给堆芯支承结构,在通过吊篮筒体传递给由压力容器法兰支撑的吊篮筒体法兰,吊篮筒体承受地震加速度、冷却剂横向流和振动引起的横向载荷。由吊篮筒体通过下部径向支撑将载荷分配给压力容器壁和压力容器法兰。燃料组件引起的横向载荷通过与吊篮筒体壁直接连接的堆芯下支撑板和堆芯上板上的燃料组件销传递给吊篮筒体。重中之重:允许吊篮筒体径向和轴向膨胀,但不允许横向移动。

(9)其他板件的安装位置

堆芯下腔室涡流抑制板安装在反应堆下腔室,用于抑制由冷却剂在这里转向而引起的流动涡流。抑制板由堆芯下支撑板上的支撑柱支撑。有的反应堆还有流量分配板,如 AP1000。

(10)流量分配裙

流量分配裙是一个开口圆环被固定在反应堆压力容器的下封头上,但完全位于压力边界内。其焊接固定在压力容器下封头内表面的支撑凸耳上,顶部与堆芯下支撑板的底面垂直方向上留有间隙,以防止在堆芯运行期间和假想的堆芯跌落事故工况下发生接触。该结构使堆芯进口流量分配更加均匀。

(11)接口布置

下部堆内构件置于压力容器凸缘上,上部堆芯支撑结构置于压紧弹簧环的相同位置处。压紧弹簧环置于上支撑板法兰与吊篮筒体法兰之间。固定压力容器顶盖和压力容器上筒体的主螺栓将这两大组件压在一起。下部堆内构件还通过焊接在反应堆压力容器下封头上的4个支撑凸缘。

3.上部堆内构件

（1）构成

由上部支撑、堆芯上板、支撑柱和导向筒组件组成。

（2）支撑柱

支撑柱构成上部支撑板和堆芯上板之间的空间。顶部和底部固定在上板上，并在板间传递机械载荷，部分支撑柱对固定式对内探测器导管起辅助支撑作用。

（3）导向筒

导向筒对控制棒驱动杆和控制棒起到导向和控制作用。导向筒上端固定在上端支撑上，下端通过销钉固定在堆芯上板上，以实现精确定位和支撑。

（4）扁平销

通过吊篮筒体上的扁平销在上部堆芯支撑组件实现正确定位，同时与下部支撑组件配合。4个扁平销均匀地分布在吊篮筒体内堆芯上板安装位置的同一高度上。4个与之配合的嵌块置于堆芯上板的相同位置上。当上支撑部件放入下支撑部件时，嵌块与扁平销相互配合，限制堆芯上板和上部支撑部件的横向位移。

（5）定位销

燃料组件定位销伸出堆芯上板底部，当上部堆芯支撑组件放置到位时，定位销与燃料组件相互配合。定位销和导向系统为下部堆芯支撑组件、上部堆芯支撑组件、燃料组件及控制棒提供精确定位。

（6）压紧弹簧

吊篮筒体上法兰与上部堆芯支撑组件之间的压紧弹性环实现了上、下堆芯支撑组件的预加载。当反应堆压力容器顶盖安装上去后，弹簧压缩到位。

（7）载荷分配

由堆芯自重、地震加速度、水力和燃料组件预紧力产生的垂直方向载荷通过堆芯上板经过支撑柱传递给上部支撑，再传递给反应堆压力容器顶盖。由冷却剂横向流、地震加速度及可能的振动产生的横向载荷通过支撑柱分配给上部支撑和堆芯上板。由于上支撑板刚度足够大，使得变形量达到最小。

4.堆内构件安装先决条件检查

通过监督检查，需确认人员配员情况、安装机具和耗材情况、待安装的堆内构件情况、文件情况、施工环境和条件等。

（1）人员配备

各类施工人员齐全，数量满足作业要求，职责明确，组织分工合理。

施工人员应经过培训、考核，并获得授权；起重工、电工、焊工、机动车辆驾驶员、登高架设作业人员等特种作业人员应取得相应的特种作业操作证；核设备焊工和无损检验人员应根据HAF602、HAF603的规定，取得相应的资质证书，并在有效期内。

施工人员应具有堆内构件安装工作经验，或经技术人员的技术交底后，能充分了解操作步骤及要求。

（2）安装机具和耗材

堆内构件安装所需的经纬仪、水平仪、光学对中准直仪、专用量具、力矩扳手、丝锥、钻头、塞尺、纤维内窥镜、外径千分尺、起重用具、脚手架等已全部到位，所使用安装机具的型号、规格、工作能力范围、精度等符合安装作业规程规定的要求，处于可用状态，且标识完整。

计量器具的精度、量程符合安装作业规程的要求,检定合格并在有效期内。

各种耗材(润滑油、水砂纸、渗透剂、清洗剂等)已备,且质量证明文件齐全。

(3)待安装的堆内构件

堆内构件的开箱检查工作已完成。上、下堆内构件安放在各自的支撑架上,且采取了必要的保护措施,以防止污染和损坏。

(4)文件

对于堆内构件的安装,安装单位编制了用于全过程指导的堆内构件安装作业规程,该规程的内容完整;又编制了质量计划,CNPE对该质量计划进行了认可,并设置了质量控制点。堆内构件的安装图纸、技术条件,以及堆内构件安装作业规程等作业依据文件已按程序要求分发,并对作业人员进行了技术交底。

(5)施工环境和条件

反应堆压力容器已就位并验收合格,确认容器内清洁度符合要求。对堆腔中的平台,用胶合板或木板进行了保护。安装用临时设施(脚手架、工作平台、防护网等)准备完毕。安装工作区域清理完毕,达到 RCC—M F6000 规定的 Ⅰ 级工作区要求。安装现场照明充足。CNPE 和安装单位已完成了主管道安装先决条件检查工作,并在质量计划上进行了签署。

5. 堆内构件安装

堆内构件安装工艺流程如图 4-71 所示。

下面以 CPR1000 堆内构件安装为例,对各主要安装步骤进行阐述。

(1)下部堆内构件安装准备

①在压力容器镶块的准备工作完成之后,拆除压力容器镶块钻孔专用夹具及临时工作平台。

②下部堆内构件引入到反应堆厂房后,拆除运输用内外部保护装置,在下部堆内构件法兰上安装相旋转锁紧插件,紧固到力矩 380~480 N·m。

③对下部堆内构件存放架支座进行最终调整,同时在下部堆内构件位于存放架上时,检查其上法兰水平度。

④测量堆芯内腔尺寸和围板之间的间隙,检查下部堆芯板上模板和围板间的间隙,要求值范围为 [0.15, 2.43] mm;

⑤压力容器径向支承块定位支撑面的测量、检查,径向支撑块准备。

堆内构件存放架如图 4-72 所示。

(2)下部堆内构件的安装

①下部堆内构件第一次插入压力容器

a. 将基板置于压力容器底部,注意方位正确。

b. 通过堆内构件吊具与下部堆内构件相连接,稍稍提升下部堆内构件,以便检查堆芯吊篮上部法兰的水平度。下部堆内构件悬挂在堆内构件吊具下时直接测量其上法兰水平度不方便,可以通过测量下支撑板下表面的水平度获得,调整水平度至满足。

c. 对下部堆内构件 0°、90°、180°、270° 轴线方位进行确认,将下部堆内构件移动,下降至与压力容器上法兰面基本平齐。测量压力容器上法兰面内壁与径向键的间隙,通过环吊行走进行调整使间隙均化,完成下部堆内构件与压力容器的初步对中。

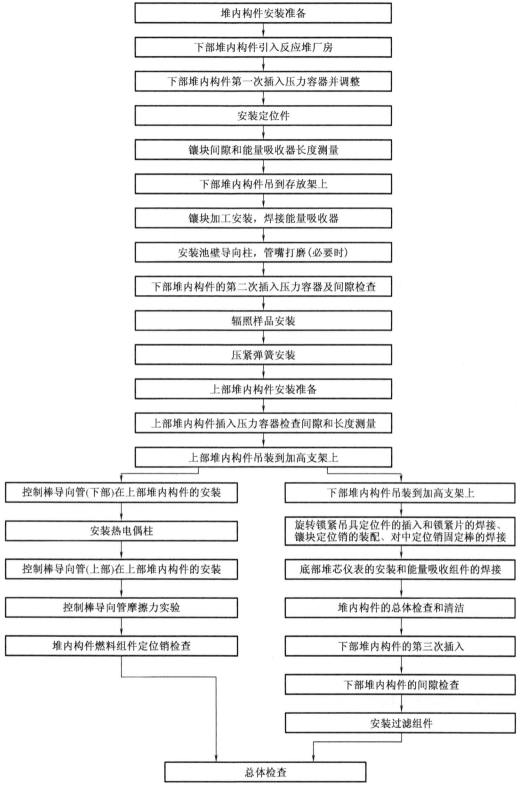

**图 4-71　堆内构件安装工艺流程**

图4-72　堆内构件存放架

d. 继续下降,将下部堆内构件装入压力容器内,注意观察、记录测力计读数,当载荷变化超过2 500 N时停止吊装,待查明原因、排除故障后再继续操作。

e. 安排至少4个操作人员站在压力容器0°、90°、180°、270°轴线方位,依次仔细观察径向键、热屏蔽、辐照监督管座、管嘴与压力容器的间隙,防止擦伤。

f. 堆内构件降至合适高度时,稍稍停止堆内构件的下落,确认辐照样品督管座专用检查规在辐照样品督管座中滑入、滑出时无摩擦或卡塞,继续缓慢下落下部堆内构件,直到下部堆内构件上法兰坐到压力容器支撑法兰上。

g. 进行堆内构件的精确对中(径向对中:在3个出口管嘴结合面处均布12个点测量管嘴径向间隙,分析调整堆内构件使间隙均化;角向对中:调整堆内构件,使其对中定位销,即四位一体定位销可以插入安装)。

h. 在指定位置测量压力容器径向支承块与堆内构件径向支承键之间的距离,计算、确定镶块插件厚度以便加工镶块插件。

i. 调整基板位置及水平,测量基板与下部堆芯支撑板的距离,同时计算、确定能量吸收组件长度,加工能量吸收组件。

j. 吊出下部堆内构件,置于下部堆内构件存放架上,同时取出基板。

②下部堆内构件放置在存放架后的操作

a. 能量吸收组件的焊接:能量吸收组件清洁与组对完成后进行焊接。

b. 管嘴打磨:在管嘴间隙测量值小于要求的最小值1.9 mm时,有必要对堆芯吊篮管嘴外弧面进行打磨,完成之后用专用圆弧规检查管嘴圆弧,同时打磨后的区域的表面粗糙度应符合要求,必要时,再次将下部堆内构件装入压力容器内,进行对中,复测管嘴间隙。

c. 镶块插件的安装:在压力容器径向支承块上安装镶块插件,检查确认支承接触面不小于75%,必要时研磨镶块插件内表面,检查接触面的间隙,不应大于0.04 mm。

③下部堆内构件第二次插入到压力容器

a. 将下部堆内构件吊具与堆内构件相连接,将下部堆内构件落入压力容器内,记录摩擦力,如果摩擦力超过2 500 N则停止下落,待查明原因、排除故障后再继续操作(此安装阶段可以安装辐照样品件)。

b. 测量下部堆内构件径向支承键与镶块插件支撑面之间的间隙(理论切向间隙为0.25 mm,且侧向间隙的变化量从顶部到底部不大于0.13 mm;理论径向间隙最小4 mm,最大 4.5 mm)。

④安装压紧弹簧

用专用吊环将压紧弹簧吊起,并就位到下部堆内构件上的法兰上,测量压力容器与压紧弹簧上表面的距离,并记录测量值。同时需测量下部堆内构件上的法兰与压力容器内壁之间的间隙,满足要求为 5.33 ± 1 mm。

(3)上部堆内构件安装

①上部堆内构件准备

a. 上部堆内构件引入到反应堆厂房之后,在上部堆内构件上的法兰上安装旋转锁紧插件,紧固到力矩要求,通过吊具就位到其存放架上,同时保持存放架上的法兰的水平度。

b. 堆内构件吊具上的三个导向套托架安装完成后,调整并锁定上部堆内构件存放架上的 4 个定位块与 3 个导向柱,并将堆内构件吊具与上部堆内构件连接。

②上部堆内构件插入压力容器

a. 在下部堆内构件内布置木支撑与临时工作平台,将上部堆内构件装入压力容器内,注意观察、记录测力计读数,如测力计上的摩擦力超过 2 500 N 时停止吊装,待查明原因、排除故障后再继续操作。

b. 测量四位一体定位销与上部堆内构件法兰缺槽之间的间隙,测量压力容器主密封面与上部堆内构件法兰上表面之间的距离,同时测量上部堆内构件法兰与压力容器内壁之间的间隙,测量堆芯吊篮导向销与上堆芯板插件之间的间隙,满足测量结果在规定的范围之内。

c. 检查堆芯围板与模板之间的间隙,要求值范围为 $[0.15, 2.43]$ mm,所有测量工作完成之后,在上部堆内构件存放架上安装加高支架。

③上部堆内构件置于装有加高支撑架的存放架上

上部堆内构件置于装有加高支撑架的存放架上,安装下部控制棒导向管、热电偶柱、上部控制棒导向管,用模板检查上部堆芯板燃料组件定位销的间距上燃料定位销的间距,检查所有控制棒导向管,并用压力 0.5~1 MPa 的 A 级除盐水全面清洗上部堆内构件。

(4)下部堆内构件的第三次装入压力容器的准备

①下部堆内构件安装在存放架加高支架上

a. 安装旋转锁紧插件锁紧杆:紧固旋转锁紧插件并检查紧固力矩值,焊接锁紧杆。

b. 焊接对中定位销螺栓锁紧杆:按要求紧固对中定位销螺栓并检查紧固力矩值,焊接螺栓锁紧杆。

c. 焊接流量管嘴:在堆芯吊篮法兰上安装 24 个流量管嘴,并对焊缝进行目视检查。

d. 安装底部仪表柱及堆芯二次支撑组件:组装底部仪表柱、基板与能量吸收组件等,将基板焊接到能量吸收组件上,并对焊缝进行目视检验。

e. 下部堆内构件的全面检查及清洁:清除所有的粘胶带、油、脂、手指印等,拆除临时平台,用压力 0.5~1 MP 的 A 级除盐水清洗堆内构件组件。

②安装镶块插件定位销

a. 在压力容器镶块上加工 4 个 $\phi22$ mm、深度 71.4 mm 的光孔,逐步铰孔到 24~25 mm 之间,测量销孔直径 $D$,并加工销孔直径 $D$,以保证要求的紧固力。

b. 将定位销置于液氮中充分冷却,之后将定位销装入镶块插件上的对应销孔中,然后用特制铜棒敲击并确认定位销外端沉入镶块插件外表面 3 ± 0.7 mm,焊接螺栓锁紧杆、定位销。

（5）下部堆内构件第三次插入压力容器

a. 安装 6 个辐照样品盒堵头，通过吊具与下部堆内构件连接，缓慢将其吊入压力容器中，同时再次检查记录载荷与摩擦力，如果摩擦力超过 2 500 N，停止下降操作，待查明原因、排除故障后再继续操作。

b. 测量基板和压力容器间的间隙 $D$（理论值 $D = 26.9$ mm），记录测量值，同时在可及的位置，用专用检查规检查仪表柱与压力容器贯穿件的同心度，专用规必须能够（在仪表柱内、压力容器贯穿件外）无摩擦地自由转动，吊出下部堆内构件，并将其放置在不带加高支承架的下部堆内构件存放架上。

c. 安装人孔盖板，紧固螺栓至紧固力矩，拆除下部堆芯板的燃料组件定位销保护帽，用模板检查下部堆芯板上燃料定位销的间距，同时安装下部堆芯板过滤组件。

6. 堆内构件安装的监督

在堆内构件安装作业开始前，对开展堆内构件安装工作所需的人、机、料、法、环进行检查，确认满足相应的技术和质保要求。

（1）必须按照规定的要求，对核电厂的设计、制造、建造、试验、调试和运行中所使用的影响质量的工艺过程予以控制。当所达到的质量取决于所使用的工艺过程，且不能通过对成品的检查来验证时（例如在焊接、热处理和无损检验中使用的工艺），必须根据有关的规范、标准、技术规格书、准则的要求或其他特殊要求，制定一些措施并形成文件，以保证这些工艺由合格的人员按照认可的程序和使用合格的设备，按现有标准来完成。

（2）必须对保证质量所必需的每一个工作步骤都进行检查。对安全重要物项或活动的检查必须由未被检查活动的人员进行。

（3）如果不能对已加工的物项进行检查或要求附加的工艺监视，大纲必须规定间接控制措施，例如通过对加工方法、设备和人员的监视等。当检查和工艺监视缺一时就不能充分控制，因此必须同时进行检查和工艺监视。

（4）主管道安装结束后，应对安装"完工状态"进行检查，确认满足技术条件和作业规程的要求。

# 4.5 辅助管道安装

核岛辅助管道安装在核岛安装工程中占有重要地位，包括核岛厂房及其他厂房的辅助管道和主蒸汽管道、给水管道的安装，囊括了除主回路管道和仪表管道，所有的 RCC – M 级别和非 RCC – M 级别管道及相应支架的安装，占核岛安装工程总量的 38.2%。施工范围几乎遍布核岛及相应厂房的每个区域和房间。核电厂辅助管道安装质量的好坏，直接影响到系统调试的顺利进行和电站运行的使用寿命。

在实际施工过程中，由于核岛辅助管道安装工程量大、工期长、施工难度大、工序复杂、接口众多、施工条件困难、质量要求高、系统回路多等，需要良好的技术，才能够完成，确保核岛安装工程施工质量，保证核电运行安全。在所有管道工程中，支架安装、管道焊接连接、管道法兰连接和阀门安装是重要环节，需要严格管理，强化控制。核岛辅助管道安装可分为支架安装、管道安装和阀门安装三大部分。

### 4.5.1　支架安装

核岛辅助管道支架数量多,近 4 万个,质量大,总质量约 2 000 t,最大的支架质量达 20 t 以上。核岛辅助管道安装是从支架安装开始的,有的支架需在冷态功能试验后、热态功能试验前安装,才能最终调整完成,历时近 30 个月。

核电厂支架按照不同的标准有不同的分级方式,以台山一期核电厂核岛副主管道的支架为例,其按照法国 RCC – M 标准,将支架质量等级分为 Q1、Q2、Q3 和 NC,支架级别分为 S1、S2 级。

支架的级别和被支承设备级别相关联,具体可分为:

S1 级支架:支承 1 级设备或部件;

S2 级支架:支承 2 级、3 级或 NC 级设备或部件。

当两个或两个以上设备共用一个支架时,支架按照级别最高的那个设备定级。

支架的安装阶段可分为两个不同阶段:第一阶段和第二阶段,对应于这两个阶段的支架称之为第一级支架和第二级支架。

第一级支架:指固定到土建钢结构或混凝土结构上的固定部件和辅助钢结构架。对于不同支架形式,一级支架的组成也不同。如,对于悬臂梁式支架,一级支架包括基板和悬臂梁;对于吊架,一级支架包括基板和吊耳。

第二级支架:指实现特定功能的部分。其对于管道有五种主要功能,即固定功能、限位功能、导向功能、可变和恒定负荷支承功能、减震功能。还包括管道限位和固定部件、中间支承件。管道限位和固定部件包括弯管托(耳轴)、导向部件、支架限位部件、U 形管卡、管夹、拉杆、弹簧箱等;中间支承部件包括环吊螺母、花兰螺栓、U 形连接器、吊杆、吊架横担梁等。不同支架类型如图 4 – 73 所示。

图 4 – 73　不同支架类型

支架安装过程中注意的事项:

当第一级支架为梁型结构件时,应在安装管道之前进行安装,这些支架可用于管道的吊装和安装,但不能在其上焊接临时吊耳,也不能吊装比其支承管道重的物品。当第一级支架或第一级支架的构建安装对管道安装或对第二级支架安装质量有影响时,应滞后安装。除缓冲器和弹簧箱外,第二级支架部件的安装和调整在管道的安装或调整中或之后进行。

支架安装建议顺序(台山一期):

(1)放线:标出管道的位置(中心线),满足相关设计要求。

(2)标出支架位置:根据等轴图和支架图标出支架位置。

(3)安装支架:在支架安装中为保证可调性,不能满焊所有接头,对部分接头进行点焊。

(4)管道安装:将管道调整到位。

(5)支架的最终焊接:将支架进行调整合适后,由固定支架开始对支架进行焊接。

### 4.5.2　管道安装

核岛各类辅助管道安装按照不同的区域和用途可分成不锈钢管道、碳钢管道、铜管、衬胶管道、钢芯混凝土管道、玻璃钢管道的安装。焊口约 103 500 个(包括 RCC - M 1 级焊口),法兰连接口约 7 050 个。

辅助管道安装的基本工序:

检查先决条件(图纸、程序、控制文件、工作文件清单、安装物项领取等)→放线(管道或支架和厂房内支架预埋板位置检查)→一阶段支架就位或安装→管段和部件或模拟件就位、组装(包括管内清洁检查)→二阶段支架就位→管段焊接或其他形式连接及调整→二阶段支架调整(支架限位件安装)→重力水或高压水冲洗→完善试压回路(保留项目除外)→回路符合性检查(包括质保数据包文件)→试验→回路恢复和完善→移交(包括交工资料)。

### 4.5.3　阀门安装

阀门种类多,供应商多;数量多,约 14 000 个阀门;核岛房间多,设计紧凑,阀门布置密集且定位严格;分级复杂,阀门本身的设计、制造、搬运、安装、调整及维修都有不同的要求;除按其结构和功能分类,还按阀门的供应商分类。阀门的安装、调整和维修都必须遵循厂家提供的运行维护手册;为了防辐射和操作的方便,设计了 412 套不同类型的远程控制机构;供应商配备了大量的阀门吊装运输、安装、维修、调整和实验的工机具;机构专门化,为了达到核电厂阀门的安装、调整、维修的技术要求,必须建立阀门的专业化队伍(安装过程中专门设置有阀门分队)。

阀门安装前应核对其型号、规格、材质、位号、标识是否符合设计文件要求。阀门应进行强度试验和密封性试验,其压盖螺栓应留有调节余量。带有电(气)动装置的阀门在吊装运输过程中应注意保护。不同的阀门安装时应采用不同的安装方法,如,软密封阀门焊接时应用感温纸或测温计测量并控制阀体温度及层间温度,防止过热破坏密封面。阀门安装方向必须与介质流动方向一致,手动阀门的手柄安装要便于操作,严格依据阀门供应商的图纸、文件安装阀门。阀门的阀体、阀盖连接处密封力矩值必须达到,不能过小,也不能过大。按供货商指南安装远距离控制阀、附件、控制盘、电动控制机构。

# 4.6　电气仪控系统安装

电气仪控系统安装主要工作范围分为以下六个部分：

1. 电缆路径安装

主、次电缆托盘支架及金属构件的现场预制、安装，主、次托盘及其盖板的安装，阻火墙的安装和封堵，机械保护件的安装，保护通道隔离件安装，电气防火保护安装等。

2. 接地系统安装

电气接地、电子接地等的安装。

3. 电气设备安装

电气柜、开关盘、控制柜、蓄电池等的安装，设备内部接线、电气部件（开关、按钮、指示灯、记录仪、电源模件等）的安装，以及电气连接箱盒的预制、装配和安装等。

4. 电缆工程

电缆敷设，绝缘检查，终端制作与连接，对线检查和耐压试验等。

5. 火警探测、照明、通信系统（简称 IED）安装

镀锌钢管、各种穿线盒、灯具吊杆、灯具安装配件等的安装。

6. 仪表安装工作

仪表框架、仪表管支架的现场预制和安装，仪表管的焊接，射线检查，水压和气压试验，仪表、设备及仪表控制阀的安装等。

# 第 5 章　项目施工管理与验收

## 5.1　现场施工阶段总体协调与管理

### 5.1.1　施工阶段所管辖的工程范围

从施工管理的连续性和完整性角度看,现场施工阶段应该包括前期土石方工程、海域工程和场地平整,这些土建工程的管理与常规电厂建设管理基本相同,而核电厂主体工程的建筑及安装工程施工,尤其是核岛的建筑及安装工程施工管理,具有一定特点,是核电厂建造中施工阶段的工作重点。

施工阶段管辖的工程范围按工程性质可分为如下几类:

(1)土石方工程和现场场地平整,包括护坡和截洪、排洪沟等。

(2)海域工程(滨海核电厂),包括取排水构筑物、防波堤、护岸、码头等。

(3)电厂辅助建筑工程,包括办公楼、水厂、水库、道路、宿舍楼等。

(4)核电厂主体土建工程,包括核岛、常规岛和 BOP 厂房。

(5)核电厂主体安装工程,包括核岛、常规岛和 BOP 厂房内的机电设备安装。

### 5.1.2　现场施工管理的组织

在核电厂建造过程中如何管理现场施工,在国际原子能机构的规范和文件中及我国国家核安全局颁发的《重要核设备安全监督管理条例》中并无详细描述或具体的规定。世界上核电机组建得最多的美国,业主对核电厂建造中的施工管理模式也不尽相同;而国内田湾核电厂、秦山二期核电厂和岭澳一期核电厂,其建造过程中业主确定的管理模式也各有特色,现场施工管理及组织方式的差异主要取决于业主、工程(管理)公司或工程监理公司的分工,以及业主要求跟踪监督的深度。

某核电工程现场施工管理机构实例如图 5-1 所示。

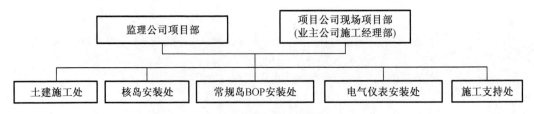

**图 5-1　某核电工程现场施工管理机构实例**

由图 5-1 可见,该工程的现场施工管理按专业组织进行,土建施工处对口主体工程施工承包商,核岛安装处和常规岛 BOP 安装处分别对口上述两个安装承包商,电气仪表安装处负责全部电气仪表安装跟踪监督,而施工支持处则负责焊接、油漆、钝化、工程测量等方面的监管。对于主体工程以外的工程施工,由业主委托其他专业性的工程监理公司进行监理。

国内核电厂的建设已经历了20余年,由于建造数量较少,总体上仍处于起步阶段,以往的经验尚未形成一套完全规范化的现场施工管理模式。随着核电的发展,建造技术的日臻成熟,工程管理(或监理)公司监管经验的积累,结合中外发展特色的施工管理模式必将形成。

### 5.1.3　现场施工管理的职责范围

现场施工项目的招标书技术准备、参与现场施工项目的招投标和合同谈判及签约等系列工作可以纳入现场施工管理的范围,也可以交由其他部门负责,但所有现场施工合同的执行则肯定是项目公司现场项目经理部的主要任务。

对现场施工承包商管理的主要职责范围如下:

(1)制定施工现场各类管理程序并分发承包商,监督执行、落实。

(2)协调、催促施工图纸与相关设备的供应。

(3)监督施工承包商内部组织管理的有效性。

(4)负责施工质量的检查与验收。

(5)负责施工合同的进度管理,监督、跟踪三级进度计划的落实。

(6)负责主体工程施工、安装合同间的接口协调。

(7)负责施工过程中不符合项现场设计变更处理的技术协调。

(8)负责所有安装工程和调试活动之间的计划和技术协调。

(9)负责施工现场的安全和环境的全面管理与监督。

(10)参与施工合同商务事务中相关技术问题的处理等。

(11)协助业主进行各厂房、系统的移交和最终竣工验收。

### 5.1.4　监督施工合同商内部组织管理的有效性

在核电厂建造中业主对施工合同商的监管力度,主要取决于三个方面:施工合同的技术含量、业主的管理能力及施工合同商的经验和能力。

业主对核电厂主体施工合同的管理,除了要组织专项的施工组织设计审查,合同签订后至施工正式开工前的6～12个月的施工准备期也需给予高度关注。主要监督内容如下:

(1)人力动员计划的编制和审查,主要是关键岗位工程技术人员和技术工人的配置来源。

(2)各类人员培训计划的编制和实施,严格执行持证上岗制度。

(3)施工机具采购计划的编制和实施。

(4)施工合同商自行采购的永久性消耗品和施工物资采购计划的编制和实施。

(5)工作临建和生活临建的准备。

(6)施工合同商质量保证大纲的准备。

(7)施工合同商内部管理程序、外部接口程序的编制和有效执行。

(8)施工合同商内部管理体系运作的有效性。

### 5.1.5 现场施工阶段的总体协调

现场施工阶段的总体协调是指业主的施工经理部对施工合同商的垂直、纵向的工程协调管理,对不同的施工合同和施工合同商,尽管其合同内容不同、技术要求也不同,但对施工合同商的管理原则和协调机制是基本相同的。纵向的工程协调管理通常以每周、月度协调会议和会议纪要的形式来实现。

对于跨承包商和跨专业的工作事项的协调,通常要组织专项工作协调会。这些专项协调会通常是现场施工经理部组织的,相关的施工合同商需派领导和主管工程师参加,如:

(1)大件吊装委员会。

(2)施工组织设计审查会。

(3)冷试协调委员会。

(4)环吊使用协调周会。

(5)安装和土建施工接口协调周会。

(6)工程管理软件审查会。

以环吊使用协调周会为例,在反应堆厂房内,可能有一家土建合同商和两家安装合同商在施工,都要使用环吊,各施工单位的起重作业时间重叠较多。为此,由项目公司来主持召开环吊使用协调周会,以书面会议纪要的形式来确认各施工合同商的环吊使用窗口时间计划。必要时环吊进行两班倒作业,以确保施工的需要。由此可见协调工作的重要性。

# 5.2 项目施工管理

项目施工管理是项目管理公司受业主委托,为项目业主提供重要业务与服务范围,代表业主对整个核电工程项目施工实施阶段在质量、进度、投资、技术、安全、环境等方面进行的全面监督、协调与管理,不但要承担核电工程建设施工监理的全部责任与义务,而且对核电项目的现场实施负总体责任,负责管理、协调,以及除了调试启动与生产准备,施工现场所有参与施工承包商的一切活动。

### 5.2.1 项目施工管理的准备工作

1. 承包商的选择

(1)资质与经验的要求

核电厂的建设要求选择有相关土建施工、设备安装的承包商来完成,故首先要从质量保证、技术、商务三方面对潜在投标商资格进行独立评审。质量保证方面评审投标商的质量保证体系及其贯彻执行情况等;技术方面主要评审投标商的技术能力、同类工程业绩、保养维修服务等;商务方面评审投标商的财务状况、商业信誉等。任何一方面评审为不合格者,则取消该投标商资格。

(2)择优选择承包商

由于核电厂在我国的建设仅仅经历了20多年,并未如建筑行业中常规工程具有非常庞大的建设队伍和技术力量,所以对满足核电工程建设质保与相关资质要求的承包商数量有限。鉴于核电厂工程有核安全要求,并具有复杂性和技术密集性等特点,所以,有核电工程施工相关经验的承包商往往优先被邀请参与建筑与安装工程投标。按照建设工程招投标法的要求,通过公平、公正、公开的评标原则,选择信誉优良、质保体系完善、技术力量雄厚、投标价格合理、有核电工程施工经验的建筑与安装承包商。

（3）分包商的选择

核电厂的建筑与安装工程需要土建,安装承包商需采购大量的设备、砂石、水泥、钢材、各种材质的管道、电缆和各类小型工器具,这些设备和材料的选择与核电厂工程的安全、质量有直接关系。因此,承包商的分包供应商同样必须按照核电厂质量保证体系要求,做资格预审和原地考察,通过招评标办法,择优选取有过核电工程供货经验、产品质量优良的分包供应商。

2. 施工组织设计评审

施工承包商在开工前编制详细的施工组织设计,施工管理部门组织有经验的各方专家进行评估审查,重点检查承包商的质量保证（quality assurance,QA）与质量控制（quality control,QC）的有效性,人力配备与培训、设备机具动员情况,材料采购准备情况,生活、生产临建的规划与建设准备情况,安全管理与控制的有效性和施工三级进度编排的合理性等。

例如,在核岛安装开工前,施工管理部门要求承包商编制施工组织设计文件,包括《综合工程管理》《技术管理》《质量管理》《典型施工方法》和《大型设备吊装运输》等,全面阐述施工组织设计说明、工程概况、工程组织、人力动员及培训、工程计划及报告、施工管理计算机网络系统、工程技术及协调、工程难点分析及措施、工程分包及管理、自主化施工、现场临建工程计划及安排、安全与保卫等。通过有国内核电主管部门和国内有关单位参加的施工组织设计审查会议提出的中肯意见,承包商对施工组织设计进行补充与完善后实施。

此外,当承包商在执行合同过程中出现困难和问题时,同样采用评估会的形式,在承包商自评估的基础上,双方工作层经过充分讨论,找出当前存在的薄弱环节,并提出相应的纠正措施。在经由施工管理与承包商双方高层领导参加的会议上,听取工作层汇报,对存在的分歧或不同意见,经过讨论,做出决定,会后认真贯彻执行。

### 5.2.2　施工管理控制体系

在工程项目管理中经常提到质量、进度和投资三大控制。但是,在核电厂工程的项目施工管理过程中,必须把技术和安全环境也提到与三大控制一样的高度来认识和实施。上述五大控制必须贯穿于核电工程项目实施的始终,特别应重视过程控制。

1. 质量控制

（1）质量控制体系

按照国家核安全法规的要求,项目管理公司需要代表业主公司编制《质量保证大纲》,建立整个工程建设的质量保证体系。根据质量保证大纲的要求,质量控制要贯穿到设计、制造、施工及调试等全过程,而施工阶段更是质量控制的重要环节。

因此,在核电厂建安实施阶段,项目施工管理必须建立一整套质量保证与质量控制体系。通过合同条款,要求建安承包商制定并严格执行一级 QA、二级 QC 制度,同时进行监督、检查,以确保其运作的有效性。所以,核电厂建安阶段的质量保证、监督体系通常包含政府监督、代表业主的项目管理公司质量保证、施工管理质量控制与承包商质量保证、施工承包商质量控制等四个层次。

质量控制体系的分级控制如下:

第一级——国家核安全当局(NNSA)派出机构的核安全监督体系。

第二级——项目管理公司(代表业主)的质量保证体系。

第三级——施工管理部的质量控制体系与承包商的质量保证体系。

第四级——承包商现场施工二级质量控制体系。

分级控制体系由高至低实行金字塔式逐级控制。

(2)质量控制的重点

按照施工阶段质量控制原理,必须实施事前、事中与事后控制,重点是事前控制。例如,在合同框架条件下,以高标准、严要求的原则合理设定施工质量控制指标——土建施工要求钢筋、混凝土试验合格率为100%;安全壳钢衬里、不锈钢衬里焊接射线检查一次合格率分别为95%和90%以上,二次返修合格率为100%;安装工程物项的一次合格率为95%以上,二次返修合格率为100%;重要物项安装一次合格率要求为100%。

为实现上述质量目标,必须严格施工组织设计审查,施工管理部门与承包商共同对工程的复杂性做出充分的估计,对可能出现的困难与风险进行反复预测,通过广泛的研究逐一确定施工组织与施工方案,它是在合同基础上对工程顺利实施提供的一个有力保障。

项目管理公司要组织足够人力对施工、安装过程进行全面跟踪,及时审查重要物项施工方案、工作程序与质量计划,及时处理施工承包商提出的设计变更要求与不符合项报告,协调解决措施,及时审核承包商提交的竣工图纸及相应报告,组织业主生产部门进行联合检查,明确遗留项的清理,签署最终验收意见,进行厂房、系统及相应竣工图纸、文件的最终移交。

2. 进度控制

为保证进度计划的按期实现,对进度计划执行提前检查,有预见性、主动地事前控制更加有效。通常提前3个月以上,分析6个月滚动计划安排的施工所需要的设备材料、施工图纸、场地条件是否存在问题,及早催交或采取应变措施,尽量避免赶工措施。

(1)多级计划,分级控制

核电厂工程通常实施六级进度计划体系,重要工程活动设定里程碑控制点,实行分级负责、管理与控制。整个进度计划包括前期准备、设计、设备定购、土建施工、安装施工、调试启动直到生产运行各个阶段。

工程一级进度为项目总进度,主要包括设备制造与供应、土建施工、安装施工和调试启动直到商业运行等方面的重要活动内容,是项目业主关注并控制的计划。

工程二级进度为现场各承包商之间和调试启动之间的接口协调进度,它包含所有关于土建与安装、安装与调试之间交接完成时间,明确上下游之间的逻辑关系,是项目管理公司执行并控制的计划。

工程三级进度为土建或安装承包商的施工活动计划,其编制依据是二级计划,也是合同计划,施工管理部门必须严格管理、控制三级计划。

工程四~六级计划分别为承包商施工的6个月滚动计划、月计划和周计划。此外,根据现场施工的实际情况,需要编制各种专题计划。所有这些计划必须服从上游三级计划。

(2)施工进度控制

施工管理部主要负责三~六级进度计划的管理与控制,通常要在合同中明确规定适用的工程进度计划文件。承包商必须编制和执行三~六级进度,通过采用工程量和支付里程碑控制进度,适当规定关键日期和违约罚款等级。与此同时,实行关键日期和违约罚金制度,根据建安合同工作范围,选择有重要意义和关键路径上的进度目标作为合同关键日期,规定延误罚款等级,越是关键和重要目标,惩罚越重。

对承包商实行工程款支付与里程碑挂钩。合同里程碑支付:在合同中规定每月或每季度必须完成的重要施工项目作为合同支付的考核依据。如核岛土建合同达1 000多项、常规岛土建约500项、核岛安装近1 000项、常规岛安装300多项、辅助厂房安装近400项合同里程碑。

施工、安装承包商要建立施工材料准备和供应的生产车间及管理组织,按照施工上游的设计图纸、文件和设备材料供应,严格管理大量设备材料的验收、保存和发放,避免不同质量等级材料早领、错用、乱放、超消耗。

(3)计划调整与修改的管理

项目管理公司需要制定进度管理大纲,编制进度控制管理程序,实行分级审批制度。

承包商根据现场的实际情况有时会提出需要对进度计划进行调整与修改申请,审查时首先必须分析其修改是否会影响二级计划,即其上、下游的接口活动,调整的基本原则是分析关键路径上的各项活动持续时间,以不影响总体关键路径为前提,选择资源耗费少、影响费用低的活动进行调整,或修改逻辑关系,以合理缩短时间,确保工程整体按期或提前完工。

承包商二级进度的修改与调整,必须得到项目管理机构的批准。未经批准的现场进度延误,按照合同规定予以经济处罚,故承包商通常提前检查、预计现场进度的进展,及时采取赶工措施以避免处罚,否则必须提前获得管理公司的审查批准。

通过进度控制程序的执行,可以规范设计文件、图纸的催交;规范设备与材料数据库的管理与催交;规范土建和安装的接口管理;规范安装与调试启动的接口管理等活动,避免现场施工计划编排、修改与调整的随意性。

3.投资控制

在施工管理中抓好招评标、工程量审核与支付控制、变更与索赔控制、工程结算各个环节,特别是根据核电工程的特点重视技术方案对投资的影响,以及合同执行过程中变更的索赔处理,使工程项目投资始终控制在预算范围以内。

(1)里程碑的控制

在合同中规定工程里程碑完成确认的条件,承包商必须填写里程碑申报书,并附必要的证明文件,经监理工程师检查、签字确认才能予以工程款的支付。

(2)工程支付审查

在施工合同中完整准确规定各类工程量和合理单价,明确编码。监理工程师根据设计图纸文件,核查现场实际进展,详细统计各分项工程、各施工阶段的工程量,按月审核承包商提交的完成工程量计算书,作为支付的依据。

(3)变更的控制

合同签订后尽量减少变更,若设计变更难免时,在施工现场监督检查隐蔽工程、重要工序的过程中,除了要检查图纸,更要确保所有涉及的变更都得到有效执行。此外,审查承包商申请的工程进度款项、竣工图纸与文件时,重点检查所有变更是否得到实施,确保工程支付与现场的实际完成情况一致性、完工状态与竣工文件的一致性,使施工的实体质量与施工文件的质量控制相结合,真实地反映工程实际情况,确保日后运行、维修阶段的可追溯性。

针对承包商提出的设计变更的索赔,按照合同条款赋予业主方的有利因素,尽可能考虑双赢的处理策略,一方面使工期提前或不受影响,另一方面经济上给予承包商合理的补偿,主要目标是机组能提前或按期投产,使之带来巨大的经济效益。故此,对商务问题的处理,应做到及时而不积压,使承包商与业主方的目标趋向一致,从而既实现工程提前或按期建成的最终目标,又达到投资控制的目的。

4. 技术控制

由于核电厂工程涉及核安全,技术控制显得尤为重要,在工程的项目施工管理中,技术控制主要体现在以下几个方面:

(1)建设核电厂往往采用国际上技术成熟、经过多年安全运行检验的堆型,所以,在建设技术标准、规范、设备制造、施工材料等的选取上,都是遵照成熟的、经过检验和质量可靠的、在其他核电厂成功使用过的、核安全有保证的等原则考虑。

(2)施工中碰到重大的技术问题,如现场施工中出现的质量问题、不符合项等,在坚持质量第一、不降低质量要求的前提下,技术上要做详细的分析、严格的论证,没有可靠、万全的技术处理方案,绝不贸然行动,故技术决策的正确性显得十分重要。

(3)在处理技术过程中要充分发挥技术专家的作用,必要时聘请国内外专家来支持,通过专家论证会或邀请该领域权威的、有实践经验的专家进行研究分析,最终形成处理意见,从而形成正确的、科学的处理方案。反之,可能会带来质量隐患,或者引起进度和投资方面的失控。

(4)对施工过程中特殊的项目或工序变化,在技术方案选择时一定要经过充分论证,并在具体实施中严密跟踪和监督,确保在技术上万无一失,如筏基厚实大体积混凝土施工、穹顶整体吊装、安装过程冷试和热试工序的调整等。

5. 安全控制

核电项目建设涉及核辐射安全,施工现场的安全管理是个极其重要课题,必须采取特殊措施,以区别于一般项目工程的安全管理。在建设全过程,从项目施工管理到各建安承包商,都必须建立健全安全管理规章制度,明确安全工作责任一把手负责,始终贯彻执行"安全第一、质量第一"的方针,使全体核电建设参与者牢固树立安全意识。

在厂区施工现场及施工准备区域进行严格的环境控制,是确保工程施工三大控制的重要手段,施工管理方必须规划、建造厂区的施工运输通道、工业废弃物集中堆放场,以及划一的水、电供应设施,注重道路与边坡的排水通畅,进行必要的绿化,营造文明施工的良好环境。

### 5.2.3　施工协调制度

1. 协调会

为了履行施工管理与监理职责,提高工作效率,施工管理部与承包商各管理层间应建立定期会议制度,以及与核安全局派出机构的例会,每次会议均以会议纪要形式予以记录与跟踪检查。这些会议主要包括:

(1)每月与核安全监督站的监督例会。

(2)现场承包商项目经理参加的安全、质量评审会。

(3)与承包商的月协调会。

(4)每周进度协调会。

（5）专题协调会。

此外，对于重大的跨专业、部门、现场多单位横向联合、交叉施工活动，往往需要成立专项协调委员会来加强横向管理，定期召集有关各方举行专题会议，进行进度和接口协调、研究重大问题的处理。

2. 现场接口协调

由于核电厂构造极其复杂，安装的设备与各种系统工程量巨大，往往在狭窄的空间内土建与安装的交叉作业量多，现场协调需要贯穿于整个项目的实施全过程。

（1）接口计划

施工三级计划要按照工程二级接口计划，将各承包合同的外部接口条件做出细致的安排，作为合同的附件，对各承包商提出明确的上、下游接口条件要求。例如，土建合同中，依据安装对房间接受的状况描述，明确所有厂房的房间完工时间、状态，为下游安装的进入提供良好的安装环境；同样，依据调试启动对各系统的状态要求，明确安装完工所有系统的时间、状态，以确保调试启动的顺利介入等。

（2）动态协调

在核反应堆厂房内，环吊安装调试可用后，往往存在土建收尾，主设备安装、辅助设备安装等多家承包商交叉、叠加作业相互争用环吊的情况，需要施工管理部门出面协调，在各承包商每周提交环吊使用计划的基础上，每天制订次日 24 h 环吊使用计划并监督执行。此外，在同一作业区往往存在各家焊接探伤使用放射源的情况，必须在时间上做出协调，防止误照射事故发生。

（3）接口程序化管理

在厂房的房间移交管理中，制定相关的管理程序，明确责任与边界范围、已完工程的保护、照明与清洁等具体要求，避免返回房间作业时出现问题承包商互相争吵，互相推诿。例如，土建将房间交给安装时对房间状况记录清楚，安装介入工作，需要保护好土建已完工程，最后土建需要返回房间消缺时，必须办理相关手续，并负责对安装已完工程的保护，直到房间移交业主。

# 5.3　设计、供应与施工的接口管理

核电厂建造中设计、供应与施工的接口管理，不仅包括核电厂建造中设计图纸文件和设备器材的供应对现场施工的影响及其协调，还应包括施工合同与设计合同中有关施工设计的分工，以及现场修改设计的授权范围。而供货合同与现场施工管理的接口除供货计划，还应包括供货不符合项的现场处理。此外，现场施工管理部与调试和生产部门也有外部接口。

## 5.3.1　设计图纸文件和设备器材供应与施工的接口管理

对核电厂核岛、常规岛和 BOP 主体土建工程而言，设计图纸文件的供应是土建施工的上游文件；而设备器材的供应方面，除了设备基座的预埋件可能是由供应合同提供，其他的土建施工用器材设备都是由土建施工合同商自购，接口关系相对较为简单。但对于核岛、常规岛和 BOP 主体安装工程而言，除了设计图纸文件的供应，安装的设备器材及所用的专用工具绝大部分是由供应合同商提供的。

在设计图纸文件和设备器材供应与施工的接口管理方面,安装的管理比土建施工复杂。以核岛安装工程为例来讨论设计图纸文件和设备器材供应与施工的接口管理。典型的百万千瓦级压水堆核电厂的核岛厂房由 154 个安装区,约 1 600 个带隔离墙的房间组成,每个安装区开工前核岛安装合同商要通知业主进行开工前的"先决条件"检查,这个先决条件检查中除了核岛合同商的人力和施工机具等自身条件,还要审查该区域开工所必需的图纸文件清单和设备器材清单——这种清单细到安装用的每张图纸和每个零件,检查相关的图纸文件和设备器材供应计划能否满足开工的需要。在核岛供应合同中,核岛安装用图纸文件的交付计划是比较详细的,但所安装的设备器材的交付计划除主要设备都是比较笼统的。因此,在核岛安装开工前,必须逐个区域检查核岛设备器材供货的上游接口条件,根据审查出来的问题,可能相应要求供应商调整供应计划。

### 5.3.2　施工现场的修改设计接口及其授权

在核电厂建造过程中,不论是核岛、常规岛和 BOP 土建工程,或是核岛、常规岛和 BOP 安装工程,因各种原因产生的现场设计修改是不可避免的。尤其对核岛安装工程,因核岛厂房设备器材的布置密集度比常规岛和 BOP 高得多,故核岛安装工程所产生的施工现场修改设计比常规岛和 BOP 安装工程多得多。施工过程中的现场修改设计如不及时处理,必然将影响工程进展。

大量的现场修改设计涉及原设计方对施工单位的现场修改设计授权,这一授权范围没有统一的规定可循,但需要在设计供应合同和建安合同中予以明确。至于现场修改设计所产生的费用,原则上应是按设计、供货、施工、业主各方,谁的责任谁承担。

### 5.3.3　土建施工与安装工程的接口问题

土建施工与安装工程的施工接口错误,可能导致局部返工,如不能及时处理也将影响工程进度。这类施工接口的错误出现在核岛居多,主要是:

(1)接口图纸本身存在错误。

(2)安装施工图与接口图不符。

(3)土建施工图与接口图不符。

(4)安装施工图与土建施工图上允许误差不同。

(5)安装施工结果与安装施工图不符。

(6)土建施工结果与土建施工图不符。

(7)土建与安装的施工顺序不当导致的返工。

前 4 种接口问题引起的返工原因都属原设计错误引起,而后 3 种则是施工不当引起。处理原则是返工,对工程进度和费用影响最小者优先返工,对土建施工及安装两个合同商,是谁引起的错误优先考虑由谁返工。

### 5.3.4　现场施工向生产部门移交的接口管理

这里所说的生产部门是指运行电厂业主的运行部门、维修部门和技术部门的统称。核电厂的生产部门在业主施工管理部门向业主调试队移交安装完工报告(EESR)前的联合现场检查时开始介入现场施工活动,至系统的隔离移交(TOB)、维修移交(TOM)、临时运行移交(TOTO)、厂房移交(BHO)5 个阶段。

在现场施工向生产部门移交的 5 个阶段中,生产部门提出的意见分为两类:

(1) Ⅰ类意见,作为以上 5 个阶段移交给生产部门联合签字验收的先决条件,在生产部门提出意见后的 7 个工作日必须予以清除。

(2) Ⅱ类意见,不作为上述 5 个阶段移交的签字先决条件,其计划的Ⅱ类意见尾项清除日期由施工管理部门和生产部门联合商定,一般不超过两个月。如果Ⅱ类意见尾项没有达成共识的书面清除期限,则在临时进行移交时Ⅱ类意见将转为Ⅰ类意见。

# 5.4　工程建造期间的政府监督(核安全监督)

### 5.4.1　工程建造期间核安全监督的主要任务

根据《中华人民共和国民用核设施安全监督条例》(HAF001),核电厂工程建造期间安全监督的主要任务是:

(1)审查所提交的安全资料是否符合实际。

(2)监督是否按照已批准的设计进行建造。

(3)监督是否按照已批准的质量保证大纲进行管理。

(4)监督核电厂的建造是否符合有关核安全法规和建造许可证条件。

### 5.4.2　核安全监督管理的组织机构与监督依据

工程建造期间的核安全监督由国家核安全局和国家生态环境部地区核与辐射安全监督站(以下简称地区监督站)组织实施。国家核安全局在核安全监督工作中负领导责任,地区监督站作为国家生态环境部的派出机构,负责施工建造现场的核安全监督。

国家核安全局及地区监督站实施核安全监督的主要依据是:

(1)中华人民共和国国务院和国家核安全局颁布的核安全法规,主要有《中华人民共和国民用核设施安全监督管理条例》《中华人民共和国核材料管制条例》《核电厂事故应急管理条例》《核电厂厂址选择安全规定》《核电厂设计安全规定》《核电厂质量保证安全规定》《民用核承压设备安全监督管理规定》等。

(2)国家的与原子能、辐射防护、环境保护、公安、卫生和交通等有关的其他法律与法规。

(3)许可证规定的条件。

(4)国家核安全局审查认可或批准的文件,包括安全分析报告(PSAR/FSAR)及其安全评价报告、环境影响报告书、质量保证大纲、调试大纲、核事故应急计划,以及其他认可或批准的文件。

(5)核安全导则和国家核安全局发布的其他有关指令和文件。

### 5.4.3　核安全监督的方式

核安全监督一般分为日常监督、核安全例行检查和非例行检查。核安全监督检查的主要方法包括听取营运单位或承包商的专题汇报、文件检查、现场观察、座谈和访谈、测量或试验等。

例行核安全检查是国家核安全局根据其制定的检查大纲对营运单位在核设施选址、设计、建造、调试、运行、退役各阶段的安全重要活动所进行的有计划的核安全检查;非例行核安全检查由国家核安全局或地区监督站根据工作需要进行的检查,是对意外的非计划的异常情况或事件的响应。非例行核安全检查根据检查项目的具体情况,参照例行核安全检查的程序实施。

# 5.5 项目竣工验收

当土建、安装工作进行到一定阶段时,业主将组织进行竣工验收。根据合同范围划分,施工竣工验收包括土建竣工验收、安装竣工验收和厂房移交三个阶段;土建竣工验收包括土建工程移交证书、遗留项完工证书、分项工程完工证书,并最后提交土建竣工状态报告;安装竣工验收包括符合性检查、安装结束试验部分、最终和综合安装完工三个阶段。

## 5.5.1 土建竣工验收

1. 土建工程移交证书

当某一房间或区域的土建工作基本完成,具备移交安装的条件后,土建承包商提出移交申请,由工程公司、土建承包商、安装承包商共同参与进行土建工程移交。房间或区域的移交需要遵循房间移交计划。

土建工程移交证书是土建工程移交过程的证明文件。在部分土建工程移交给设备安装承包商进行安装之前,工程公司应完成土建工程移交前的检查并填写土建工程移交证书。该证书同时记录了土建承包商必须完成的遗留项,所记录的遗留项分为两类:

Ⅰ类:在土建工程正式移交给安装承包商之前,土建承包商必须完成的遗留项。

Ⅱ类:此类遗留项的完成并非是移交给安装承包商的先决条件,土建工程移交给安装承包商之后可以由土建承包商在"重返工作区"期间完成。

土建工程移交检查的内容可以是一个房间或同一厂房的几个房间、一个区域或同一厂房的几个区域、一个完整的厂房或构筑物。但按照一个房间填写一份土建工程移交证书的原则,每个房间移交前都应填写一份土建工程移交证书。

对有关区域进行土建工程移交检查时,检查的日期由工程公司与土建承包商及安装承包商商定,通常至少应在计划移交日期的一周前进行。工程公司、土建承包商和安装承包商的代表均应参加土建工程移交检查,检查内容包括工程的完工状态并记录所有遗留项。检查应包括二期混凝土工程(属于Ⅱ类遗留项)、属于土建承包商范围的需要封闭的孔洞与贯穿孔、地面沟道盖板及疏水口与疏水道排水情况、墙壁与天花板的油漆、工程测量标记、属于土建承包商范围的起重搬运装置、通道设施、金属件、门、窗、通风空调、房间清洁状况、临时照明、需要记录的移交前土建工程状态中的其他具体事项。

2. 遗留项完工证书

在遗留项完成后,土建承包商应更新土建工程移交证书,填上各遗留项完工日期和工程负责人的签名。更新后的土建工程移交证书应在下列时间内给项目管理公司送1份副本:

（1）在所有Ⅰ类遗留项完成后，土建承包商和工程公司进行的最后一次检查后更新。

（2）在土建工程移交给安装承包商之后，Ⅱ类遗留项完成期间定期的更新。

（3）在申请分项工程完工证书时更新。

分项工程中所有土建工程均已办理土建工程移交证书，所有Ⅱ类遗留项均已完成，土建承包商应向工程公司申请遗留项完工证书。

3. 分项工程完工证书

步骤1：当合同规定的分项工程完工日期来临时，或者当工程公司批准修改的分项工程完工日期来临时，土建承包商应该在该日期两周前请求工程公司对该分项工程进行联合检查。

土建承包商应在联合检查前向工程公司单独提交一份遗留项清单，清单内容包括除土建工程移交证书，该分项工程中所有未完成的遗留项，该清单将由工程公司在联合检查期间进行补充和修改并填入遗留项清单中。

步骤2：申请分项工程完工证书的先决条件是：

①所有与该分项工程有关的土建工程移交证书均已签字。

②分项工程遗留项清单中的遗留项均已完成，其中个别遗留项允许承包商做出承诺后在规定的时间内完成。

③根据工程公司的意见，与该分项工程相关的其他工作均已完成。

步骤3：土建承包商应向工程公司申请分项工程完工证书，并附上土建工程移交证书、遗留项完工证书、在联检中经过修改的分项工程遗留项清单。

步骤4：工程公司应审查提交的文件，然后颁发分项工程完工证书或予以拒绝并向土建承包商说明拒绝的理由。

步骤5：若遇拒绝，土建承包商应完成拒绝单上列出的所有事项后重新发出新的申请。

4. 施工完工状态报告（ECSR）/安装完工状态报告（EESR）

施工完工状态报告、安装完工状态报告是由承包商编制和出版的，表示某一工程项目已经施工完成的质量文件。前者适用于土石方、土建等工程，后者适用于机电安装工程。承包商在提交完工状态报告以前，必须得到由工程公司施工经理签字的完工证书。报告中的竣工文件必须反映工程项目的实际状态，反映施工期间所发生的一切现场变更。

（1）完工状态报告的内容

报告由两部分组成，描述部分及在描述部分中各清单所列的文件。

①描述部分，包括目录、对已完成工程的说明、遗留工作清单、施工历史摘要（主要施工日期、施工期间的工作条件和遇到的问题）、竣工文件（图纸、程序、技术规范、说明文件）清单、ETF清单、质量计划清单、与规范标准的一致性、制造报告（有现场预制时）清单、变更文件清单、不符合项报告清单、自行采购的物料及设备文件清单、设备调试文件清单、竣工文件及竣工图（图纸、程序、技术规范、说明文件）清单。

②完工状态报告文档，应包括已签署的完工报告描述、所有ETF单（或质量计划）及其所有附件、制造报告（有现场预制时）、竣工文件、各种施工记录、不符合项报告、现场变更要求等文件的原件、自行采购的物料及设备文件，以及设备调试文件等。

（2）完工状态报告的移交

承包商在收到完工证书前需向工程公司送交所有文件的竣工版，在送交工程公司签字前至少1个月，承包商需将完工状态报告的描述部分的稿本提交项目公司审查。项目公司施工经理或代表根据需要,会同承包商一起进行现场检查及文件检查,内容包括:工作是否保质完成;清单内开列的遗留工作是否已全部完成;有关的质量文件和竣工文件(图纸、程序、说明文件等)是否齐全,正确;文件质量是否符合要求等。

(3)归档要求

施工完工状态报告文档的编制和移交原则上应满足《国家重大建设项目文件归档要求与档案整理规范》(DA/T28—2002)、《纸质档案数字化技术规范》(DA/T31—2005)的要求。

### 5.5.2　安装竣工验收

1. 符合性检查

在现场系统安装工作基本完成后,工程公司对各系统的符合性进行检查验收的目的在于检查安装活动是否符合施工图纸、安装程序和技术规范要求,符合性检查完成后方可开始进行各系统安装结束试验。

2. 安装结束试验

安装结束试验是在各系统符合性检查合格后,通过对各系统进行试验(如水压试验、气密性试验等)来检验安装质量能否满足要求。安装结束试验应按照安装竣工文件中的工作规范和相关工作程序执行,并形成试验报告。试验报告中应包含进行安装结束试验时所用文件的清单。

3. 部分安装完工报告

安装竣工状态报告是安装活动和调试活动之间的接口文件,覆盖安装承包商执行的所有现场活动。项目公司通过该报告可以确认涉及的电厂设施中:

(1)所有设备已按照安装程序和技术规范正确无误地安装完毕。

(2)所有安装结束试验已经完成并符合技术规范和要求。

(3)系统或子系统的状态已全部和正确地做了文件记录(包括所有的竣工文件、不符合项报告,各种设备的法定检查和试验均已完成,相关的报告也已发布)。

(4)调试需要的临时设施已按要求安装完成。

(5)调试活动可以在人员和设备安全有保障的条件下进行。

部分安装完工状态报告的第一阶段,包括不妨碍调试部门进行调试和试验的保留项。

4. 最终安装完工状态报告

最终安装完工状态报告是一个系统的所有部分安装完工报告的最终移交,此时部分安装完工状态报告中列出的保留项已全部清除,调试工作中的附加工作也已全部(或部分)清除。

最终分为安装完工状态报告的描述与文档两部分,内容为部分安装完工报告的更新。

5. 综合安装完工状态报告

综合安装完工状态报告文档部分收录了之前报告未收入的文件,如焊接资料包、专用工具清单、EESR范围之外的试验报告、役前检查报告、仪表预制等。

6. 文件移交

在安装期间,安装承包商应将现场使用的所有文件(包括负责现场母本文件的修改和升级)整理保存好,并以文档的形式将所有文件(包括现场母本文件)移交给项目公司。综合安装完工状态报告应按照安装合同规定的或商定的时间表单独移交。

### 5.5.3　厂房移交

在土建、安装和调试作业已基本完成后,工程公司需向运行公司移交所有技术和非技术厂房,以及所有的构筑物,如廊道、道路、网络及围墙。

在首次移交开始前,工程公司和运行公司将就厂房移交的清单和相关进度达成一致意见。至少在计划的厂房移交签字日期前 1 个月,工程公司应向运行公司发出申请,并双方确定厂房移交联合检查日期。联合检查由项目公司、运行公司、土建承包商、安装承包商联合进行,应着重检查土建项目、安装项目、清洁、通行、照明、临时设备、安全等几方面。

厂房移交检查保留项分为两类:

(1) Ⅰ类保留项

这些是偏离厂房最终状态的偏差,这些偏差必须在厂房移交证书签字前予以清除。

(2) Ⅱ类保留项

这些是偏离厂房最终状态的偏差,这些偏差并不妨碍运行人员在厂房内安适地居住和安全地操作维修厂房内的系统。

原则上,这些保留项应在厂房总体移交前予以清除,如在厂房移交后处理需遵守运行公司有关规定。

当所有Ⅰ类保留项已清除完毕,项目公司应通知项目业主并组织一次包括业主公司代表参加的现场检查。该现场检查的目的在于让业主公司生产运行方确认Ⅰ类保留项的完成状态,确认后由双方联合签署厂房移交证书。

厂房移交证书由厂房移交证书表格、联检报告中需清除的保留项的清单、相关土建图纸的清单等文件组成。

# 第6章　压水堆核电厂的调试启动

一座大型压水堆核电厂建设工程可以分为设计、制造、建造、调试与运行几个阶段。调试启动过程是核电厂投产的前一工程阶段;是核电厂投入正式商业运行前的最后一个重要阶段;是在整个核电厂的建造完成后,使安装好的系统和部件运转,并验证其性能是否满足设计要求和有关安全、运行准则的过程,包括反应堆装载核燃料前的无核反应的试验和装载后的带核反应的试验;是对工程设计、设备制造、建造安装质量的综合检验。

## 6.1　调试启动的目的

调试的主要目的是:

(1)全面检查和验证核电厂的设计、设备制造和安装质量,确认其功能满足设计要求和使用要求。

(2)验证核电厂能在设计规定的运行工况下安全运行。

(3)对系统和设备进行较长时间的试运行考验,暴露问题,消除缺陷,并采取改进措施,以提高核电厂运行的安全性和可靠性。

(4)调整运行参数,以便制定合理的运行方式。

(5)收集试验数据,为核电厂安全经济运行提供原始资料,并为改进设计提供依据。

(6)验证运行规程、定期试验规程,以及某些异常工况下使用的规程,以使其符合核电厂运行的要求。

(7)培训调试、运行、检修和生产管理人员。

## 6.2　调试应遵循的主要规范和文件

调试遵循的主要规范和参考文件如下:

(1)《核电厂安全运行规定》(HAF0103)。

(2)《核电厂调试程序》(HADl-03/02)。

(3)《核电厂调试和运行期间的质量保证》(HAD003/09)。

(4)国际有关的标准、规范及文件体系。

(5)设计、设备、安装文件。

在遵循上述规范、标准的基础上,应编制《核电厂机组调试总大纲》。该大纲经国家核安全局审评批准后作为调试的纲领性文件执行。

## 6.3 调试阶段的划分和应具备的条件

### 6.3.1 调试的主要阶段

核电厂调试启动的三个主要阶段如下。

1. A 阶段:预运行试验

(1)设备初步试验

每一台设备安装完毕,都必须进行单项试验,以检查设备安装是否正确,以及能否达到设计所要求的性能。

(2)基本系统试验

在系统中所有设备初步试验完成后,需要对该系统的功能及与系统有联系的各种回路的功能进行检查。

(3)系统综合试验

对互相并联的若干基本系统进行联合功能检查。它又可分为冷态性能试验与热态性能试验两个分阶段。

①冷态试验

对一回路主系统进行水压试验和冷态试验,冷态试验结束后安装设备与管道的热绝缘。

②热态试验

利用冷却剂泵和稳压器电加热器对一回路升温、升压至额定参数,试验核蒸汽供应系统的热态功能。如无外汽源,在一回路热态试验时,对二回路进行热态试验。在热态试验结束后,要进行一次全面检查,包括第一次在役检查(又称役前检查),作为运行中在役检查的基准,并做好装料前的准备工作。

2. B 阶段:装料,初始临界和低功率试验

这个阶段的目的是证实反应堆已处于能够启动的状态,并证实堆芯冷却剂、堆芯、反应性控制、反应堆物理参数和屏蔽等特性都能满足核电厂运行有关的安全要求。此阶段分为下列分阶段:

(1)装料和次临界试验

按规定程序进行装料,以保证安全和正确的装载;装料后在反应堆处于次临界状态时,为确定冷却剂流动特性及其对部件的影响,以及反应堆控制设备的可运行性,进行一些性能试验。

(2)启动到初始临界

按预定步骤有次序地改变堆内反应性,以逼近临界,必须连续地监测和分析反应性的变化,确保初次启动安全。

(3)低功率试验

按反应堆设计要求,在把反应堆功率维持在足够低的水平情况下,进行持续时间较长的系统流动性能实验和冷态、热态性能试验,证实反应堆已具有较高功率水平下运行的合适条件。

3. C 阶段:功率试验

包括逐级逼近满功率的试验和满功率试验,即在每一分阶段,要在规定的功率水平下

进行一系列试验。典型的分级为额定功率的10%、25%、50%、75%和100%,以验证核电厂能按设计要求安全地连续运行。

调试启动是核电厂建设中一个非常重要的阶段,它可以:

(1)从大量试验数据中,验证核电厂的建造和设备安装质量是否符合设计标准。

(2)通过核电厂运行瞬态和在假想事故条件下运行特性的检验,验证是否符合设计要求,确保核电厂安全、可靠地投入运行,并可为设计、制造与施工的改进提供参考。

(3)验证运行限值和运行条件,检验运行规程和事故处理规程是否恰当。

(4)通过调试启动,使运行人员熟悉核电厂的性能和各种设备与系统的操作。

调试启动是一项复杂的技术组织工作,周密地计划和实施调试,对核电厂以后的安全运行十分重要。因此,必须制定一份详细的调试大纲,并且必须明确规定调试大纲各个部分的实施和报告的责任。调试大纲必须经国家核安全局的批准,在制定和实施整个调试大纲期间,营运单位必须和国家核安全局保持密切的联系。

一个大型压水堆核电厂一个机组调试启动综述见表6-1。

### 6.3.2 调试应具备的条件

开始调试时应具备以下条件:

(1)有关构筑物、系统部件已按照设计要求和技术条件安装完毕。

(2)安装部门已提供有关系统安装完成报告,通过检查证明安装质量符合有关要求,单机试车系统冲洗、耐压试验完成。提供的系统和设备已能运行,系统和环境清洁度满足要求,并已按安装向调试移交程序办理了中间交工验收手续。

(3)用于试验的电气、机械设备已进行过检查,用于试验的仪器仪表已进行过标定。

(4)调试所用的备品、备件、工器具和材料及临时设施已准备好。

(5)对安装向调试移交的运行、维护和维修工作已做好安排。

(6)有关调试文件已经过批准。

(7)对工业安全、消防、保卫、通信联络等已做好安排。

(8)调试人员已经有组织地进行过培训授权。

(9)已对调试的机构、人力、计划和行政管理工作做好安排等。

表6-1 一个大型压水堆核电厂一个机组调试启动综述

| 分类 | 运行前试验 | | | | | | 运行试验 | | | |
|---|---|---|---|---|---|---|---|---|---|---|
| 试验类别 | 设备初步试验及基本系统试验 | | 一回路及辅助系统装料前冷态和热态综合试验 | | | | 启动、临界、并网 | | | 运行性能验证试验 |
| 试验名称 | 单个系统的独立试验 | 主要系统联合冲洗 | 冷态水压试验22.9 MPa | 热态试验准备 | 热态试验 | 装料准备 | 燃料装载 | 临界前冷态、热态试验 | 临界低功率试验 | 升功率试验 |
| 阶段编号 | Ⅰ0 | Ⅰ1 | Ⅱ1 | Ⅱ2 | Ⅱ3 | Ⅱ4 | Ⅲ1 | Ⅲ2 | Ⅲ3 | Ⅲ4 |
| 时间/星期 | | 4 | 2 | 16 | 6 | 6 | 2 | 8 | 8 | 8 |

表6-1(续)

| 分类 | 运行前试验 | | | | | | | 运行试验 | | |
|---|---|---|---|---|---|---|---|---|---|---|
| | 设备投运 | | 核蒸汽供应系统运行工况(无燃料) | | | | | 实际运行工况 | | |
| 试验主要内容 | 清洗、冲洗、通电控制模拟试验,单个设备试验,单个系统性能试验 | 管道清洗,一回路充水,安注、化容、余热排出系统联合冲洗,安全壳喷淋系统、应急、电源系统调试 | 一回路水压试验,用主泵升温升压,役前检查,化容系统功能试验 | 压力容器役前检查,一回路其他设备役前检查,蒸汽发生器辅助给水系统试验,绝热层安装 | 用主泵升温,按正常运行规程操作启动,控制系统、保护系统、电源切换系统,低压电源断电试验 | 设备检查,保护动作试验,功率测量通道试验,放射性防护系统试验,主回路充含硼水 | 燃料操作,试验堆池充水,装料,压力容器封盖,棒位测量 | 控制棒驱动机构实验,有燃料工况下重复控制棒调节系统,核仪表系统试验 | 稀释及提棒,临界,堆芯物理参数测量,10% $P_n$ 汽轮发电机试验并网,10% $P_n$ 下的试验 | 堆芯运行参数的确定,热平衡试验,100% $P_n$ 下的试验,电厂性能试验 |

# 6.4　预运行试验

## 6.4.1　管道冲洗

　　压水堆核电厂的各个系统,特别是一回路系统必须保持很高的清洁度,一般在设备出厂时即应达到清洁度的要求,运到现场就能安装;在现场加工的一些设备,如管道、大罐等则应采用酸洗、擦洗等办法清洗干净。在安装过程中要保持工作现场的整洁,执行严格的施工管理,进行文明施工,不使任何污物和异物进入设备或管道。

　　许多核电厂的建设实践表明,核电厂各个系统安装过程中,即使采取了各种措施,仍可能有少量杂质、污物混入系统,它们不仅会污染工作介质,更为严重的是有可能对核电厂的运行带来不良后果。所以,各系统安装后,做试运行之前,必须进行清洗。

　　一回路系统的清洗,一般采用除盐水冲洗的办法,有的用直流冲洗(如小直径管道),有的则需开动水泵,部分换水,循环冲洗。冲洗时要注意压力与流量的变化,大多数冲洗是在管道中部设立许多冲洗点让水流一次通过。在核蒸汽供应系统的所有管道上共需设立1 400个冲洗点,耗费约40万吨除盐水(核级软化水)。大约需用两个月时间冲洗与一回路系统相连的一些管路系统(如余热排出系统、安全注射系统和补给水系统等),冲洗水流入压力容器,然后用潜水泵抽走。对于低压辅助系统,则可在设备(如泵、热交换器)的进水口加装临时过滤器,过滤器堵塞后,可拆下清洗干净,再装上后继续冲洗。为了提高冲洗效率,水流速度至少应等于正常运行时的流速。如此反复冲洗(系统中的离子交换器不投入),取样分析,直至水质符合标准。冲洗结束后,将临时过滤器拆除。

　　二回路系统的清洗与常规火力电厂相似。其中主蒸汽管道由于没有汽源不能用蒸汽冲洗。所以要像一回路主系统一样,采取特殊措施,特别不允许有异物遗留在管道内。

### 6.4.2　管道水压试验

初步试验时,对一回路低压辅助系统和二回路系统进行水压试验。由于这些系统的工作压力较低,因此水压试验与一般常规设备的试验相同。试验压力的选取可参照国家有关规定,一般采用1.5倍设计压力。系统加压后,按正常程序做耐压、泄漏率检查。

此外,对一些工作压力小于0.1 MPa的管道,以工作压力再加0.1 MPa为试验压力(但不得低于0.15 MPa),做耐压、泄漏检查。

### 6.4.3　辅助系统的调试

辅助系统的调试,主要项目如下:

(1)电气系统(包括交流电源、直流电源、应急电源)的调试。

(2)供气系统(包括压缩空气、氢气、氮气)的调试。

(3)供水系统(包括补给水和冷却水)的调试。

(4)供汽系统(如有外汽源)的调试。

(5)控制与检测系统(包括核测量、热工测量和辐射测量系统)的调试。

(6)二回路冷态调试;如有外汽源,可以提前进行二回路热态调试,包括汽轮机组无负荷试验。

(7)通风系统的调试。

(8)三废处理系统的调试。

(9)通信系统的调试。

# 6.5　系统综合试验

全系统综合试验又称运行前试验,它包括保证堆芯首次装料、初次临界和随后的功率运行能安全进行所必需的试验。

### 6.5.1　冷态试验

1. 一回路主系统水压试验

对一回路主系统冲洗时,同时赶气反复进行,直至水质达到标准后,再进行水压试验。

一回路主系统水压试验是指反应堆冷却剂压力边界范围内设备的水压试验。试验压力一般取工作压力的1.5倍,或不得低于从下述公式得到的$P_S$(试验压力)值,

$$P_S = KP_C \frac{R_F}{R_C} \qquad (6-1)$$

式中　$P_C$——设计压力;

　　　$R_F$——试验温度下设备所用材料的许用应力;

　　　$R_C$——设计温度下设备所用材料的许用应力;

　　　$K$——系数,对于锻件取1.25,铸件取1.5。

试验时水温应高于压力容器脆性转变温度38 ℃,以防止在试压时发生脆性破裂。

试验时,用试验泵逐步升压,直至试验压力,维持30 min,压力不应下降。试验合格后,

缓慢降到设计压力,检查密封面及焊缝有无泄漏、渗水等现象,然后再缓慢卸压。如果在水压试验过程中发现有泄漏,或压力不能保持,则需降压检查、修理,再重做试验。

在一回路主系统水压试验中,要同时检查压力容器法兰内侧 O 形环的耐压密封性,观察其是否有泄漏;而外侧 O 形环的耐压密封试验,则需在两个 O 形环之间充水加压进行试验。

在水压试验时可对一回路主管道做相对位移测量,通常将应变片粘贴在欲测部位,测量主管道的塑性变形,并进行应力分析。

2.一回路主系统的冷态调试

冷态试验主要是对冷却剂泵和主系统进行水力特性测试与振动测量。主要内容有:

(1)逐台启动及联合运转冷却剂泵,测量电流、转速、流量、扬程和停泵后流量的变化(惰转曲线)。

(2)用差压计测量反应堆进出口的总压降、管路各分段压降、蒸汽发生器压降等。

(3)用振动仪测量管道及设备的振动频率及其阻尼特性。

(4)如果在堆内安装专门的测量仪表,则可测量堆内构件的振动情况。

(5)如果在一回路主环路上装有止回阀,则应该在启动或停止冷却剂泵时,测量水锤现象。

主系统冷态试验时间不能太长,否则系统温度因冷却剂泵做功而升高,需要采取冷却措施,有些冷却剂泵的设计不允许在冷态下长期运行。

### 6.5.2 热态试验

1.一回路系统升温升压

冷态试验结束后,对高压设备与管道包扎绝热保温层,然后按照运行规程对一回路系统升温升压,开动反应堆冷却剂泵所产生的热量可以把冷却剂系统加热到正常运行温度,还能使蒸汽发生器产生一些蒸汽,因此,可以在堆芯无燃料元件的情况下进行热态性能试验。

热态性能试验从一回路系统的充水排气开始。按程序先启动化学和容积控制系统的上充泵,将来自补水系统的除盐水充满一回路系统,同时放气;系统充水后,在达到冷却剂泵启动条件下,交替启动冷却剂泵,赶出聚集在蒸汽发生器 U 型传热管弯头死区的气体。

接着将系统加热到 90 ℃,并保持这个温度,加联氨以消除溶解氧,加氢氧化锂调节 pH 值,直至冷却剂的化学性能达到规定指标,然后继续加热使系统升温升压。

在升温升压过程中,为了保证一回路升温速率限制在 28 ℃/h,稳压器的升温速率限制在 35 ℃/h,单相时升压速度不超过 0.4 MPa/min,必须保证有足够的控制方式来实现一回路平均温度和压力的控制。一回路平均温度控制:当平均温度小于 180 ℃时,由余热排出系统来实现;当平均温度大于 180 ℃时,由蒸汽发生器通过辅助给水系统及蒸汽排放系统来实现。系统压力控制:在稳定器汽腔建立前通过化学和容积控制系统的上充下泄来调节;汽腔建立后,由稳压器内的电加热器和喷淋装置来调节。

一回路系统的升温升压过程实际上就是把一回路从换料冷停堆状态过渡到热停堆状态,它们是反应堆的两个标准状态。在升温升压过程和热停堆状态期间,进行一系列热态性能试验。

2.冷却剂系统热态性能试验

(1)稳压器压力与水位控制试验

稳压器控制系统用"自动"操作方式,通过手动改变稳压器压力调节器的控制整定值,确定控制系统的运行特性(必要时改变调节器的补偿整定值)。试验时,首先接通稳压器的通断式加热器,使稳压器内压力逐渐升高。分别记录以下压力数值:一回路压力控制系统中的可调电加热器断开喷雾器开始动作到全开(喷雾器经校验后应立即关闭,使稳压器继续升压)、发出稳压器高压报警信号、保护阀开启、发出稳压器压力过高反应堆紧急停堆信号等。然后,将稳压器电加热器投入自动,并手动调整调节器,打开稳压器的任何一只喷雾器,逐渐降低稳压器压力,分别记录一回路压力调节系统中下述动作的压力数值:保护阀关闭、稳压器高压报警信号消失、可调加热器接通到全部投入、通断式加热器接通(加热器经校验后应切断电源,使稳压器继续降压)、隔离阀闭锁、发出稳压器低压报警信号、安全注射系统手动闭锁、发出稳压器压力过低反应堆紧急停堆信号等。最后,系统恢复正常。

通过上述试验可以:

①校验报警信号和控制整定值,观察动作过程和响应特性;

②检验喷雾流量和稳压器的压力下降曲线;

③对保护阀进行热校核,测量开启响应时间,要求小于 2 s,并检验保护阀关闭后的密封性能;

④校验稳压器电加热器的容量;

⑤根据实验结果做出稳压器压力控制程序图。

(2)冷却剂流量试验

稳压器压力控制置于自动操作方式,系统稳定在热态工况下,停止一台冷却剂泵,校验该泵所在环路上蒸汽发生器的流量比较器,发出低流报警和停堆信号的动作,并检查冷却剂泵失电后防反转机构的功能。然后,启动停闭的冷却剂泵测量最大启动负荷,观察报警和停堆信号的消失过程。

(3)一回路系统热损失测定

一回路系统(包括稳压器在内)热损失是基于图 6-1 所示的热平衡来测定的,当冷却剂温度保持不变时,一回路系统功率(冷却剂泵加热功率与电加热器功率之和)减去蒸汽发生器与下泄流(在稳定工况下,与上充流相等)带走的热量,即为一回路系统热损失(包括辐射损失和泄漏水热损失)。

$$\sum_{i=1}^{3} P_{Pv_i} + P_{EH} = J\left[ \sum_{i=1}^{3} W_i c_p (T_{SG_i} - T_{SG_o}) + W_{BD} c_p (T_{BD} - T_{CH}) \right] + Q_{rl} \qquad (6-2)$$

式中　$P_{Pv_i}$——第 $i$ 个环路冷却剂泵加热功率,它等于泵的电功率减去冷却和损耗功率,kW;

$P_{EH}$——稳压器电加热器功率,kW;

$W_i$——第 $i$ 个环路冷却剂质量流量,kg/h;

$c_p$——冷却剂比定压热容,kJ/kg·K;

$T_{SG_i}$——第 $i$ 个环路蒸汽发生器冷却剂进口温度,℃;

$T_{SG_o}$——第 $i$ 个环路蒸汽发生器冷却剂出口温度,℃;

$W_{BD}$——下泄流质量流量,kg/h;

$T_{BD}$——下泄流温度,℃;

$T_{CH}$——上充流温度,℃;

$J$——热功当量,取 1/860,k · Wh/kcal[①];

$Q_{r_1}$——一回路系统热损失,kW。

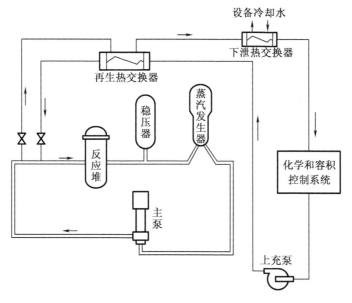

图 6 – 1　一回路热平衡图

在测量过程中,通过调节蒸汽发生器蒸发量的办法,保持蒸汽发生器水位不变,建立一回路系统的稳定工况,然后分别记录下列数据:各个环路冷却剂温度和流量;再生热交换器壳侧(下泄流)和管侧(上充流)的进出口温度和流量;冷却剂泵电功率;稳压器电加热器电功率等,即可根据式(6 – 2)算出一回路系统的热损失。

(4)稳压器辐射热损失测定

在一回路系统建立稳定工况后,将稳压器水位调节器置于自动,并调整到无负荷整定值,关闭所有喷雾器(但仍有一小股喷雾)停止喷雾。试验期间禁止使用通断式电加热器,也不改变二回路状况,用手动操作可调式电加热器组的开关,直到热平衡建立和压力保持一段时间(如 30 min)。在此期间,记录稳压器的温度和压力,以及电加热器的电压,由热平衡关系算出稳压器的辐射热损失,其中包括一小股喷雾损失。

(5)冷却剂系统泄漏量测定

一回路系统工况维持不变,下泄与上充流量相等,观察稳压器水位下降速度,计算泄漏量。

3. 化学和容积控制系统热态性能试验

试验的主要项目如下。

(1)上充下泄性能试验

首先,建立正常的上充下泄流程,并记录每只下泄孔板的流量,以及当下泄流达到额定值时过滤器两端的压力。然后,将过剩下泄热交换器投入工作,让下泄流直接排向容积控制箱,并在过剩下泄热变换器壳侧的设备冷却水达到额定值时,分别记录下列数据:设备冷

---

① 　1 cal = 4.185 5 J

却水流量和进出口温度、反应堆冷段温度、过剩下泄热交换器出口下泄流温度等。利用热平衡关系,算出过剩下泄热交换器的下泄流量。

其次,通过缓慢地减少上充流量,而下泄流量保持不变,使再生热交换器壳侧下泄流出口温度上升(此时,稳压器水位会逐渐下降,但不应降到"低－低"水位整定值,可在试验之前,采取提高稳压器水位的办法来加以保证);或者利用减少下泄热交接器壳侧设备冷却水流量,来提高下泄热交换器管侧的下泄流出口温度。记录系统发出高温报警信号时的温度,检验电磁三通阀将下泄流旁通入容积控制箱动作的正确性。

(2)容积控制箱水位自动控制性能试验

①置自动补水控制开关于"停止"位置,将水位控制转换阀转向硼回收系统的贮存箱。记录容积控制箱低水位报警动作值和换料水箱紧急补水时"低－低"水位值,同时校验紧急补水阀自动开启和容积控制箱下部泄放阀的关闭动作。然后,置水位控制转换阀于"自动",手动恢复紧急补水和容积控制箱出口阀的正常位置,补水控制开关置于自动,随着容积控制箱内水位的回升,分别记录低水位报警解除和自动补水终止时的水位值。

②手动控制上充流量,并以最小速率逐渐提高容积控制箱水位,记录水位控制转换阀转向硼回收系统贮存箱时的水位。然后,将水位控制转换阀放在"正常"位置,继续增加容积控制箱水位,记录高水位报警值。重置水位控制转换阀开关于"自动"位置,校验此时流量能否直接流入硼回收系统贮存箱,并记录当容积控制箱内水位下降到高水位报警解除时的水位值。

4.汽轮机初始转动试验

汽轮发电机组可以利用外汽源(如调试锅炉)或在一回路系统热态试验时向二回路供汽进行调试启动。如用外汽源,汽轮发电机组的热态调试能提前进行,可及早发现问题,但需要一套辅助的供汽设备;用一回路供汽,由于受到冷却剂泵和电加热器功率的限制,只能进行短时期的汽轮机转动试验。供汽方法虽不同,但汽轮机组调试启动的原则和方法是一样的。

这里介绍的是利用一回路冷却剂泵和稳压器电加热器作为热源产生蒸汽,来转动汽轮机的试验方法,试验之前要求:

(1)一回路系统冷却剂处在或接近热态额定工况。

(2)可调式电加热器和喷雾器处在自动,通断式电加热器处于手动控制方式。

(3)蒸汽发生器二次侧水位增加到水位指示器满量程的95%左右,但不可超过100%,防止溢入蒸汽管道(在试验过程中不能向蒸汽发生器二次侧供冷水,所以要一次将水加足)。

(4)由蒸汽排放系统控制蒸汽压力维持在额定参数下的压力值。

(5)上充泵供给冷却剂泵轴封水。过剩下泄热交换器在运行,切除补水自动控制并隔离正常下泄。

(6)关闭蒸汽发生器排污隔离阀,停止排污。

汽轮机转动试验可分为以下三个步骤进行。

(1)暖管

在蒸汽发生器二次侧达到一定的压力和温度后,即可打开隔离阀的旁路阀(又称启动气门)对主蒸汽阀(又称主气门)前的管道进行暖管,通过调节阀门的开度来控制暖管的速度(图6－2)。利用饱和蒸汽暖管,由于参数比较低,更应注意及时疏水,暖管过程中还要进行下列操作：

①辅助蒸汽系统启动。

②先由蒸汽射流泵,再用真空泵提高凝汽器的真空度。

③预热汽轮机组的润滑油回路,润滑油泵投入运行,机组进行低速(如 37 rpm)盘车,以避免引起大轴变形。

④辅助蒸汽系统向汽轮机轴封供汽,并清洗轴封系统。

⑤启动凝结水泵,将蒸汽注入凝汽器,凝结水通过再循环在凝汽器中除氧。

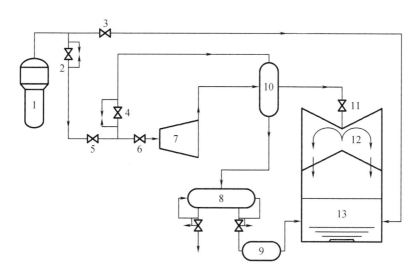

1—蒸汽发生器;2—隔离阀;3—蒸汽旁路阀;4—汽水分离再热器旁路阀;5—主气门;6—调速气门;7—高压缸;
8—疏水箱;9—高压疏水扩容器;10—汽水分离再热器;11—截止阀;12—低压缸;13—凝汽器。

**图 6 – 2　汽轮机初始转动试验系统图**

(2)低速暖机

蒸汽参数达到稳定值后,打开主气门和调速气门,冲动气轮机转子,进行低速暖机。此时要严格控制进入汽轮机低压缸第一级叶轮的蒸汽温度,叶轮温度高于大轴温度的最大允许值为 70 ℃,以防热套在大轴上的叶轮松脱。为此,在试验过程中,汽水分离再热器管路上的旁路阀应处于最小开度。

(3)高速暖机

增加供汽量,按制造厂规定的程序进行升速,直到汽轮机组的额定转速。在升速过程中要测量汽轮机各轴承、转子与外缸的差胀变化及机组振动情况,尤其应注意通过临界转速时的变化。达到额定转速后,如运行正常,可对发电机系统进行试验,可能的话,还可并网,但不能带负荷。

对汽轮机还要进行超速试验。在试验过程中,蒸汽发生器水位降到低水位时,应立即停止试验,停止向汽轮机供汽。这时可向蒸汽发生器添加给水,但不应使温度变化太快,一般控制在 28 ℃/h 左右,直至蒸汽发生器水位恢复到 95% 左右,然后继续试验。

### 6.5.3　全系统综合试验主要试验项目

全系统综合试验主要项目和内容见表 6 – 2。

表 6 – 2　全系统综合试验主要项目和内容

| 项目 | 条件 | 内容 |
|---|---|---|
| 稳压器卸压箱功能试验 | 冷态 | 1. 剂量喷雾流量。<br>2. 校验低水位、高水位和高压报警动作 |
| 一回路系统升温升压试验 | — | 1. 测量利用冷却剂泵和稳压器电加热器作为热源的升温升压曲线。<br>2. 测量从冷态加热到热态所需的时间 |
| 冷却剂泵轴封水试验 | 系统升温升压期间 | 在一回路系统升温升压过程中,测定冷却剂泵轴封水流量,记录各道轴密封的压差 |
| 余热排出系统功能试验 | 温度低于 180 ℃<br>压力小于 3.0 MPa | 1. 校验阀门联锁的正常动作。<br>2. 验证最小流量控制阀的正常动作。<br>3. 验证余热排出系统,从冷却剂系统隔离时系统内的再循环。<br>4. 在加热过程中,下泄流通过本系统的性能检验。<br>5. 热态冷却时,本系统的操作检验 |
| 冷却剂系统振动测定 | 冷态和系统升温升压期间 | 在冷却剂泵启动和运行期间,利用振动仪测量冷却剂泵、压力容器、蒸汽发生器,以及与主系统相连管道的振动情况 |
| 冷却剂系统热膨胀试验 | 系统升温升压和冷却期间 | 系统加热到额定工况的过程中,在不同温度下对冷却剂系统设备和管道的选定点进行热膨胀测定;然后,在冷却到室温时,检查设备和管道的膨胀能否回复到基点 |
| 堆内热电偶和电阻、温度计刻度校正试验 | 系统升温升压期间 | 在系统加热过程中,校验热电偶的读数与电阻温度计读数值,直至额定工况 |
| 冷却剂系统功能试验 | 热态 | 1. 稳压器压力与水位特性。<br>2. 冷却剂低流量报警和发出停堆信号的动作校验。<br>3. 一回路系统热损失测定。<br>4. 稳压器辐射热损失测定。<br>5. 冷却剂系统泄漏量测定 |
| 化学和容积控制系统功能试验 | 热态 | 1. 下泄孔板容量和冷却剂系统过滤器压降的校验。<br>2. 下泄流量温度压力控制器响应特性的验证。<br>3. 容积控制箱水位自动控制性能实验。<br>4. 稀释、交替稀释和硼化操作的验证 |
| 设备冷却水系统功能试验 | 热态 | 1. 测量各设备冷却水流量。<br>2. 根据设备冷却水进出口温度差来评价它的热变换能力。<br>3. 检查备用设备冷却水泵的自启动,并且核实仪表、控制器和报警动作的正确性 |

表 6 - 2(续)

| 项目 | 条件 | 内容 |
|------|------|------|
| 取样系统试验 | 冷态和热态 | 1. 验证本系统能否按要求从各取样点取得液体和气体样品,测定取样时间。<br>2. 检查所有阀门、仪表和控制器工作 |
| 蒸汽发生器释放阀和安全阀的热校核试验 | 热态 | 验证各阀的动作压力是否符合设计要求 |
| 蒸汽旁路阀功能试验 | 热态 | 检查蒸汽旁路阀的工作情况和接到联锁信号后的保护功能 |
| 辅助给水系统功能试验 | 热态 | 检查辅助给水系统对蒸汽发生器的供水能力 |
| 汽轮机初始转动试验 | 热态 | 1. 检查汽轮机电 - 液调节系统和油压系统的工作情况,并调整各仪表整定值。<br>2. 在升速过程中测量机组的振动情况,验证各阀门的启闭动作。<br>3. 汽轮机空转试验 |
| 乏燃料池冷却系统试验 | 堆芯装料前 | 1. 测定通过乏燃料池离子交换器和热交换器回路流量。<br>2. 检查去浮回路的工作情况。<br>3. 确定所有阀门、仪表和控制器动作是否正确,校核报警整定值 |
| 堆外核测系统试验 | 堆芯装料前 | 1. 系统所有部件和仪表之间电缆连接正确。<br>2. 源量程测量通道能反映中子通量的变化,保护动作正常。<br>3. 中间量程测量通道和功率量程测量通道正常,控制与保护如高通量禁止提棒和停堆信号等均能有效地动作。<br>4. 调整报警整定值 |
| 高、低压安全注射功能试验 | 堆芯装料前 | 调整压力和流量数值,检查泵的工作特性,校核在正常和事故电源下的工作情况 |
| 堆内中子通量测量系统试验 | 堆芯装料前 | 对堆内中子通量测量系统进行安装检查,用模拟输入信号来校验每个探测器的响应特性 |
| 安全壳喷淋系统功能试验 | 堆芯装料前 | 1. 验证本系统对控制信号的响应特性;泵、阀门和控制器的动作程序。<br>2. 测量接到安全壳高 - 高压信号后系统启动时间 |
| 安全壳结构试验 | 堆芯装料前 | 1. 安全壳耐压检查,泄漏率测定。<br>2. 安全壳贯穿件处局部泄漏率试验 |

## 6.5.4 役前检查

全系统综合试验结束后,需打开压力容器顶盖,对冷却剂系统和设备进行一次全面检查,观察有无异常情况,作为以后运行中进行定期检查的基准,所以又称为役前检查或基准检查。检查时,要把压力容器内全部堆内构件取出。根据设备与检查要求,可以使用直观检查、染色浸透探伤、超声波探伤检查、X 射线检查、涡流探伤等方法,对压力容器焊缝应做100% 检查。

### 6.5.5  燃料装载前的准备

1. 装换料系统调试

利用模拟燃料组件进行装换料全过程的操作试验,特别要注意装卸料机的对中调试,对每个燃料组件位置做刻度校正,另外还要检验控制棒抽插机等能否按规定要求动作。

2. 安全壳耐压、泄漏率试验

安全壳是反应堆发生重大事故时防止放射性外逸的最后一道屏障,所以,在装料前必须对安全壳进行耐压试验与泄漏试验,以检查安全壳的完整性与密封性。

（1）耐压试验

在常温下对安全壳逐步加压到 1.15 倍的设计压力进行耐压试验。耐压试验的验收标准如下:

①内衬无可见的损伤;

②安全壳没有发生严重变形;

③底板混凝土内部结构支撑系统没有发现损伤。

（2）整体泄漏率试验

在设计压力下测量安全壳的最大泄漏率,允许的最大泄漏率一般为 24 h 不超过安全壳整个容积的 0.1% 。

安全壳泄漏率的测量通常采用绝对压力法,即测量 24 h 安全壳内空气质量的变化。

试验的步骤是升压至设计压力,在 $t_1$ 时刻测得安全壳内空气绝对压力 $P_1$、温度 $T_1$;然后经过 $H$ 小时的试验时间,用同样方法测得 $t_2$ 时刻安全壳内绝对压力 $P_2$、温度 $T_2$。根据气体状态方程可得:

$$\left.\begin{array}{l} P_1 V = G_1 R T_1 \\ P_2 V = G_2 R T_2 \end{array}\right\} \qquad (6-3)$$

在试验时间内,安全壳容积 $V$ 和气体常数 $R$ 是不变的;$G_1$ 和 $G_2$ 是物质的量。

从式（6-3）可以求得试验时间（一般为 24 h）内安全壳的泄漏率:

$$L_A = \frac{G_1 - G_2}{G_1} \times 100\% = \left(1 - \frac{P_2 T_1}{P_1 T_2}\right) \times 100\% \qquad (6-4)$$

对安全壳整体泄漏率的测量,试验的持续时间应不少于 24 h,并且还要考虑空气温度和热辐射在一天内周期变化的影响。

为了验证泄漏试验结果,可以用重叠法做验证试验,在泄漏率试验结束以后,取同样的试验压力 $P_i$,从安全壳连续放出与标准泄漏率 $L_o = 0.1\%/d$ 相当量的空气,然后在这状态下继续进行泄漏率测定。理论上,在验证试验时的泄漏率 $L$ 应该是做泄漏率试验时的泄漏率 $L_i$ 与标准泄漏率 $L_o$ 之和,即 $L = L_o + L_i$。事实上,由于仪表的精度及读数误差、安全壳的热膨胀及收缩等因素,$L - L_i$ 不等于 $L_o$,如果标准泄漏率 $L_o = 0.1\%/d$,一般允许 $L - L_i = 0.1 \pm 0.01/d$;用 $\eta$ 表示泄漏率试验准确度,可写出判别式:

$$\eta = \left| 1 - \frac{L - L_i}{L_o} \right| \times 100\% < 10\% \qquad (6-5)$$

以验证试验时测得的 $L$ 值代入，如果 $\eta < 10\%$ ，即可认为泄漏试验的结果是有效的。

（3）局部泄漏率试验

局部泄漏率试验是测定安全壳贯穿件的密封性，包括以下贯穿件：

①使用弹性密封垫圈或密封化合物的安全壳穿墙套管；

②设备入口和进入空气闸门；

③穿过安全壳的流体管道隔离阀；

④燃料运输管道；

⑤为了达到整体泄漏率试验的验收标准而补修过的安全壳部件。

# 6.6　装料、初始临界和低功率试验

## 6.6.1　燃料装载

1. 首次装料的准备工作

役前检查结束后，就可以进行首次装料的准备工作。

（1）检查燃料组件及控制棒组件等

装料之前，应对全部燃料组件再次做目测检查，观察各个燃料组件外表面应无污损、划伤、变色及锈蚀等异常情况；根据燃料组件编号核对其富集度。同时，还要逐一检查控制棒组件、可燃毒物组件、阻力塞组件和中子源组件。

（2）安装反应堆堆芯部件

在反应堆压力容器内，安装除燃料组件及其相关的组件（如控制棒组件等）和压紧部件的其他堆芯部件，并增设临时水下照明设备。

（3）压力容器内注水

向压力容器及冷却剂系统内充注浓度约为 2 000 mg/kg 的硼水，水位保持稍高于压力容器进出口接管，其硼浓度值应保证满装载又无控制棒组件插入时活性区的有效增殖系数 $K_{eff} \leq 0.9$ ，并用停堆冷却泵进行循环，使系统内各处的冷却剂硼浓度均匀。在装料期间应每隔30分钟取水样分析一次。

（4）增设核检测仪表

除原有的堆外检测仪表，为确保临界试验的安全，可临时在堆芯加装三套 BF$_3$ 计数管装置，对首次临界试验进行补充监测。

2. 装料方法

燃料初次装载，由于没有放射性，不需要屏蔽，因此换料水池可以不充水。

初装料时，燃料组件有三种不同的富集度，必须仔细核对，不能弄错；燃料组件中的控制棒组件、可燃毒物组件等应按要求预先插入。然后，用装卸料机根据燃料装载方案，依次把燃料组件装入堆芯内的指定位置。在装载过程中，反应堆次临界度的变化可根据源量程测量通道及临时加装的 BF$_3$ 计数装置提供的计数，做计数率倒数曲线进行监督。

目前，压水堆核电厂普遍采用的燃料装载方案——"平板"装料方案如图6-3所示。

首先,沿活性区围板装入三套临时 BF$_3$ 计数装置 A、B、C 和两个带有初级中子源的燃料组件 "S$_1$""S$_2$";接着沿堆外两个源量程测量通道的连线方向,先行装料,以形成稳定的"板壁",然后,在其前后、左右依次装入燃料组件。

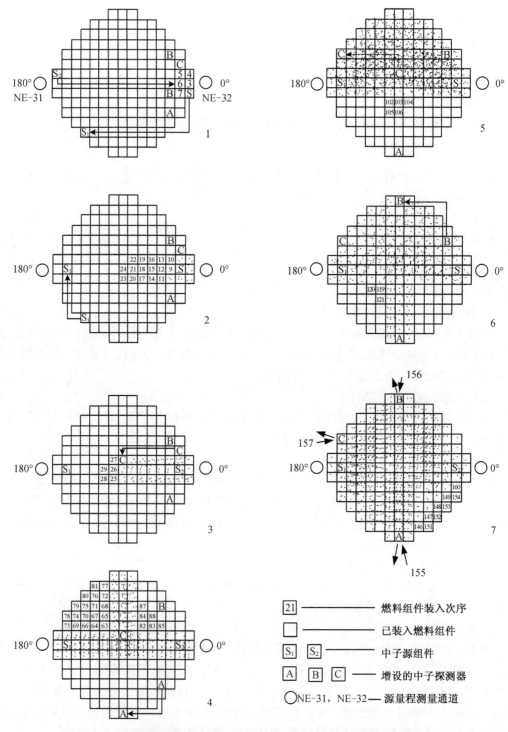

**图 6-3　压水堆核电厂普遍采用的燃料装载方案——"平板"装料方案**

在装料过程中,当装入 8 个燃料组件后,源量程测量通道计数率每秒钟至少有 2 次计数,如果达不到这个要求,则应采取措施,如调整源量程测量通道计数管的位置,移动中子源组件的位置,或稀释一回路冷却剂硼浓度,但在任何情况下,必须保证 $K_{eff} \leqslant 0.90$。

这种装料方案通常称为"平板"装料法,其特点如下。

(1)在结构上较为稳定,燃料组件插入时在压力容器内倾倒的可能性较小。

(2)带有中子源组件的燃料组件较早地装载到规定位置,这样不但可简化装料步骤,同时,临界安全性的监督受中子源几何位置的影响也比较小。

3.燃料装载安全准则

为了保证初次装料的安全,在装载过程中要遵循以下几点安全准则。

(1)在运输与操作过程中,防止发生燃料组件的损坏及错装事故。

(2)燃料组件的工艺运输系统及装卸料机应有可靠的电源,即使发生断电事故也不致损坏燃料组件。

(3)定期监测压力容器与系统内冷却剂的硼浓度值,隔绝与临界试验无关的辅助系统,防止纯水或低浓度含硼水进入一回路系统;如需要补水时,也应加入相同浓度的含硼水,以免出现硼稀释事故。

(4)若发生以下情况,应立即停止装料,待查清原因或故障排除后,再继续进行。

①有两套计数装置工作不正常。

②所有测量通道的中子计数率同时都意外地增长了 2 倍,或者任一个测量通道的中子计数率意外地增长了 5 倍;由于移动中子源组件或 $BF_3$ 探测器位置而引起的计数率变化的情况可以除外。

(5)在堆顶平台上的操作人员,严禁携带无保护措施的工具,以防止物品或工具掉入压力容器内;同时,严禁在堆顶上方悬挂重物。

4.燃料装载时的临界监督

在燃料组件依次装入堆芯过程中,为了进行临界监督,可以在每次加入一个燃料组件后,取中子探测器所测到中子计数率的倒数与燃料组件装载数作图。

由反应堆动态方程,可以得出次临界状态下,堆内有外中子源时中子密度分布方程:

$$n = \frac{l}{1 - K_{eff}} s \tag{6-6}$$

式中 $l$——中子平均寿期;

$s$——外中子源强度;

$K_{eff}$——有效增殖系数。

从式(6-6)可以看出,随着燃料组件装载数的增加,中子计数率也将增加,这样,取中子计数率的倒数对于燃料组件装载数作图,便可作为堆芯是如何迅速地趋近于临界的监督。计数倒数曲线如图 6-4 所示。图中的三条曲线是由于探测器位置的不同而得出的。装料结束后,即将临时计数装置拆除,由堆芯外核测系统的源量程测量通道进行监测。

### 6.6.2 临界前试验

燃料组件全部装完后,就安装压力容器压紧部件、压力容器顶盖,以及堆顶其他部件。然后,进行临界前的全系统试验,主要是试验燃料装载后一回路的水力特性,以及其他在未装燃料前无法进行的试验,如控制棒驱动机构动作特性试验、堆内仪表试验、将堆芯测量仪表套管插入燃料组件并检查驱动系统等。装料后,临界前的试验项目及内容见表6－3。

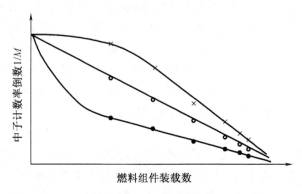

图6－4　计数倒数曲线

表6－3　装料后,临界前的试验项目及内容

| 项目 | 内容概要 |
| --- | --- |
| 冷却剂系统泄漏试验 | 在堆芯装料和安装压力容器顶盖后,对冷却剂系统做运行前的最后一次水压试验,检验压力容器顶盖的密封性 |
| 一回路系统流量测定 | 在装料后的热态工况下:<br>1. 测定冷却剂泵功率;<br>2. 测量环路弯管压差,以求得一回路冷却剂流量,并与设计值相比较 |
| 冷却剂泵惰转流量下滑试验 | 在额定工况下,当发生冷却剂泵(一泵或数泵)惰转时:<br>1. 测量冷却剂流量的变化;<br>2. 测量与失流事故有关的各种延迟时间 |
| 控制棒驱动机构试验 | 在冷、热态工况下,对每组控制棒组件的整个行程范围内进行操作试验,验证动作的可靠性,核实棒的速度和驱动机构的供电程序 |
| 控制棒落棒时间测量 | 额定流量或无流量时,在冷、热态工况下,测定控制棒组件落入堆芯所需时间 |
| 控制棒位置指示系统试验 | 在控制棒驱动机构进行试验时,检查棒位指示器的响应特性、动作过程,并调整指示值 |
| 保护系统动作试验 | 利用模拟信号检查每个保护通道,以核实其逻辑电路和输入信号的可靠性,测量响应时间;验证联动、闭锁和旁路的正确动作;检查反应堆的各种紧急停堆方式;校验报警整定值 |
| 电阻温度计旁路流量测定试验 | 装料后,在热态工况下,当冷却剂泵运转时,测定各电阻温度计旁路流量并验证旁路低流量整定值 |
| 堆内中子通量测量系统试验 | 在热态工况下,对堆内中子通量测量系统,包括其驱动机构及通量测量系统,做完整的电气和机械功能的检查 |

### 6.6.3 初次临界

初次临界试验,是在热态额定工况下,进行首次物理启动,达到临界,实现反应堆的自持链式裂变反应。

1. 初次临界

压水堆的初次临界是通过从堆内相继提升各组控制棒组件,并交叉地稀释冷却剂中的硼浓度,直至反应堆的链式裂变反应能够自持来达到的。具体步骤如下:

(1)提升控制棒组件(以 A 运行模式为例)

在控制棒组件全插入堆芯的初始工况下,按规定依次提升控制棒组件中的停堆棒组 $S_A$、$S_B$,调节棒组 A、B、C;然后把调节棒组 D(又称主调节棒组)提升到相当于积分价值约为 100 pcm(反应性单位,1 000 pcm = 1% $\Delta\rho$,$\Delta\rho$ 为棒组反应性积分价值)插入位置时为止。在提棒过程中和提棒后,应密切观察核测量系统源量程测量通道的中子计数,并且根据中子通量的变化情况,随时调整控制棒组件的提升速度。每提升若干步(步数由反应性的每次增加量来确定),应等待一段时间,测量中子计数,作棒位和计数率倒数曲线(图 6 – 5),并从曲线外推来预计临界值,在确保安全的前提下,再进行第二步操作。

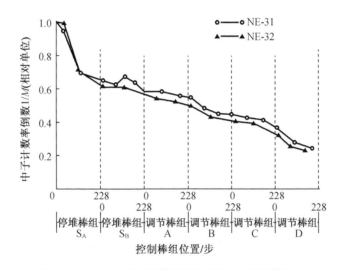

图 6 – 5 中子计数率倒数与控制棒组件位置的关系

(2)减硼向临界接近

减硼是通过化学和容积控制系统的上充泵,将补给水以规定的流量注入堆芯,并将相同数量的冷却剂排向硼回收系统实现的。按物理设计要求,减硼速率规定为因硼稀释而引起的反应性增加量每小时不超过 1 000 pcm。

在减硼过程中,每隔一刻钟停止稀释,对一回路系统和稳压器做取样分析。由于稳压器硼浓度的变化滞后于一回路系统冷却剂硼浓度的变化,为了促使混合均匀,必须投入稳压器的全部电加热器,并打开喷雾器,使两者之间的硼浓度差值小于 20 mg/kg;然后,测量中子计数率,直至反应堆的次临界度约负 50 pcm 为止。画出中子计数率倒数作为冷却剂系统所添加水量函数的外推曲线(图 6 – 6)。

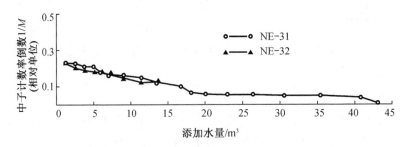

图 6 – 6　中子计数率倒数与添加水量的关系

（3）次临界下首次刻棒

在临界试验中，当反应堆处于接近临界的次临界状态下，可用计数率外推法对控制棒组件做出刻度，以检验控制棒组件的性能。

此时，由于堆内有中子源，如果刻度试验开始时，反应堆的次临界度为$(1 - K_{eff})$，则探测器的中子计数率 $n_1$ 为

$$n_1 = K \cdot \Phi_1 \infty \frac{S}{1 - K_{eff}} \tag{6 – 7}$$

式中　$\Phi_1$——中子通量；

　　　$K$——比例系数。

之后，把待刻度的控制棒组件如停堆棒组 $S_1$ 或 $S_2$ 插入堆芯，待中子通量分布稳定后，在同一探测器上测得的计数率 $n_2$ 为

$$n_2 = K \cdot \Phi_2 \infty \frac{S}{1 - (K_{eff} - \Delta K)} \tag{6 – 8}$$

比较式（6 – 7）与式（6 – 8），可以得出

$$\Delta K = \left( \frac{n_1}{n_2} - 1 \right)(1 - K_{eff}) \tag{6 – 9}$$

这里，$\Delta K$ 即为所刻度控制棒组件的价值。

用这种方法刻度控制棒组件时，由于测量计数的误差和控制棒组件插入时对中子通量的扰动等影响，刻度的结果比较粗糙，但可获得各控制棒组件大致的反应性价值。

（4）提棒向超临界过渡

减硼操作到反应堆次临界度约为 50 pcm 时，提升主调节棒组 D，向超临界过渡。这时，可能有下面两种情况：

①最后一次减硼操作，经充分混合后，系统已达临界。这时，可通过微调主调节棒组 D，以中子计数每分钟增加 10 倍的速率，提升堆功率到零功率规定水平，然后，插入 D 棒到刚好使反应堆临界的棒位。

②减硼稀释后，如果按规定速率提升 D 棒达到抽出极限，反应堆仍未临界，则必须重新插入 D 棒，再次以每小时 300 pcm 的恒定速率继续减硼，重复上述操作步骤，直至出现正周期为止，然后，提升功率到零功率规定水平。

2. 零功率物理试验功率水平之测定

进行零功率物理试验时，如果功率水平过低，由于扰动或工况不稳定，核测量仪表中的噪音信号将很显著；如果功率水平过高，则由于燃料棒的温度效应，不能得到良好的试验结

果。为此,必须通过测量来决定零功率物理试验功率水平之上限。

　　试验时,临界状态下,提起主调节棒组 D,引入一个相当于周期为 100 s 左右的正反应性,堆功率将上升,观察核测量仪表,记录表计上中子通量增长的情况。在所记录的中子通量曲线上,如出现中子通量不按指数规律上升的趋势时,则表明堆内开始产生了核加热效应。因此,应该以比此点低一个数量级的通量水平作为零功率物理试验时的上限,零功率物理试验的功率水平应在这个通量范围以内。

　　零功率物理实验功率水平之测定结果如图 6－7 所示。功率水平在中间量程测量通道电流指示值是 $10^{-8} \sim 10^{-7}$ A。

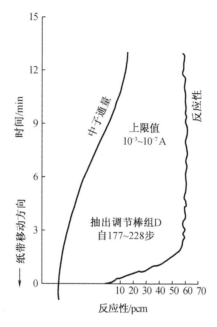

图 6－7　零功率物理实验功率水平之测定结果

### 6.6.4　低功率物理试验

　　低功率物理试验主要是在热态,功率稍高于零功率时进行的堆物理特性试验,所取得的实验数据用来为运行服务和校核理论计算。试验时,蒸汽排向凝汽器或排向大气。

　　低功率物理试验主要内容见表 6－4。

表 6－4　低功率物理实验

| 项目 | 条件 | 试验内容 |
|---|---|---|
| 控制棒价值和硼价值测定 | 热态零功率 | 在冷却剂硼稀释或加浓过程中,测定控制棒组件微分价值、积分价值,以及整个棒组行程范围内的硼微分价值 |
| 模拟弹棒事故试验 | 热态零功率 | 在模拟弹棒情况下测定:<br>1. 弹出棒价值;<br>2. 临界硼浓度;<br>3. 堆内通量分布,计算热管因子,并核实是否满足事故分析中所做的规定 |

表 6 –4(续)

| 项目 | 条件 | 试验内容 |
|------|------|----------|
| 最小停堆深度验证 | 热态零功率 | 当具有最大反应性价值的一根控制棒组件卡死在堆顶时,测定堆内是否仍具有 $1\%\dfrac{\Delta K}{K}$ 停堆深度的硼浓度值 |
| 慢化剂温度系数测定 | 热态零功率 | 测量慢化剂的等温温度系数 |
| 功率分布测定 | 低功率 | 在正常的棒位布置情况下,测量堆内功率分布,以验证燃料组件装载的正确性 |
| 放射性水平测定 | — | 测定核电厂内部及周围的放射性剂量水平 |
| 压力系数测定 | — | 确定反应性随冷却剂压力变化关系,由于数值较小,一般不测 |

1. 控制棒价值和硼价值测定

现代大型压水堆核电厂控制棒组件在堆芯的布置如第 7 章图 7 – 13 和 7 – 17 所示,由于控制棒组件的效率与中子通量平方成正比,因此,处于不同径向位置的控制棒组件,因中子密度的分布而有不同的吸收能力。从一个控制棒组件来说,位于活性区不同高度时,单位长度的吸收能力也有明显的不同。为了定量描述控制棒组件对反应性的补偿能力,就引入了"控制棒价值"这一概念。而控制棒微分价值的定义为:棒位改变单位长度时所引起的反应性变化,用公式表示,即

$$\alpha_h = \frac{\partial \rho}{\partial h} \tag{6 – 10}$$

而积分价值是指整个控制棒组件所能补偿的反应性,即

$$\rho_{棒} = \int_0^H \frac{\partial \rho}{\partial h} \mathrm{d}h \tag{6 – 11}$$

应该指出,控制棒组件效率还与堆内温度、中毒、燃耗及堆功率大小有关,各控制棒组相对位置也有一定的影响,这种现象称为控制棒组件之间的"干涉效应"。对于压水堆来说,由于采用棒束型控制棒组件,这种干涉效应不显著。

压水反应堆通常是用改变控制棒组件在堆内的位置及调硼操作来调节反应性的,因此核电厂正式投入运行之前,应在热态零功率和其后的各个不同功率水平,测定控制棒组件价值和硼价值,即测定调节棒组在不同位置的微分价值、调节棒组和停堆棒组的积分价值,以及不同浓度的硼水所能补偿反应性的能力。

目前大型压水堆上普遍采用的一种方法,是对冷却剂进行硼稀释或加浓,利用反应性模拟机测定控制棒组件的微分和积分价值,以及整个控制棒组件行程范围内的硼微分价值。

测量工作是在反应堆处于热态零功率工况下进行的,为了保证测量精度,要求:

(1)一回路冷却剂温度维持在额定值 – 2.8 ~ 0 ℃,温度变化率必须小于 ±0.6 ℃/min。

(2)一回路系统压力维持在额定值的 ±0.168 MPa 范围内。

(3)稳压器和一回路系统之间的硼浓度差值小于 20 mg/kg。

(4)一回路系统相继两次取样的硼浓度偏差不超过 ±5 mg/kg。

试验时,采用充排水方式,将反应堆补水控制选择开关置于"稀释"(或硼化)的位置,由上充泵向一回路系统注入除盐水(或浓硼酸),对冷却剂硼浓度进行稀释(或加硼),冷却剂

硼浓度改变所引起的堆内反应性变化(增加或减少)速率,应控制在每小时不超过 50 pcm。与此同时,必须周期性地插入(或提升)控制棒组件做及时补偿,使反应堆始终维持在临界点附近。通过反应性模拟机和数字电压表监测反应性和中子通量的响应,并且用双笔长图记录仪进行记录。硼稀释时反应性变化径迹如图 6 − 8 所示;加硼时反应性变化径迹如图 6 − 9 所示。

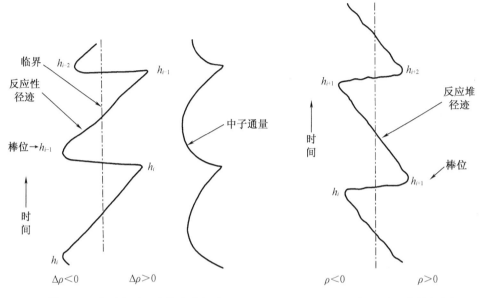

图 6 − 8 硼稀释时反应性变化径迹  图 6 − 9 加硼时反应性变化径迹

根据测量结果,可以绘制 $\dfrac{\Delta\rho}{\Delta h}$ 对 $h$ 的曲线,即棒组微分价值对棒组位置的微分价值曲线图;$\sum \Delta\rho$ 对 $h$ 的曲线,即棒组的积分价值曲线图(图 6 − 10)。

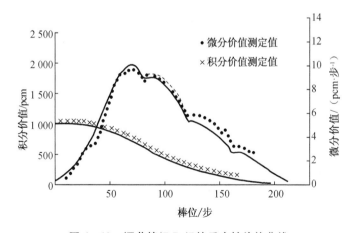

图 6 − 10 调节棒组 D 组的反应性价值曲线

从 6 − 10 图上可以看出,控制棒组件调节棒组 D 的积分曲线有一段近于直线,相应的微分价值 $\alpha_h$ 基本上保持不变,一般称为控制棒组件的线性段。调节棒组 D 这一特性在核电厂控制中是很有用的。

调节棒组整个行程范围内的平均硼价值可用比值 $\Delta C_B / \sum \Delta \rho$ 来表示，即

$$\Delta C_B = C_{B_2} - C_{B_1} \tag{6-12}$$

式中    $\sum \Delta \rho$ ——棒组的积分价值，pcm；

       $C_{B_1}$ ——棒组插入位置时冷却剂硼浓度，mg/kg；

       $C_{B_2}$ ——棒组抽出位置时冷却剂硼浓度，mg/kg。

2. 模拟弹棒事故试验

弹棒事故是指由于控制棒驱动机构的外壳损坏时，在压差作用下，使得控制棒组件迅速射出的事故。

模拟弹棒事故试验是在热态零功率工况下，将插入堆内的调节棒组中反应性价值最大的一根控制棒组件（简称弹出棒）逐步抽出，同时通过向一回路系统冷却剂加硼来补偿提棒引起的堆内反应性的变化。当弹出棒接近全抽出位置时，停止加硼，使一回路系统硼浓度得到充分混合。混合均匀所引起的附加反应性变化，以及弹出棒最后一部分抽出堆芯所相应的反应性，均可移动调节棒组 D 的位置来进行补偿，以维持反应性的平衡。然后，分别测定临界硼浓度、弹出棒反应性价值和堆内功率分布。

（1）临界硼浓度

通过取样分析，测出一回路系统均匀混合时的硼浓度值 $C_{B_m}$，并根据调节棒组 D 堆内位置的变化 $\Delta h$，查调节棒组 D 的价值曲线得到相应的反应性 $\Delta \rho$，再利用式（6-10）求出模拟弹棒工况下的临界硼浓度值。

（2）弹出棒反应性价值

把弹出棒从底部到顶部的全行程按高度标为 $h_0$、$h_1$……$h_n$，相应的硼浓度为 $C_{B0}$、$C_{B1}$……$C_{Bn}$，于是，弹出棒在 $(h_{i-1} + h_i)/2$ 位置处的价值 $\partial \rho / \partial h_{i-1 \to i}$ 可表示为

$$\frac{\partial \rho}{\partial h_{i-1 \to i}} = \frac{\Delta \rho_{i-1 \to i}(\text{棒})}{\Delta h_i} = \frac{\Delta \rho_{i-1 \to i}(\text{硼})}{\Delta h_i} \tag{6-13}$$

式中    $\partial h_{i-1 \to i}$ ——弹出棒从位置 $h_{i-1}$ 提升到 $h_i$ 的行程增加量；

       $\Delta \rho_{i-1 \to i}(\text{棒})$ ——弹出棒从位置 $h_{i-1}$ 提升到 $h_i$ 时的反应性增加量；

       $\Delta \rho_{i-1 \to i}(\text{硼})$ ——弹出棒从位置 $h_{i-1}$ 提升到 $h_i$ 时，为了维持临界而增加硼浓度所相应的反应性减少量。

如果以 $\Delta C_{B_{i-1 \to i}}$ 代表弹出棒从位置 $h_{i-1}$ 提升到 $h_i$ 对应的硼浓度变化，则

$$\Delta \rho_{i-1 \to i}(\text{硼}) = \Delta C_{B_{i-1 \to i}} \cdot \frac{1}{2} \left( \frac{\partial \rho}{\partial B_i} + \frac{\partial \rho}{\partial B_{i-1}} \right) \tag{6-14}$$

弹出棒反应性价值 $\rho(\text{棒})$ 为

$$\rho(\text{棒}) = \sum_{i \to 1}^{n} \Delta \rho_{i-1 \to i}(\text{棒}) = \sum_{i \to 1}^{n} \Delta \rho_{i-1 \to i}(\text{硼}) \tag{6-15}$$

因此，只要测出各种浓度下的硼微分价值和弹棒前后堆内临界硼浓度值的变化，就能得到弹出棒反应性价值。

3. 最小停堆深度验证

在反应性价值最大的一根控制棒组件全抽出，其他控制棒组件全插入的情况下，测定反应堆尚能提供停堆深度为 $1\% \Delta K/K$ 所需硼浓度的试验，称为最小停堆深度验证。

最小停堆深度验证试验是在热态零功率工况下进行，控制棒组在堆内的位置见表 6-

5。假设 F-8 为反应性价值最大的一根控制棒组件。试验开始时,逐步抽出控制棒组件 F-8 到堆顶,使反应堆处于临界,接着,在保持临界的同时,稀释一回路系统冷却剂硼浓度,先将调节棒组 A 全插入,后把停堆棒组逐步插入。为了保证安全,硼稀释速率所提供的反应性增加量每小时不应超过 300 pcm。当停堆棒组剩余约 1% 反应性时(图 6-11),停止稀释,并在稳压器和一回路系统内冷却剂混合均匀的情况下,取样分析,测定硼浓度。测量结果为 956 mg/kg,这就是反应堆具有 1% $\Delta K/K$ 停堆深度的硼浓度极限值,它表示在堆芯寿期初,无氙毒工况下,冷却剂硼浓度不允许稀释到此值之下。当然,运行以后随着燃耗的不断加深,此值也应加以适当的修正。

表 6-5　最小停堆深度验证时堆芯初始条件(A 模式)

| | 棒位/步 | 备注 |
|---|---|---|
| 调节棒组 - A | 60 | 仅 F-8 全抽出 |
| 调节棒组 - B | 0 | |
| 调节棒组 - C | 0 | |
| 调节棒组 - D | 0 | |
| 停堆棒组 - $S_A$ | 228 | |
| 停堆棒组 - $S_B$ | 228 | |

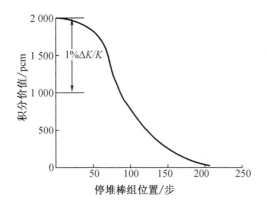

图 6-11　具有 1% $\dfrac{\Delta K}{K}$ 停堆深度时硼浓度值

### 4. 功率分布测定

从反应堆运行来讲,不仅需要随时知道堆的功率大小,而且还必须掌握堆内功率分布。功率分布比较均匀,则堆芯是安全的,燃料也可以得到充分利用。如果在局部区域内出现超过设计范围的功率峰时,虽然反应堆的总功率未变,但仍有可能发生燃料包壳因过热而损坏的现象。所以,在反应堆各级功率水平上,都要测量堆内功率分布,以证实设计计算的可靠性。

由于堆内某处(指燃料棒所在处)发出的功率正比于该处的热中子通量,所以只要测得堆内热中子通量的空间分布,也就知道了功率分布情况。

利用堆内核测量系统可以测量活性区的热中子通量分布。为了能够得到足够的功率信号,测量时可将反应堆功率提升到3%额定功率的水平,根据中子通量测量系统的输出信号由电厂计算机计算出堆内功率分布。因为中子通量分布与控制棒组布置有关,所以应按正常运行时的棒位进行测量。在低功率工况下,也可对各种不同的控制棒组布置方式进行测量,以做相互比较。功率分布如图6-12所示。从此图中可以看出,测得的功率分布与计算值符合得很好,这也说明了燃料装载是正确无误的。

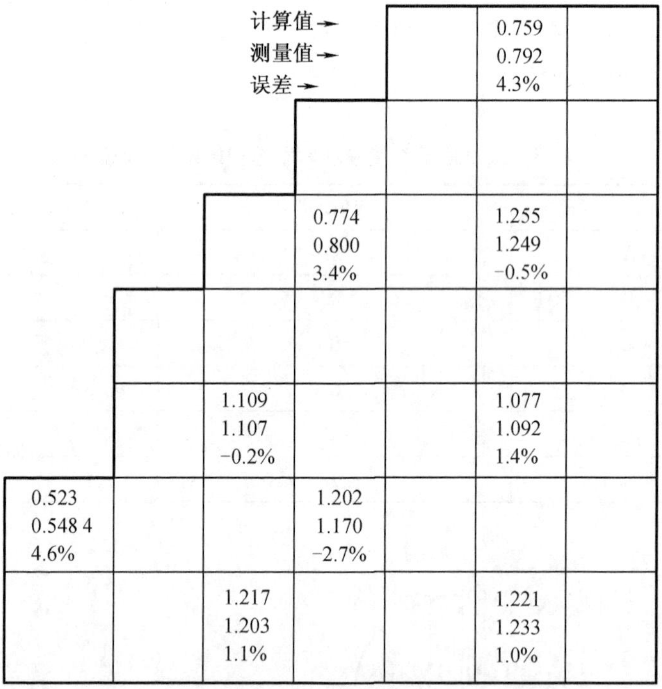

| 计算值→ | | 0.759 |
| 测量值→ | | 0.792 |
| 误差→ | | 4.3% |

(功率分布阶梯图)

| | 0.774 | | 1.255 |
| | 0.800 | | 1.249 |
| | 3.4% | | -0.5% |

| | 1.109 | | 1.077 |
| | 1.107 | | 1.092 |
| | -0.2% | | 1.4% |

| 0.523 | | 1.202 |
| 0.548 4 | | 1.170 |
| 4.6% | | -2.7% |

| | 1.217 | | 1.221 |
| | 1.203 | | 1.233 |
| | 1.1% | | 1.0% |

图6-12 功率分布

### 6.6.5 功率试验

通过临界和低功率物理试验,为核电厂的安全运行提供了必要的试验数据,二回路系统的汽轮发电机组经过热试验,运转正常,厂外输电系统已投入使用,汽轮发电机组并入电网,反应堆可以逐级提升功率,一般分15%、25%、50%、75%和100% $P_n$ 5个功率水平。在每一级功率水平上都要严格地检查反应堆和汽轮发电机组运行是否正常,进行必要的调整与试验,分析安全可靠性,校核各项指标是否符合设计要求,然后决定是否可以继续提升功率。

功率提升过程中需要进行试验的主要项目见表6-6。

表6-6 功率提升过程中需要进行试验的主要项目

| 项目 | 试验功率水平/% $P_n$ | | | | 试验内容 |
| --- | --- | --- | --- | --- | --- |
| | 20 | 50 | 75 | 100 | |
| 自然循环试验 | | | | | 验证冷却剂系统自然循环带出堆芯余热的能力(仅在同类型电厂的第一代堆上进行) |

表 6 - 6(续 1)

| 项目 | 试验功率水平/%$P_n$ | | | | 试验内容 |
|---|---|---|---|---|---|
| | 20 | 50 | 75 | 100 | |
| 发电机首次同步 | | | | | 汽轮发电机同步到并网,要求电厂参数的变化在设计范围内 |
| 汽轮机控制系统启动试验 | √ | √ | | | 验证冲动压力特性曲线是否符合设计规定 |
| 热功率测量和功率刻度试验 | √ | √ | √ | √ | 测量反应堆功率功率量程核测量仪表对照热功率进行刻度 |
| 功率系数测定 | √ | √ | √ | √ | 验证功率反应性系数计算值正确性,并测定整个功率亏损 |
| 功率分布测定 | √ | √ | √ | √ | 在正常运行的棒位布置情况下,核实功率分布是否符合计算值 |
| 慢化剂温度系数测定 | √ | √ | √ | √ | 在带功率工况下,测定等温温度系数 |
| 取样系统试验 | √ | √ | √ | | 在低功率物理试验和功率提升过程中,对冷却剂系统取样分析,核实水质是否符合要求 |
| 放射性水平测定 | | | √ | √ | 测量厂区内外辐射水平,验证屏蔽设计 |
| 废液废气监测 | √ | √ | √ | √ | 监测排放量与排放水平 |
| 蒸汽和水流量仪表刻度试验 | √ | √ | √ | √ | 对蒸汽和给水流量仪表进行刻度 |
| 蒸汽发生器水位自动控制试验 | √ | | | | 测量蒸汽发生器水位控制系统的工作特性,以及维持正常水位的能力 |
| 核测量仪表调整试验 | | | | | 测量源量程、中间量程、功率量程,测量通道之间重叠度数据,调整功率量程高通量停堆整定值,检查通量偏差报警整定值 |
| 堆内、堆外核测量仪表刻度试验 | | | | | 堆内、堆外核测量仪表以反应堆功率进行刻度校验,根据功率轴向偏差来修正超功率 $\Delta T$ 和超温 $\Delta T$ 整定值 |
| 控制棒组件落棒试验 | | √ | | | 验证控制系统对掉落棒组的自动检测能力,以及禁止提棒和汽轮机降负荷的动作过程 |
| 蒸汽发生器蒸汽水分夹带试验 | | | √ | √ | 在稳定工况下,测定蒸汽发生器出口蒸汽中水分夹带量 |
| 中毒曲线测量 | √ | √ | √ | √ | 测量中毒曲线,求得平衡氙毒与功率水平的关系 |
| 碘坑测量 | √ | √ | √ | √ | 测定最大氙毒和碘坑曲线 |

表 6 - 6(续 2)

| 项目 | 试验功率水平/% $P_n$ | | | | 试验内容 |
|------|------|------|------|------|------|
| | 20 | 50 | 75 | 100 | |
| 负荷摆动试验 | √ | | √ | √ | 验证核电厂对负荷阶跃变化不超过 ±10% $P_n$ 时的瞬态响应特性和控制系统自动跟踪负荷能力 |
| 甩负荷试验 | | | √ | √ | 验证自动控制系统和蒸汽排放系统对于承受甩去 (50 ~ 95)% $P_n$ 负荷的能力;评价控制系统之间的相互作用,根据测量数据调整整定值以改进过渡响应特性 |
| 电厂满功率停闭试验 | | | | √ | 检验电厂在 100% $P_n$ 下,汽轮机脱扣时的响应特性 |
| 电厂验收试验 | | | | √ | 满功率连续运行 100 小时的可靠性验证<br>测量电功率<br>测定电厂热效率 |

**1. 二回路热功率测量**

二回路热功率 $Q_{se}$ 就是核蒸汽供应系统的总热量输出,对三个环路带有三台蒸汽发生器的机组来说,是根据图 6 – 13 所示的测点 B、C 之间的热平衡来确定的。

$$Q_{se} = \sum_{i=1}^{3} Q_{sg_i} \tag{6-16}$$

$Q_{sg_i}$ 代表在第 $i$ 个环路蒸汽发生器中输出的热功率。

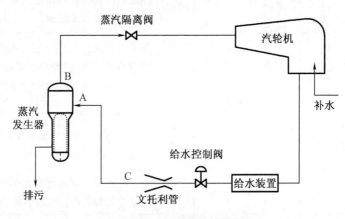

图 6 – 13　二回路热平衡图

当系统达到热平衡后,第 $i$ 个环路蒸汽发生器输出的热功率为

$$Q_{sg_i} = J(h_{v_i} W_{s_i} + h_{B_i} W_{B_i} - h_{F_i} W_{F_i}) + Q_{r_i} \tag{6-17}$$

式中　$h_{v_i}$ ——蒸汽发生器出口焓,kJ/kg;

　　　$W_{s_i}$ ——蒸汽发生器出口蒸汽质量流量,kg/h;

　　　$h_{B_i}$ ——蒸汽发生器排污水焓,kJ/kg;

$W_{B_i}$——蒸汽发生器排污水质量流量,kg/h;

$h_{F_i}$——二回路给水焓,kJ/kg;

$W_{F_i}$——蒸汽发生器进口给水质量流量,kg/h;

$Q_{r_i}$——蒸汽发生器端部与测点 C 之间给水管道的热损失,kW;

$J$——热功当量,等于 $1/860$ kW·h/kcal。

$$h_{v_i} = X_i h_{vs_i} + (1 - X_i) h_{vw_1} \tag{6-18}$$

式中 $X_i$——蒸汽发生器出口的蒸汽干度,%;

$h_{vs_i}$——蒸汽发生器在 $P_v$ 压力下饱和蒸汽焓,kJ/kg;

$h_{vw_i}$——蒸汽发生器在 $P_v$ 压力下饱和水焓,kJ/kg。

在稳定工况下运行时,由于进入蒸汽发生器的给水流量等于蒸汽发生器出口蒸汽流量与排污水流量之和,即

$$W_{F_i} = W_{S_i} + W_{B_i} \tag{6-19}$$

将式(6-19)代入式(6-17)后,再将式(6-17)代入式(6-16),得

$$Q_{se} = \sum_{i=1}^{3} J[h_{v_i} W_{s_i} + h_{B_i} W_{B_i} - h_{F_i}(W_{s_i} + W_{B_i})] + Q_{r_i}$$

$$= \sum_{i=1}^{3} J[W_{s_i}(h_{v_i} - h_{F_i}) + W_{B_i}(h_{B_i} - h_{F_i})] + Q_{r_i} \tag{6-20}$$

在测量过程中,蒸汽发生器应停止排污,即 $W_{B_i} = 0$,则 $W_{F_i} = W_{s_i}$,于是式(6-20)变为

$$Q_{se} = \sum_{i=1}^{3} J W_{s_i}(h_{v_i} - h_{F_i}) + Q_{r_i}$$

$$= \sum_{i=1}^{3} J W_{s_i} \Delta h_i + Q_{r_i} \tag{6-21}$$

式中,$\Delta h_i$ 为第 $i$ 个环路蒸汽发生器焓升,它等于蒸汽发生器出口蒸汽焓与二回路给水焓之差,kcal/kg。

给水流量可以利用给水管道上的节流装置,例如文托利管测量出压差,然后再根据下列关系式算出:

$$W_F = 3\,600 a F_0 \sqrt{2g\gamma\Delta P} \tag{6-22}$$

式中 $a$——节流元件的流量系数;

$F_0$——节流元件的流通面积,m²;

$\gamma$——流体的比重,kg/m³;

$\Delta P$——压差,kg/m²;

$g$——重力加速度,等于 $9.8$ m/s²。

2. 功率刻度试验

功率刻度试验是通过试验的方法,来建立堆外核仪表系统功率量程测量通道电离室电流值与反应堆功率之间的关系,以便能迅速反映出堆内的功率水平及其变化情况。

大型压水堆核电厂,由于一回路冷却剂流量很大,要精确测量比较困难,所以,目前普遍采用测量二回路热功率,然后根据一、二回路系统之间的热平衡关系,求得反应堆功率 $P_R$,即

$$P_R = \sum_{i=1}^{3} Q_{sg_i} + Q_{r_1} - \sum_{i=1}^{3} P_{PU_i} \tag{6-23}$$

利用上述方法测量反应堆功率精度较高,可以用来对电离室电流指示值进行刻度,建立两者之间的对应关系。功率刻度试验必须在电厂稳定运行一段时间后开始,通过测量二回路给水流量、温度、压力和蒸汽发生器出口饱和蒸汽压力等有关参数,算出反应堆功率,然后刻度电离室电流表,试验至少要重复一次。将几种功率水平下得到的数据,画成反应堆功率与电离室电流之间的关系曲线。某压水堆核电厂4个功率量程电离室电流刻度试验的实际测量值如图6-14所示。

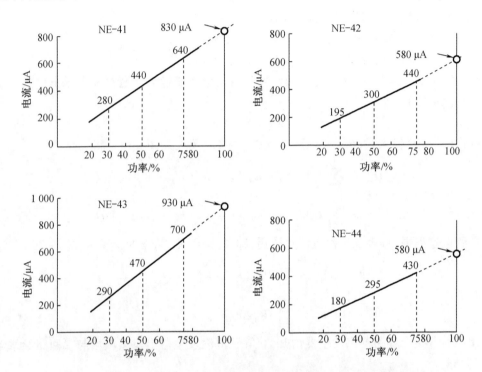

**图6-14 某压水堆核电厂4个功率量程电离室电流刻度试验的实际测量值**

从图6-14可看出,反应堆功率与电离室电流之间是一个线性关系,反应堆功率应取4个电离室电流刻度值的平均值。

3. 功率系数测定

反应堆功率的上升,会引起反应性的损失,这是由于功率提高后,燃料棒温度升高导致铀-238共振吸收谱线形状变宽,以及堆内冷却剂温度升高对反应性影响的综合效应。堆功率每变化1 MW时所引起的反应性改变称为功率系数,用$\alpha_p$表示。

$$\alpha_p = \frac{\partial \rho}{\partial P} \tag{6-24}$$

压水堆的功率系数是负值,并且绝对值比较大,当反应堆功率发生变化时,它是首先起稳定作用的因素。

反应堆在低功率工况下做功率系数测定时,通过手动提升调节棒组D使功率增加,达到某一功率水平后,维持堆的稳定工况。记下电离室电流表上的功率增长值$\Delta P$,同时,根据调节棒组D在功率改变前后的棒位变化$\Delta h$,从它的微分价值曲线查得相应的反应性变化$\Delta \rho$,即可得出功率系数$\alpha_p$。

当反应堆在$15\% P_n$以上运行时,功率调节系统能自动跟踪负荷变化,只要在提升功率的同时,分别记录反应性和功率随时间的变化,即 $\Delta\rho/\Delta t$ 和 $\Delta P/\Delta t$,就可得到功率系数 $\alpha_p$ 曲线(图 6 – 15)。

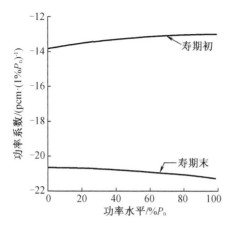

**图 6 – 15　功率系数曲线**

在功率系数测定试验中,应避免突然发生大的负荷变动,每次测量之前,使反应堆在某一功率水平上稳定运行一段时间,达到平衡中毒后才开始。

4. 带功率工况下慢化剂温度系数测定

在带功率工况下,可用负反应性扰动法测量慢化剂等温温度系数。

试验开始时,首先切除功率调节系数对反应堆的自动控制,并且使二回路功率(汽轮发电机组负荷)保持不变;然后,突然向堆内引入一个负反应性扰动(如调节棒组 D 下插),在扰动发生后的瞬间,反应堆功率必然下降。但是,由于二回路功率恒定,而且反应堆功率自动调节已解除,结果势必要引起冷却剂平均温度降低。由于负温度系数的反馈效应,又产生一个正的反应性,使堆功率上升,直到反应堆在新的稳定工况下运行为止。由外部引入的负反应性扰动,被内部冷却剂平均温度下降产生的正反应性所补偿。因此,只要测得堆在扰动前后稳定运行时的温差 $\Delta T$,并且由反应性模拟机测出引入的反应性扰动 $\Delta\rho$,便可求得等温温度系数 $\alpha_T$。

在不同的功率水平下,重复上述测量,就可以得到不同温度时的 $\alpha_T$。从而做出 $\alpha_T$ 与 $T$ 的关系曲线。

利用这种方法测量温度系数,因为反应堆功率有变化,所以负反应性扰动 $\Delta\rho$ 的测量必须要在功率系数反馈之前完成,才能排除附加的反应性干扰。反应性模拟机测量迅速,是能满足这个测量条件的。

5. 蒸汽发生器水分夹带试验

蒸汽发生器水分夹带试验,是为了测定蒸汽发生器蒸汽中所含水分的平均值。根据饱和汽轮机的设计要求,蒸汽中所含水分应小于 0.25%,或者说蒸汽干度要在 99.75% 以上。

试验工作在 75% 和 100% $P_n$ 水平下进行,测试时蒸汽发生器的负荷和水位要稳定。利用钠盐(如碳酸钠)只溶于水而不溶于蒸汽的特性,试验前将适当数量的放射性钠盐,加入蒸汽发生器中作为示踪原子,用碘化钠(NaI)闪烁计数器检测蒸汽中钠的活性,就可以算出蒸汽发生器蒸汽中所含的水分。

蒸汽发生器蒸汽中所含水分 CO 的计算公式为

$$CO = \frac{蒸汽含水量}{蒸汽量 + 蒸汽含水量} \quad\quad (6-25)$$

令 $I_T$ 为蒸汽样品中钠的活性,counts/min;$I_S$ 为蒸汽样品凝结水中钠的活性,counts/min。在钠盐溶于水的条件下,凝结水中钠的活性总量,也就是蒸汽含水量中钠的活性总量为

$$I_S W_S = I_T CO \cdot W_S \quad\quad (6-26)$$

所以,

$$CO = \frac{I_S}{I_T} \quad\quad (6-27)$$

对于带有三个环路的 900 MW 级核电厂,蒸汽发生器蒸汽中所含水分的平均值 $\overline{CO}$ 为

$$\overline{CO} = \frac{W_{F_1} CO_1 + W_{F_2} CO_2 + W_{F_3} CO_3}{W_{F_1} + W_{F_2} + W_{F_3}} \quad\quad (6-28)$$

把式(6-27)代入式(6-28)得

$$\overline{CO} = \frac{W_{F_1}\dfrac{I_{S_1}}{I_{T_1}} + W_{F_2}\dfrac{I_{S_2}}{I_{T_2}} + W_{F_3}\dfrac{I_{S_3}}{I_{T_3}}}{W_{F_1} + W_{F_2} + W_{F_3}} \quad\quad (6-29)$$

蒸汽发生器水分夹带试验的取样点如图 6-16 所示。可知:

(1)蒸汽发生器上部取样,测得蒸汽样品中钠的活性 $I_T$。

(2)蒸汽发生器蒸汽管道中取样,测得蒸汽样品凝结水中钠的活性 $I_S$。

(3)蒸汽发生器排污水中取样,测得排污水样品中钠的活性 $I_B$。

(4)二回路给水中取样,测得给水样品中钠的活性 $I_F$。

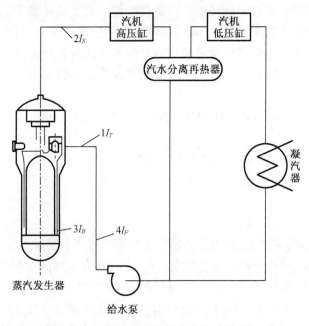

**图 6-16 蒸汽发生器水分夹带试验的取样点**

在蒸汽管道中取样,测量蒸汽样品凝结水中钠的活性不精确,只能得到每台蒸汽发生

器之间的相对比值。为了精确测量蒸汽凝结水中钠的活性,可在二回路给水中取样,测出给水样品中钠的活性,然后通过计算求得。因为蒸汽凝结水中钠的活性总量也就是给水中钠的活性总量,即

$$I_{S_1} W_{S_1} + I_{S_2} W_{S_2} + I_{S_3} W_{S_3} = \sum_{i=1}^{3} I_{F_i} W_{F_i} \tag{6-30}$$

式中,$n$ 为二回路给水泵台数。如果令

$$R_1 = \frac{I_{S_1}}{I_{S_2}}, \quad R_2 = \frac{I_{S_1}}{I_{S_3}} \tag{6-31}$$

则

$$I_{S_1} W_{S_1} + \frac{I_{S_1}}{R_1} W_{S_2} + \frac{I_{S_1}}{R_2} W_{S_3} = \sum_{i=1}^{3} I_{F_i} W_{F_i} \tag{6-32}$$

$$I_{S_1} = \frac{\sum_{i=1}^{n} I_{F_i} W_{F_i}}{W_{S_1} + \frac{W_{S_2}}{R_1} + \frac{W_{S_3}}{R_2}} \tag{6-33}$$

而式(6-29)变为

$$\overline{CO} = I_{S_1} \frac{\frac{W_{F_1}}{I_{T_1}} + \frac{W_{F_2}}{I_{T_2} R_1} + \frac{W_{F_3}}{I_{T_3} R_2}}{W_{F_1} + W_{F_2} + W_{F_3}} \tag{6-34}$$

在稳定运行工况下,给水流量等于蒸汽流量,即 $W_F = W_s$,将式(6-33)代入式(6-34)后,得

$$\overline{CO} = \left[ \frac{\sum_{i=1}^{3} I_{F_i} W_{F_i}}{W_{S_1} + \frac{W_{S_2}}{R_1} + \frac{W_{S_3}}{R_2}} \right] \times \frac{\frac{W_{F_1}}{I_{T_1}} + \frac{W_{F_2}}{I_{T_2} R_1} + \frac{W_{F_3}}{I_{T_3} R_2}}{W_{F_1} + W_{F_2} + W_{F_3}} \tag{6-35}$$

从蒸汽发生器排污水中取样,测得钠的活性并不代表蒸汽样品中钠的活性,必须经过由于沸腾引起的浓缩效应修正。为此,现定义

$$CR = \frac{蒸汽管束中含水量 + 蒸汽管束中蒸汽量}{蒸汽管束中蒸汽量} \tag{6-36}$$

由于进入蒸汽管束钠的活性总量等于离开蒸汽管束钠的活性总量,即

$$I_B W_S CR = I_T W_S (CR - 1) \tag{6-37}$$

所以,

$$I_T = I_B \frac{CR}{CR - 1} = I_B \frac{X}{1 - X} \tag{6-38}$$

其中,$(1 - X) = \dfrac{CR - 1}{CR}$,是与蒸汽流量有关的修正因子。

因为钠的活性随时间发生衰变,所以在试验过程中,从蒸汽发生器各取样点测到钠的活性后,必须按照放射衰变规律归算到同一取样时刻钠的活性 $I_0$,即

$$I = I_0 e^{-0.693 t / T_{1/2}} \tag{6-39}$$

式中 $I$——$t$ 时刻测得钠的活性;

$t$——$I_0$ 与 $I$ 之间的时间间隔;

$T_{1/2}$——钠 – 24 的半衰期,等于 15 h。

于是

$$I = I_0 e^{-0.046\,2t} \tag{6-40}$$

然后,利用式(6 – 35)算出蒸汽发生器蒸汽中所含水分的平均值$\overline{CO}$。

由于同位素钠 – 24 的半衰期比较短,只有 15 h,因此,从取得同位素钠 – 24 制成碳酸钠到进行试验,要求准备充分、组织周密、测量及时,这样才能保证测量精度。

6. 中毒曲线测量

在反应堆运行过程中,铀裂变后可直接或间接地产生 100 多种新的同位素,其中氙 – 135 和钐 – 149 的热中子吸收截面特别大,称之为毒物(表 6 – 7)。毒物造成反应性的损失,所以在设计时就要考虑它的补偿。毒物吸收的热中子数与燃料吸收热中子数之比称为反应堆毒性,用 $P_p$ 表示:

$$P_p = \frac{(\Phi\Sigma_a V)_p}{(\Phi\Sigma_a V)_U} = \frac{\Sigma_{a_p}}{\Sigma_{a_U}} = \frac{\sigma_{a_p} N_p}{\sigma_{a_U} N_U} \tag{6-41}$$

式中 $\Sigma_{a_p}$、$\Sigma_{a_U}$ 和 $\sigma_{a_p}$、$\sigma_{a_U}$ 分别表示毒物和燃料的宏观和微观热中子吸收截面;$N_p$ 和 $N_U$ 分别表示毒物和燃料的核密度。

表 6 – 7 几种元素的热中子吸收截面

| 元素 | 微观热中子吸收截面(b) | 比产额/% |
|---|---|---|
| 铀 – 235 | 650 | |
| 镉 | 2 500 | |
| 硼 | 700 | |
| 钐 – 149 | $5.3 \times 10^4$ | 1.4 |
| 氙 – 135 | $3.5 \times 10^6$ | 5.9 |

氙 – 135 的热中子吸收截面最大,由裂变直接产生的氙 – 135 只是很小一部分,占 0.3%,大部分是由碲 – 135 衰变两次生成的,占 5.6%,碲 – 135 的衰变链为

$$^{135}\text{Te} \xrightarrow[\beta]{2\text{ min}} {}^{135}\text{I} \xrightarrow[\beta]{6.7\text{ h}} {}^{135}\text{Xe} \xrightarrow[\beta]{9.2\text{ h}} {}^{135}\text{Cs} \xrightarrow[\beta]{3 \times 10^6\text{ a}} \times {}^{135}\text{Ba}(\text{稳定})$$

碘 – 135 本身不是一个强中子吸收剂,但它是氙 – 135 的先驱核。

在通量恒定的情况下,堆内毒物的产生与其自身衰变和吸收中子后失去毒性相平衡,达到平衡时的浓度 $N_{0Xe}$ 为

$$N_{0Xe} = \frac{\gamma_I + \gamma_{Xe}}{\lambda_{Xe} + \sigma_{Xe} \cdot \Phi_0} \Phi_0 \sum_f {}^{235}\text{U} \tag{6-42}$$

式中 $\gamma_I$——碘的比产额,等于 0.058;

$\gamma_{Xe}$——氙的比产额,等于 0.003;

$\lambda_{Xe}$——氙的衰变常数,等于 $2.1 \times 10^{-5}$;

$\sigma_{Xe}$——氙的中子微观吸收截面;

$\sum_f {}^{235}\text{U}$——铀 – 235 的宏观裂变截面。

在各种中子通量下氙毒平衡值的计算结果见表 6 – 8。从表上可以看出,当堆内中子通

量较低时,可忽略不计;当中子通量大于 $10^{12}$ n/$(cm^2 \cdot s)$ 时,毒性迅速增加,最后趋近于极限值 0.050。

表 6-8　在各种电子通量下氙毒平衡值的计算结果

| 热中子通量/(n · ($cm^2$ · s) $^{-1}$) | 氙平衡毒性 |
|---|---|
| $10^{11}$ | 0.000 85 |
| $10^{12}$ | 0.007 0 |
| $10^{13}$ | 0.030 |
| $10^{14}$ | 0.046 |
| $10^{15}$ | 0.048 |
| $10^{16}$ | 0.049 |
| $10^{17}$ | 0.049 |

中毒曲线的测量是从热态零功率、无毒工况下开始的。首先,以允许的最快速度将功率提升到某一级水平,待反应堆稳定,记下调节棒组 D 的棒位;然后,开始计算时间,随着反应堆内氙毒的出现,调节棒组 D 逐渐抽出以补偿中毒反应性的损失,必要时还要进行调硼操作。当达到平衡中毒(约需 40 h)时,棒位才保持不变,从开始计时起,每隔一定的时间 $\Delta t_i$,记录一次调节棒组 D 的棒位变化 $\Delta h_i$,查价值曲线得到相应反应性当量 $\Delta \rho_i$,即可画出中毒曲线,如图 6-17 所示。

对于核电厂运行更有意义的是各种功率水平下的平衡中毒值,在不同的反应堆功率水平下,重复上述的测量过程,即可画出平衡中毒值与功率水平的关系曲线(图 6-18)。

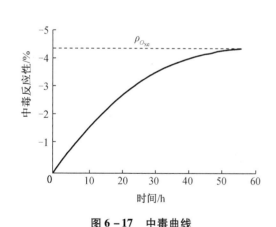

图 6-17　中毒曲线

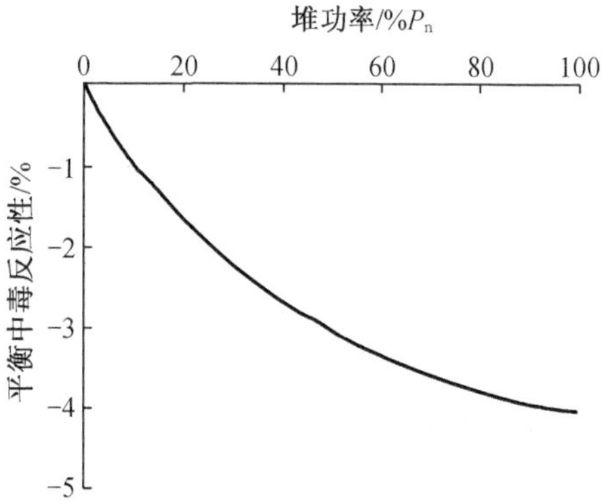

图 6-18　平衡中毒与功率关系

在中毒曲线的测量过程中,实际上已将所有毒物对反应性的影响都包括在内,也难以将它们区分开来,但起决定作用的是氙-135,其次是钐-149,其他毒物由于微观吸收截面小,而且产额也低,对反应性的影响与氙毒相比可忽略不计。

**7. 碘坑测量**

碘坑是反应堆从高功率向低功率过渡时的一种现象。满功率运行的反应堆,突然停堆后,氙毒的最大浓度可比平衡值大几倍,使反应性大大下降,因此,反应堆降功率运行或者热停闭时,必须要考虑氙毒的变化特性,并根据碘坑随时间的变化情况,进行反应性的补偿。

碘坑测定试验是在平衡氙毒工况下进行的,让运行中反应堆降到零功率,待稳定以后记下调节棒组 D 的棒位,并开始计算时间,仔细观察功率表的指示,随着碘坑的出现,手动操纵调节棒组 D,补偿反应性的变化,使功率保持不变,必要时还需进行调硼操作,根据调节棒组 D 的移动方向和数值大小及硼浓度的变化,可以画出碘坑曲线。

改变停堆前的功率水平,重复上述的测量过程,可以画出不同功率水平下的碘坑曲线(图 6 – 19)。

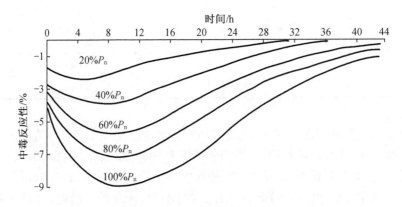

图 6 – 19　不同功率水平下的碘坑曲线

一条碘坑曲线的测量时间需要 30 h 以上,为了保证测量精度,要求在这段时间内维持反应堆功率、冷却剂平均温度等热工和物理参数的稳定。

8. 负荷摆动试验

为了验证核电厂对负荷阶跃变化不超过 ±10% 额定功率时的瞬态响应特性和自动跟踪负荷能力,应分别在不同功率水平,例如 25% 、75% 和 100% $P_n$ 下进行负荷摆动试验。

试验从低功率水平开始,通过手动操作调节器,降低汽轮发电机组负荷,其数值相当于 10% $P_n$,待系统稳定后,一步增加汽轮发电机组负荷相当于 10% $P_n$。在负荷阶跃变化的过渡过程中,利用电厂仪表测量一回路热工参数(冷却剂温度、压力、稳压器水位)和二回路热工参数(蒸汽流量、压力、蒸汽发生器水位、给水流量)。

根据要求,核电厂设计成能够承受 ±10% $P_n$ 的负荷阶跃变化,不需要手动操作,依靠控制调节系统吸收过渡响应,使运行工况自动趋于稳定。所以,在试验过程中不应出现蒸汽排放系统和稳压器安全阀的动作,更不允许发生停机、停堆等现象。

9. 甩负荷试验

在核电厂运行中,甩负荷是比较容易发生的,常见的原因如下。

(1)电网频率不正常,例如因周波低于 49 Hz 而甩去部分负荷。

(2)电网故障(如短路),电压降到 70% 并且持续时间大于 0.9 s,超过电网故障的排除时间,汽轮发电机组与电网解列,甩去全部外负荷。

当失去全部外负荷时,不希望发生汽轮机组跳闸、反应堆紧急停闭,为此,希望核电厂具有甩全负荷的能力。在设计上可使蒸汽旁路阀排放高达 85% 额定蒸汽量,配合反应堆阶跃 10% $P_n$,然后带 5% $P_n$ 的厂用电负荷继续运行。如果电厂负荷的适应能力比较小(例如旁路阀排放只有40%额定蒸汽量,多余蒸汽向空排放),则将由保护系统引起反应堆紧急停闭。

甩负荷试验进行时,反应堆处于自动跟踪负荷变化状况,有关的控制系统工作正常并置于自动控制方式,汽轮机组置于调节器控制,电网已做好接收负荷变化的准备。然后,分别在25%、50%、75%和100% $P_n$ 下,打开主变压器的断路器,突然甩去全部外负荷,观察各系统的响应特性和瞬变后的稳定能力,并测定反应堆功率、一回路冷却剂平均温度、稳压器压力与水位、二回路蒸汽压力等参数随时间的变化,以及汽轮机组调速系统的动态特性。在100% $P_n$ 下甩去全部外负荷时过渡过程响应曲线如图6-20所示。

根据设计要求,甩负荷试验通过的判断标准是如下。

(1)反应堆不停闭。

(2)汽轮机组转速在限制值内,不发生超速脱扣。

(3)稳压器安全阀不动作。

(4)蒸汽发生器安全阀不动作。

(5)安全注射系统不动作。

(6)在15% $P_n$ 以下时,不需要手动进行控制棒组调节、给水调节、稳压器水位调节和蒸汽排放调节,电厂能够自动趋于稳定。

10.电厂满功率停闭试验

电厂通过负荷摆动试验和甩负荷试验之后,为了进一步验证一、二回路设备和自动控制系统的性能,在100% $P_n$ 的稳定工况下做停闭试验。

为了确保安全,在试验前应:

(1)启动柴油发电机组,使之处于空转的热备用工况,以便试验过程中万一失去外电源时,提供备用电源。

(2)电厂辅助设备负荷由机组切换到外电源供电。

试验进行时,反应堆自动跟踪负荷变化,有关的控制系统工作正常并置于自动方式。然后,在控制室手动脱扣汽轮机组来引起反应堆紧急停闭,测定反应堆功率、冷却剂平均温度、稳压器压力与水位、二回路蒸汽流量等参数随时间的变化,并观察各系统的响应特性,以及稳定能力。

试验的验收标准如下。

(1)稳压器保护阀不动作。

(2)蒸汽发生器安全阀不动作。

(3)安全注射系统不动作。

(4)蒸汽发生器释放阀在超压后3 s内开启,卸压后又能及时关闭。

(5)全部控制棒组必须下落,插入堆芯。

(6)在汽轮机组脱扣后的2 s内,反应堆功率必须降到15% $P_n$。

### 6.6.6　电厂验收试验

在机组逐步提升到满功率,完成各项试验任务后停机,对电厂进行全面检查,然后,再次启动达到满功率稳定运行,验收试验即可开始。内容包括电厂可靠性验证和性能保证值测定。

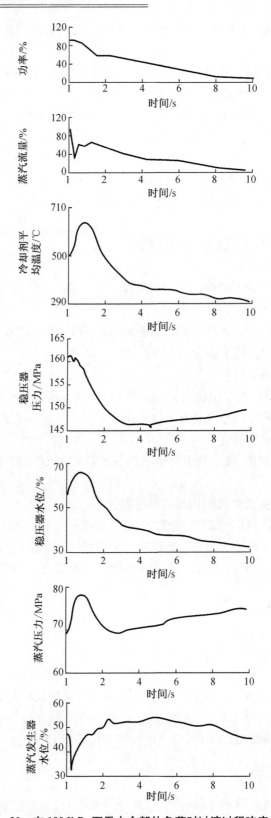

**图 6 – 20   在 100%$P_n$ 下甩去全部外负荷时过渡过程响应曲线**

1. 电厂可靠性验证

电厂处于 $100\%P_n$ 的稳定工况下,做 100 h 以上的连续运行,进行可靠性验证。要求在 100 h 内,不发生因电厂本身的故障而引起负荷减少,甚至停闭的现象。

2. 性能保证值测定

性能保证值主要指电厂的净效率和净电功率输出两项指标,它的测定与电厂可靠性验证试验同时进行。用巡回检测装置定时测量汽轮发电机组的电功率、厂用电功率、每台蒸汽发生器出口处蒸汽压力、蒸汽温度、排污流量、给水流量、给水温度、给水压力等有关数据,计算净电功率和电厂净效率。

(1)净电功率

在发电机组出线端用功率表测得的电功率 $P_{GE}$ 减去厂用电功率 $P_A$,即为电厂的输出功率或净电功率 $P_{NE}$:

$$P_{NE} = P_{GE} - P_A \qquad (6-43)$$

其中厂用电功率 $P_A$ 是机组的所有辅助设备、变压器损耗、照明等用电之和。

(2)电厂净效率

电厂净效率 $\eta_{NE}$ 是净电功率 $P_{NE}$ 与二回路热功率 $Q_{SE}$ 之比值,即

$$\eta_{NE} = \frac{P_{NE}}{Q_{SE}} \qquad (6-44)$$

在验收试验时,由于电厂的运行工况可能与设计条件下的基本运行工况有偏离,主要表现在冷却水温度、大气温度、冷却水泵入口水位、发电机组功率因数与出线电压、电网周波、凝汽器清洁度、蒸汽发生器排污量等的变化。因此,必须对上述用来计算净电功率和电厂净效率的测量值,按照设计所规定的条件进行修正,才能保证测量结果的精确性。根据国际电工学会的规定,性能保证值的误差不能大于 1%。例如,一座 900 MW 级核电厂的净电功率设计值为 925 MW,则验收试验时测量到的净电功率应不低于 915.75 MW,才算合格。

# 第7章 压水堆核电厂的运行与维护

压水堆核电厂的标准运行状态有换料停堆、冷停堆、次临界中间停堆、热停堆、热备用、反应堆带功率运行等。本章介绍各个标准运行状态的定义、特性,以及从一个运行状态过渡到另一状态时的操作原则。

## 7.1 压水堆核电厂运行的一般原则

压水堆核电厂运行的一般原则如下。

(1)一回路的正常运行相当于电厂的功率运行。反应堆设计成相应额定功率 $P_n$ 的 2%~100% 的任一功率的各种稳定工况下均能带功率运行。

(2)反应堆控制应能使反应堆堆芯发出的功率与机组要求的功率(机组需求是优先的)相符合。

(3)保证任何时刻(即使反应堆停闭时)堆芯有足够的冷却剂循环。

(4)保持一回路冷却剂的压力在运行范围内,以防止堆芯的沸腾或超压。

(5)具有足够的剩余反应性控制能力,需要时反应堆可快速停闭,保持在热态或冷态。

(6)运行时应限制负荷变化和中子通量密度的畸变,避免由于热应力和出现温度过高的热点而损坏燃料元件。

(7)使液体排放量减低到最低限度,以限制放射性物质对环境的影响。

为了满足 6,7 这两项原则,运行时需要在使用调节棒组(将引起中子通量密度畸变,但排放物少)和改变冷却剂硼浓度(对中子通量密度分布无影响,但冷却剂排放量会增多)之间进行权衡。

## 7.2 压水堆核电厂的标准运行状态

压水堆核电厂的标准运行状态如下。

(1)换料停堆。

(2)冷停堆(维修冷停堆、正常冷停堆)。

(3)次临界中间停堆。

(4)热停堆。

(5)热备用。

(6)反应堆带功率(降功率运行,额定功率运行)。

各标准运行状态的定义如下。

1. 换料停堆

换料停堆是指允许做换料操作的停堆,此时,压力容器已打开,顶盖已吊起并移走,燃料组件在压力容器的堆芯内,反应堆换料水池充满 2 000 mg/kg 的含硼水。

2. 冷停堆

反应堆的次临界至少为 1 000 pcm,一回路水的平均温度低于 90 ℃,压力容器是封闭的,一回路可能处于受压状态。冷停堆又有两种状态:

第一种,维修冷停堆,这时一回路平均温度 10 ~ 70 ℃,是敞开的,一回路水部分排空,可以对一回路设备进行维修;

第二种,正常冷停堆,该状态时压力容器是封闭的,一回路至少用稳压器的一个安全阀组进行保护,反应堆次临界至少为 1 000 pcm。

3. 次临界中间停堆

反应堆有足够的负反应性,处于次临界状态,一回路平均温度处于 90 ~ 291.4 ℃。

有两种不同的运行工况:在稳压器内没有形成汽泡,这是单相次临界中间停堆状态(一回路温度在 90 ~ 177 ℃);在稳压器内形成汽泡,一回路温度处于 120 ~ 291.4 ℃,这是正常的双相次临界中间停堆状态。

4. 热停堆

反应堆处于次临界,一回路平均温度为 291.4 ℃,相应于空载条件。

5. 热备用

反应堆为临界状态,然而产生的功率很小($\leqslant 2\% P_n$),蒸汽的绝大部分排向大气或凝汽器。

6. 反应堆带功率

反应堆在临界状态,所产生的功率 $> 2\% P_n$,可分为两种运行状态:反应堆控制仅仅是手动方式,运行在 $> 2\% P_n$ 而 $< 15\% P_n$ 的低功率工况;反应堆控制是自动或手动方式,在 $> 15\% P_n$ 而 $\leqslant 100\% P_n$ 范围内带功率运行。

压水堆核电厂各个标准运行状态冷却剂系统压力与温度的变化见表 7 - 1,并如图 7 - 1 所示。

只有具备特定资格并经指派的运行人员,才能控制和指挥核电厂的运行和状态的改变,运行人员必须熟知和遵循核电厂各个运行状态的运行规程。

核电厂营运单位必须在运行开始之前制定详细的书面运行规程,其内容应包括核电厂正常运行、预计运行事件和设计基准事故情况下应采取的行动,并尽可能列入有关严重事故的条文,运行规程应便于操纵员按正确的顺序进行操作。

表7-1 压水堆核电厂各个标准运行状态冷却剂系统压力与温度的变化

| 运行状态 | 反应堆的反应性 | 堆功率 | 一回路平均温度 $T_{av}$ | $T_{av}$控制方式 | 稳压器状态 | 压力/MPa (abs) | 压力控制 | 主泵运行台数 | 汽轮发电机组 | 凝汽器 |
|---|---|---|---|---|---|---|---|---|---|---|
| 换料冷停堆 | 次临界≥5 000 pcm | 0 | 10 ℃≤$T_{av}$≤60 ℃ | a | 满水 | 0.1 | — | 0 | — | — |
| 检修冷停堆 | 次临界≥5 000 pcm | 0 | 10 ℃≤$T_{av}$≤70 ℃ | a | 满水 | 0.1 | — | 0 | — | — |
| 正常冷停堆 | 次临界≥1 000 pcm | 0 | 10 ℃≤$T_{av}$≤90 ℃ | b | 满水 | ≤2.8 | 化容系统控制阀 | $T_{av}$≥70 ℃时，至少开一台泵 | — | — |
| 单相中间停堆 | 次临界 | 0 | 90 ℃≤$T_{av}$≤180 ℃ | c | 满水 | 2.4≤$P$≤2.8 | 化容系统控制阀 | ≥1 | — | — |
| 过渡中间停堆 | 次临界 | 0 | 120 ℃≤$T_{av}$≤180 ℃ | c | 汽水二相 | 2.4≤$P$≤2.8 | 稳压器 | ≥1 | — | — |
| 正常中间停堆 | 次临界 | 0 | 160 ℃≤$T_{av}$≤291.4 ℃ | c | 汽水二相 | 2.8≤$P$≤15.5 | 稳压器 | ≥2 | — | — |
| 热停堆 | 次临界 | 0 | $T_{av}$=291.4 ℃ | d | 汽水二相 | 15.5 | 稳压器 | ≥2 | — | — |
| 热备用 | 临界 | ≤2%$P_n$≤$P$≤100%$P_n$ | $T_{av}$=291.4 ℃ | d | 汽水二相 | 15.5 | 稳压器 | 3 | 并网或不并网 | 投入 |
| 功率运行 | 临界 | 2%$P_n$≤$P$≤100%$P_n$ | 291.4 ℃≤$T_{av}$≤310 ℃ | e | 水位在20%~64% | 15.5 | 稳压器 | 3 | 并网 | 投入 |

注：a—余热排出系统（反应堆水池与乏燃料水池的冷却和处理系统备用）；

b—余热排出系统；

c—余热排出系统（或辅助给水系统）；

d—汽轮机旁路系统，给水流量控制系统（或辅助给水系统）；

e—给水流量控制系统。

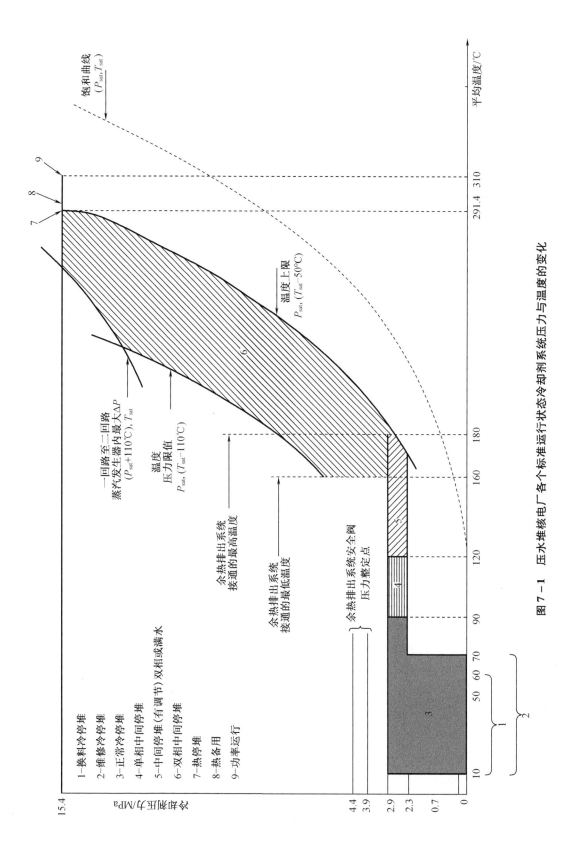

图7-1 压水堆核电厂各个标准运行状态冷却剂系统压力与温度的变化

# 7.3　正　常　启　动

压水堆核电厂的正常启动可以分为冷态启动和热态启动两种。压水堆停闭了相当长时间,温度已降到60 ℃以下时的启动称为冷态启动;而热态启动则是指压水堆短时间停闭后的启动,启动时压水堆的温度和压力等于或略低于工作温度和压力。此外,当核电厂建成,堆芯装载燃料后的启动称为初次启动。

由于对冷态启动的研究可以包括所有的各种工况,以下叙述从换料冷停闭工况开始,到功率运行工况的所有操作,为方便起见,将启动过程按时间次序分成一些独立的阶段。

### 7.3.1　初始状态——换料的冷停闭工况

各系统的状态如下。

1. 供电系统

检查所有的母线和配电盘上的交直流电源,调整厂用电方式使符合启动要求,检查备用电源的完整性,检查重要负载的电压是否正常。启动时,电源电压应在(0.85～1.05)额定电压之间,对电网频率的限制为(50±0.5)Hz,保证压水堆、冷却剂泵、一回路及二回路的辅助系统、反应堆控制与安全保护系统、检测仪表系统、信号系统等处于能够运行状态。

2. 反应堆

装换料结束,堆顶的所有设备与仪表已装上,反应堆处于次临界,堆内应充满浓度约2 000 mg/kg的含硼水,使停堆深度不小于5 000 pcm,所有控制棒组件都在最低位置,堆内温度低于60 ℃。

3. 控制和保护系统

已做好启动准备,检查与校验工作已完毕,中子源量程测量通道已投入运行,对反应堆进行监测,反应堆的其他控制、保护、检测仪表系统也已投入。

4. 设备冷却水系统

设备冷却水泵一台运行,另一台备用,可根据需要对冷却剂泵、停堆热交换器、停堆冷却泵、过剩下泄热交换器、安全注入泵等供应冷却水。

5. 余热排出系统

余热排出系统的一台(或两台)热交换器正在运行,控制一回路温度在60 ℃以下,但应高于反应堆压力容器脆性转变温度,并避免冷却剂中任何可能的硼酸结晶。

6. 化学和容积控制系统

此系统应处于可用状态,补水控制使冷却剂的含硼浓度为一定值,并保持堆内水位,下泄流由余热排出系统经过剩下泄管系进入容积控制箱。

7. 安全注射系统

高压注射管系和低压注射管系应经检查,处于可启动状态,安全注射箱已因电动隔离阀门的关闭而隔离开。

8. 二回路系统

所有设备均在停闭状态,蒸汽发生器二次侧处于湿保养,即充入除盐除氧水至一定高度,其余空间充氮使压力稍高于常压,蒸汽隔离阀关闭。其他与常规电厂相同。

### 7.3.2 由冷停闭状态向热备用状态过渡

压水堆各标准运行状态间的转变过程如图 7 - 2 所示。在压水堆核电厂的运行实际中，状态间的转换都必须按相应的运行规程进行操作。从图中可以看出，从冷停堆状态过渡到热备用状态，需经历以下三个阶段。

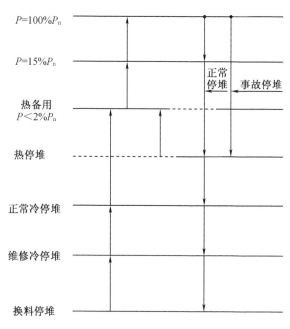

图 7 - 2 压水堆各标准运行状态间的转变过程

1. 第一阶段——一回路充水和排气

由化学和容积控制系统充水。充水时，将来自补水系统的除盐水注入一回路，进行稀释操作，使充水结束时，反应堆的停堆深度不小于 1 000 pcm。充水时应注意系统排气，调节余热排出系统的流量，将温度调到 50 ~ 70 ℃。

降低蒸汽发生器二次侧水位到零功率时值，然后，启动冷却剂泵并投入稳压器加热器，使冷却剂系统升温预热。

在开始加热阶段，应注意监测和调节一回路水质，使冷却剂水化学特性得到保证，当系统加热到 90 ℃ 时，从化学物添加箱对冷却剂系统添加氢氧化锂（LiOH）以控制 pH 值，加入联氨（$N_2H_4$）以消除溶解氧。当一回路水质合格时，将净化系统投入运行，一回路温度达到 120 ℃ 时，不能再调整水的化学特性。

2. 第二阶段——稳压器投入运行

当第一阶段结束时，一回路温度约 100 ~ 130 ℃，压力为 2.5 MPa，上充流已开始建立。为了在容积控制箱顶部建立氢气空间，可手动控制容积控制箱上游的控制阀及补给水的控制阀，用氢气替换氮气，直到分析表明具有合适的氮气和氢气含量，使一回路水中有足够的溶解氢浓度为止。这时，容积控制箱水位控制阀转为自动控制。

由反应堆冷却剂泵和稳压器电加热器的投入，使一回路升温，升温时，应注意在反应堆和稳压器之间维持温差和限制升温速率，稳压器比一回路其余部分加热得更快，它的温度比冷却剂平均温度高 50 ~ 110 ℃，最大加热速率为 56 ℃/h。

当稳压器温度达到系统压力(2.5~3.0 MPa)的饱和蒸汽温度(约221~232 ℃)时,用减少上充流量的方法使其形成蒸汽空间,然后用手动控制以保持稳压器水位。在稳压器内汽腔的形成过程中,由化学和容积控制系统维持压力在2.5~3.0 MPa的一个常数值上。

从容积控制箱排出来的一回路水被排放到硼回收系统。当稳压器水位达到零功率水位整定值时,就从调节转为运行,承担压水堆冷却剂系统的压力控制。然后断开余热排出系统与化学和容积控制系统之间的连接,并且降低低压膨胀阀的整定值至1.5 MPa左右,来控制通过下泄孔板的下泄流量,在系统温度达到177 ℃时应及时隔离余热排出系统。在一回路温度到达180 ℃之前,投入控制棒驱动机构的通风回路,抽出停堆棒组。

3. 第三阶段——一回路升温升压至热停堆状态

反应堆在达到临界以前,要遵守的条件有:

(1)压水堆随着核燃料或慢化剂的温度变化而改变其反应性,在工作温度范围内反应性的负温度系数是保证压水堆稳定运行的重要条件。应在负慢化剂温度系数时启动反应堆达临界。

核燃料温度系数由于多普勒效应,总是负的;慢化剂温度系数不仅随温度和燃耗而变动,而且与硼浓度有关,对于新装载的堆芯,冷却剂含硼浓度较高,直到200~250 ℃时,慢化剂温度系数都是正的;在燃料寿期末,在从20~320 ℃的温度,它总是负的。

(2)稳压器已建立汽腔,水位控制已投入运行。

(3)化学和容积控制系统至少有两台上充泵、两台硼酸泵投入运行,并且至少有一条管道可向反应堆供应硼酸。

(4)冷却剂的临界硼浓度值,随燃料的燃耗而降低,通常可理论计算得出它们之间的关系曲线(图7-3)。在每一次启动反应堆时,可根据反应堆投入运行以来,已发出的累计功率,以满功率小时为单位,从图示曲线上估计出本次启动时临界硼浓度值。

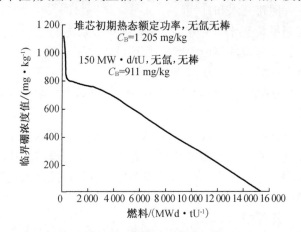

图7-3 临界硼浓度值随燃耗的变化

在满足上述条件情况下,依靠稳压器的电加热器和冷却剂泵转动时的机械功,使一回路系统的压力和温度达到或接近零功率额定值,然后可以启动反应堆达到临界。

上述升温升压方式,称为联合加热法。

为使一回路温度和压力达到零功率额定值,稳压器的加热器继续运行,水位受到控制,稳压器压力上升,这样导致下泄流量的增加。随着压力的增加,逐步关小下泄孔板隔离阀,以控制下泄流量(在升温结束时,上充和下泄流量是相等的,约等于通过一个下泄孔板的流量)。在一回路系统升温末期,过剩下泄热交换器投入运行,以防止下泄孔板下游过高的温度,当系统升温结束,下泄流量用关小下泄孔板隔离阀的方法达到其正常数值。

压水堆冷却剂系统的温度和压力一起增加时,必须注意限制它们在设备工艺所允许的范围内,温度上升的速率必须不超过 28 ℃/h,要注意安全保护系统及有关设备应处于良好的工作状态,例如开始升温时,应关闭安全注射箱的电动隔离阀,以避免安全注射箱排水;当系统压力达到 7.0 MPa 时,核实安全注射箱的气压并打开电动隔离阀,使安全注射箱处于备用工况;当系统压力升至 13.8 MPa 时,应将安全注射系统的所有设备和阀门切换至安全注射准备工况,同时,凡和高低压安全注射系统相连接的外系统管路、阀门均应关闭;当系统达到正常运行压力(15.52 MPa ± 0.1 MPa)和温度(291.4 ℃)时,切断稳压器的可调加热器电源,压力控制由手动转为自动控制,达到热停堆工况。

### 7.3.3　趋近临界和临界

压水堆按下述步骤向临界趋近,为保证启动安全,必须保证在每一时刻,堆芯反应性只随单个参数的改变而变化。

(1)压水堆冷却剂温度应尽可能保持为常数,以避免任何能引起突然冷却的操作;冷却剂泵提供的能量,可以通过二回路产生的蒸汽排向大气或凝汽器。

(2)稀释冷却剂硼浓度到一个与临界条件相对应的预定值。

压水堆核电厂的各种运行工况下冷却剂的硼浓度值是不同的。稀释时,由补水系统的补水泵将补水送到容积控制箱,再从容积控制箱注入上充泵吸入口,向一回路系统充注。注意限制冷却剂硼浓度的稀释速率,以防止反应性变化过大。在稀释的同时,必须对稳压器进行最大喷雾,使得稳压器和冷却剂系统的硼浓度均匀化,它们之间的差值应 <50 mg/kg。另外,对冷却剂进行取样分析时,应保证冷却剂有足够的混匀时间,至少不 <100 s。

(3)根据堆芯的布置,推算出与最低无负荷临界相对应的各个控制棒组件的位置,并按照所指定的顺序,依次提升控制棒组件中的四组调节棒组。

如按 A 模式运行控制棒组件的调节棒组有 A、B、C 和 D 四组,四组调节棒的前后两组之间有一定的重迭度。棒组重迭的目的是为了使反应性与调节棒组位置的关系曲线线性化,使棒组在堆芯内移动时反应性引入率近似为常数。

压水堆启动时,在抽出控制棒组件的过程中,应预期反应堆随时会达到临界。为此,先将调节棒组 A、B 分别提升到堆顶,调节棒组 C 接近堆顶,然后,在将调节棒组 D 提升到它的调节带下限时,预期反应堆就应达到临界。调节棒组的提升速率要有一定的限制,以防止功率上升太快使得燃料过热,也考虑到即使发生控制棒驱动机构的误动作或运行人员的误操作,也不致造成重大事故。

趋向临界的过程由源量程测量通道来监测,一旦通量水平达到中间量程测量通道的最小探测阀,就要手动闭锁“源量程通量过高”的保护措施。

压水堆启动时,如果达到临界的条件(冷却剂温度、压力和硼浓度)与预先计算的数据不一致,并且有可能造成堆芯的反应性增加 0.5% ΔK/K 以上时,则必须像初次启动时那样,在画出的中子计数率倒数对应控制棒组件位置的监督曲线指导下,逐步达到临界。

### 7.3.4　第四阶段——二回路启动

当压水堆到达临界以后，用来自蒸汽发生器的蒸汽，开始启动二回路系统。其主要操作步骤有蒸汽通过隔离阀的旁路阀（启动汽门）对主蒸汽管进行暖管、低速暖机等，然后反应堆功率上升到额定功率的 5% 左右，汽轮机按规定的速度升速，直到额定转速。

### 7.3.5　第五阶段——发电机并网，提升功率

发电机做好并网准备，反应堆功率上升到大约为额定功率的 10% 时，进行并网操作。完成并网以后，带最小负荷（约 5%$P_n$ 的负荷）运行，调整厂用电的供电方式，从机组启动前的外电源供电切换到由汽轮发电机组供电。反应堆与汽机之间功率要达到平衡，以限制蒸汽的排放；接着，缓慢增加汽轮机负荷，直到蒸汽排放阀全部关闭，继续增加汽机负荷，同时手动提升堆功率与此相适应，直至反应堆功率达到控制系统能投入自动的最小值，即约为额定功率的 15%。然后，把给水控制由辅助给水系统切换到主给水系统，检查蒸汽发生器二次侧水位是否在规定的范围内；将蒸汽排放从压力控制切换到冷却剂的平均温度控制；当冷却剂平均温度处在正常范围内时，将反应堆控制从手动切换到自动。

一旦反应堆功率达到 10%$P_n$，就手动切除"中间量程通量过高"安全保护和"低功率量程通量过高"安全保护，在这一功率水平上，反应堆保护系统的允许系统接通了所有在低功率下被闭锁的保护通道。

在 15%$P_n$ 水平时，由于反应堆已转为自动控制，保护系统的连锁系统不闭锁控制棒组件的自动提升，核蒸汽供应系统的功率可以满足汽机所要求的负荷，可以由控制系统的介入或运行人员的要求来继续增加负荷。在 60%$P_n$ 水平上，允许系统接通一直被闭锁着的由功率量程测量通道给出信号的那些保护通道。

压水堆冷态启动曲线如图 7 – 4 所示。

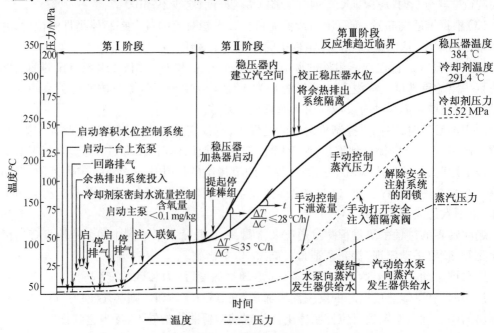

**图 7 – 4　冷态启动曲线**

如果反应堆启动是从热停闭状态开始,则可以从 7.3.3 向临界趋近起以相同的方法完成,若启动时二回路已处于热备用状态,则 7.3.4 第四阶段——二回路启动可以取消。

### 7.3.6　启动过程中应注意的问题

1. 冷却剂系统压力及升温(冷却)速率的限制

图 7 - 5 给出了冷却剂系统升温时,系统的温度与压力间所必须维持的极限关系。各特定温度变化速度所允许的压力和温度组合应在所示极限曲线的下面和右面。这是为了保证冷却剂系统的压力容器等设备经得起由于温度和压力变动而引起的循环负载的影响,这些循环负载是由正常机组负载的瞬变、反应堆事故停闭,以及启闭操作所引起的。曲线的垂直部分,规定了反应堆可以临界的最小温度,在这温度之下,所引起的压力偏差将超过规定值。在高温部分,加热曲线提高了 23 ℃,这是考虑到反应堆压力容器在辐照下引起脆性转变温度升高而做的偏移。

在系统冷却时,对于一定的冷却速率,压力和温度的关系限制在曲线的下面和右面(图 7 - 6)。

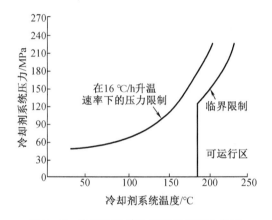

图 7 - 5　冷却剂系统升温时温度压力曲线　　　图 7 - 6　冷却剂系统降温时温度压力曲线

2. 控制反应堆周期,防止发生启动事故

启动反应堆时,如果由于运行人员的误操作,或因机械故障,以致连续引入反应性,使反应堆仅在瞬发中子的作用下就达到临界的状态叫瞬发临界。这时,反应堆将失去控制。

为了防止出现危险周期的启动事故,还应在操作上采取一定的措施,如:

(1)启动反应堆时必须限制调节棒组提升速度,应间歇提棒,不连续引入反应性,这样可以观察到中子通量的变化,及时发现异常。

(2)如发现因控制棒驱动机构的误动作而使调节棒组连续提升,则应立即按停堆按钮,或切断电源,紧急停堆。

3. 正确估计反应堆的次临界度

在启动过程中,为避免反应性的盲目引入,需要正确估计反应堆的次临界度。

反应堆从次临界状态下启动,中子通量的稳定值 $\Phi$ 与初始中子通量 $\Phi_0$ 的关系式为

$$\Phi = \frac{\Phi_0}{1 - k_{eff}} = \frac{\Phi_0}{\delta k_{eff}} \tag{7 - 1}$$

从上式可见,反应性增加以后,次临界通量趋向于稳定值。如果反应堆在次临界深度

为 $-\Delta k_1$ 的情况下,稳定的中子通量比值为 $\Phi_0/\Phi_1$,这时若再引入一个反应性 $\delta$,反应堆就会处于另一个新的次临界深度 $-\Delta k_2$,相应的中子通量比值为 $\Phi_0/\Phi_2$,利用外推法,就可以估计出要达到临界尚需引入的反应性 $x$(图 7 – 7)。$a:\delta = \dfrac{\Phi_0}{\Phi_2}:x$,式中,

$$a = \frac{\Phi_0}{\Phi_1} - \frac{\Phi_0}{\Phi_2}$$

$$x = \delta\left(\frac{\Phi_0/\Phi_2}{a}\right) = \delta\left(\frac{\Phi_0/\Phi_2}{\Phi_0/\Phi_1 - \Phi_0/\Phi_2}\right) = \delta\left(\frac{\Phi_1}{\Phi_2 - \Phi_1}\right) = \delta\left(\frac{1}{n-1}\right) \qquad (7-2)$$

其中,$n = \Phi_2/\Phi_1$。

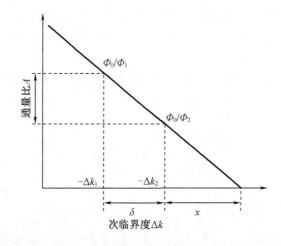

**图 7 – 7  用外推法估计次临界度**

如果引入反应性 $\delta$ 后,中子通量增加 1/10 倍($n=1.1$),由上式算出 $x=10\delta$,即还要引入 10 倍于 $\delta$ 的反应性才能使反应堆达临界,通常取引入的反应性 $\delta$ 值满足 $n=1.1,1.25,$ 1.5 的条件,可算出相应的次临界度 $x=10\delta、4\delta、2\delta$。

通过以上的分析还可以得到一个重要的结论,如果某一次反应性引入量使次临界通量上升一倍,即 $n=2$,则下一次再增加同一数值的反应性时,即 $x=\delta$,将使反应堆达到临界。

需要注意的是,在一次增加反应性之后,次临界通量是缓慢地达到稳定值的,特别是在接近临界的时候。所以,在两次增加反应性之间的不太长的时间内,观察到的次临界通量上升值一般偏低,而所估计的次临界度偏大,偏于不安全。为此,在实际操作中规定:

(1)在 $k_{\text{eff}} < 0.99$ 时,每次引入的反应性应小于外推值 $x$,一般取 $\delta = \dfrac{1}{3}x$。

(2)当 $k_{\text{eff}} > 0.99$ 时,应根据不使临界后的倍增周期 $T_{1/2}$ 小于 15 s 来限制反应性引入量。

4. 控制棒组的插入与抽出极限

当反应堆临界时,控制棒的停堆棒组应全部抽出,只有物理试验时可以例外。

以 A 运行模式为例,控制棒组中四个调节棒组,应按如下次序运动,从 0 ~ 100% 功率时,调节棒组抽出的顺序是 A—B—C—D(棒组之间有一定的重迭度),负荷降低时,按 D—C—B—A 的顺序插入(也允许同样顺次重迭)。

对于一个调节棒组,考虑到它的停堆能力、恢复满功率能力和运行时对堆芯功率分布的影响,它在堆芯位置有一定的要求,调节棒组插入量的上限就是它的抽出极限,或可称

"咬量",保持这个最小插入量是为了使调节棒组插入堆芯更深时具有一定的价值,以便能应付可能发生的瞬变工况。调节棒组的最大插入限度,也就是插入极限,是为了满足反应堆安全性需要,以便在事故情况下能提供足够的反应性来补偿反应性功率系数。

运行时,调节棒组在堆芯内的实际位置应尽可能处在调节带内。调节带是对某一个棒组而言的,表示一个调节棒组的位置作为反应堆功率的函数所应优先选用的范围。调节棒组的调节带、抽出极限及插入极限的相对位置如图 7-8 所示。从图上可以看出,在满功率时,调节棒组调节带的上限等于抽出极限,而调节带底部和插入极限之间有一个区域 d,从安全观点看,调节棒组虽然可在区域 d 工作,但是,会引起轴向功率分布不均匀,为消除此缺点同时为减小控制棒弹出事故的严重后果,应尽可能离开这个区域。区域 c 为调节带。调节棒组若运行在 b 区域时,反应堆一般不可能快速地恢复到它的满功率,但对燃耗的均匀有利。在满功率稳定运行时,一般使调节棒组 D 稍微插入,以防止造成燃料燃耗的过分不均匀。

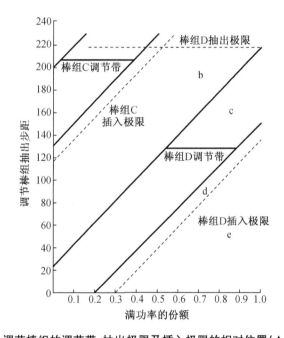

**图 7-8　调节棒组的调节带、抽出极限及插入极限的相对位置(A 运行模式)**

# 7.4　过渡到功率运行

反应堆由热备用状态过渡到功率运行时一回路和汽轮发电机组的状态特性,以及各项操作间的连锁逻辑关系如下:

## 7.4.1　热备用状态和功率运行状态

热备用状态是从冷停堆状态开始用主泵和稳压器电加热,或者从反应堆热停闭状态而获得。

反应堆处于热备用状态的特征如下。

（1）反应堆处于临界状态，输出功率＜2%$P_n$，这个功率由堆外中间量程测量通道监测。

（2）一回路冷却剂平均温度$T_{av}$调节到接近于反应堆空载下温度值291.4 ℃。

（3）稳压器内压力等于其整定值，处于自动压力调节状态(15.3 MPa＜$P$＜15.5 MPa 表压)。

（4）稳压器内水位等于其整定值，处于自动调节状态。

（5）用小流量调节阀维持蒸汽发生器内水位在空载下按程序计算所得数值上。

（6）至少有两台主泵在运行，在升功率时，三台主泵都应投入运行。

（7）控制棒组停堆棒组处于完全抽出位置，调节棒组处于手动操作状态，并被保持于低插入限值，使反应堆具有在紧急停堆情况下所要求的负反应性裕度。

（8）二回路已进行暖管，汽轮机在盘车，给水设备投入运行，蒸汽发生器疏水处于最大值(51 t/h)。

反应堆达到功率运行的状态时：

（1）反应堆临界，输出功率处于(30～40)%$P_n$之间。

（2）一回路冷却剂平均温度$T_{av}$=291.4 ℃±1 ℃。

（3）一回路压力$P$=15.5 MPa(表压)。

（4）汽轮机并网，汽机旁路系统处于自动控制状态。

（5）蒸汽发生器经由水位调节主阀供水。

### 7.4.2　从热备用状态到功率运行状态的过渡

1. 由热备用状态过渡到并网

将蒸汽发生器给水由辅助给水系统切换到给水流量调节系统，手动控制抽出调节棒组，将反应堆功率提升到4%$P_n$。以这种方式，产生出使汽轮机投入运行所需的更多的蒸汽，多余蒸汽经旁路通入凝汽器，将回路冷却剂温度维持在290.4～292.4 ℃，而后进行汽轮机升速和汽轮发电机组并网。

2. 升功率到15%$P_n$

开始时，要使核功率和汽机负载平衡，以限制蒸汽向凝汽器的排放。然后增加汽机负荷，同时抽出调节棒组，以遵守一回路冷却剂平均温度$T_{av}$与参考温度$T_{ref}$间的最小偏差的原则，并在保持通向凝汽器的汽机旁路关闭的同时，调整一回路传递到二回路的功率。

核功率的增长不应超过对反应堆要求的限制(5%$P_n$/min)和汽轮机增加负荷时要求的限制(30 MW/min)，从0～30%$P_n$带负荷的增长率由汽轮机低压转子的热状态确定，从(30%～100%)$P_n$负荷增长率限制为15 WM/min。

3. 大于15%$P_n$的运行

当功率大于额定功率的15%以后，控制是自动的，反应堆输出的热功率依靠功率调节系统，自动跟踪汽轮发电机组所需要的功率。

当外负荷增加时，汽机进汽调节阀开大，进的蒸汽量便增加，蒸汽发生器中的压力下降，引起蒸发量增加，使蒸汽发生器中的二次侧水位开始增加，然后下降，通过在给水泵上的校正动作，就能保持一个比初始状态大的流量，恢复水位。

同时，控制棒驱动机构接受来自功率调节器的信号，通过控制棒组件的移动来增大功率。压水堆的功率调节系统，一般采用温度为主调节参数，即以调节冷却剂平均温度的方法来消除一回路功率和二回路功率之间的不平衡(图7－9)。最初，由一回路的热容量供给负荷的增加,引起冷段温度下降;然后,通过控制棒组件的移动来增大功率。调整平均温度,达到新的平衡。有的压水堆在带功率运行时,维持一回路冷却剂平均温度不变,当负荷变化后引起一回路冷却剂平均温度变化时,通过控制棒组件的移动,改变堆功率,使平均温度维持不变。

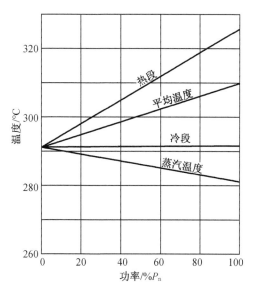

**图 7 - 9　一回路和二回路温度的变化**

在带负荷的功率运行过程中,稳压器中压力保持在一定的范围内,以避免堆芯冷却剂产生沸腾或超压的危险。

冷却剂温度的变化引起稳压器中水体积的变化,所以水位整定值要随负荷而变,水位的调节是由改变来自化学和容积控制系统的上充流量来实现的;并且经常有一个下泄流量流到化学和容积控制系统容积控制箱,以净化一回路水,并调节一回路水中硼酸浓度,保证调节棒组运行在它们最好的区域。硼酸浓度的改变实际上用来补偿由燃料燃耗引起的反应性变化。

功率运行过程中,由于燃料的燃耗,裂变产物及其衰变物的积累(即中毒与结渣)引起的反应性损失由一回路冷却剂中硼浓度的调节来补偿,而中子通量轴向振荡引起的反应性变化,可由调节棒组来进行调整。

在正常运行时,为确保不超过核燃料的有关限值(参见 7.7.1 堆芯的运行管理),反应堆控制调节系统所许可的瞬时最大负荷变化为 $\pm 10\% P_n$,负荷连续变化最大速率为每分钟 $5\% P_n$。

当负荷下降速率超过以上允许值时,依靠蒸汽排放系统的投入,将多余的蒸汽引向凝汽器,可以避免压水堆的快速停闭。

### 7.4.3　汽轮发电机组的升速、并网和升功率

热备用时,反应堆处于临界状态,功率约为 $2\% P_n$,一回路压力和温度为额定值,二回路的状态是汽机在盘车中,凝汽器处于真空下,给水流量调节系统向蒸汽发生器供水。由此初始状态以后,二回路投入运行将经历汽机启动准备,汽水分离再热器加温,汽轮发电机组

升速、并网和升功率 5 个重要阶段。

**1. 汽机的启动准备条件**

升速和盘车装置在工作,润滑油系统投入运用,润滑油温高于 35 ℃,蒸汽联箱已加温,汽机疏水是可用的。凝汽器处于真空下,汽机入口蒸汽应符合汽机冷态情况下的规定特性。

**2. 汽水分离再热器加温**

加温的目的在于根据低压转子的热状态,在适当的时间内向低压缸通入适当温度的蒸汽,以限制转子上的热应力。当低压转子温度 <65 ℃时,汽机处于冷态,加温的目的是使管板温度达到 110 ℃,升温率最大为 4 ℃/min;低压转子温度在 65～160 ℃时,汽机处于热态,加温的目的在于防止低压转子的冷却;当低压转子温度 >160 ℃时,汽机处于很热状态,汽水分离再热器加热的目的是使管板温度达到 235 ℃。

**3. 汽轮发电机组的升速**

使用调节器来升速,根据低压转子热状态来自动选择升速变化率,当低压转子温度 <65 ℃时,升速变化率 25 r/min/min;当低压转子温度 >65 ℃时,升速变化率 250 r/min/min;当机组升速至 1 475 r/min,应停用速度跟踪系统,自动过渡到"正常调速"。

**4. 汽轮发电机组的并网**

汽轮发电机组的并网可以手动或自动的实现,在这两种情况下,在并网瞬间周波和电压应相等。

**5. 汽轮发电机组的升功率**

低压转子的初始状态确定了升功率的斜率,以及按照这些转子的温度而确定应迅速带上的最小功率,以便限制低压转子的热应力。当机组带负荷时应注意监测差胀的演变、振动的演变、止推轴承上推力的演变,以及给水系统低压加热器和高压加热器的温度,并注意对蒸汽发生器水位的监控。

### 7.4.4 恒定轴向偏移时的反应堆运行

当堆芯内无控制棒时,反应堆径向功率成贝塞尔函数分布,轴向功率近似为余弦分布。反应堆径向功率分布可以通过不同富集度燃料组件的分区布置、可燃毒物组件和控制棒组件的径向对称布置、控制棒组件最佳棒位等措施加以展平,并可精确地预测,所以,对反应堆功率分布的研究主要是研究堆轴向功率的分布。

反应堆运行过程中,功率分布将因慢化剂温度效应、可燃毒物效应、多普勒效应等的影响而变化,氙效应、控制棒组件移动和燃耗,对反应堆轴向功率分布将产生影响。

**1. 热点因子,轴向偏移和轴向功率偏差**

堆功率分布控制是反应堆安全运行的重要课题。运行时,为防止燃料包壳烧毁或燃料芯块熔化,对反应堆最大线功率密度应加以限制。若线功率密度过高,一旦发生失水事故,就有可能超过燃料元件安全允许极限。

堆芯功率分布的均匀程度可以用功率不均匀系数 $F_q^T$(又称热点因子)来表示:

$$F_q^T = \frac{(q_l)_{\max}}{(q_l)_{av}} \qquad (7-3)$$

式中　　$(q_l)_{\max}$——堆芯最大线功率密度;

　　　　$(q_l)_{av}$——堆芯平均线功率密度。

$F_q^T$ 是一个不可测的量,为了监测堆功率轴向分布,避免出现热点,对于 $F_q^T$ 所规定的限值,可以通过轴向偏移 $AO$ 来监测

$$AO = \frac{P_H - P_B}{P_H + P_B} \times 100\% \qquad (7-4)$$

式中  $P_H$——堆芯上半部功率;

$P_B$——堆芯下半部功率。

轴向偏移 $AO$ 是轴向中子通量或轴向功率分布的形状因子,但它不能精确地反映燃料热应力情况,在给定功率水平下,堆内中子通量不对称情况可以用轴向功率偏差 $\Delta I$ 来描述

$$\Delta I = P_H - P_B = AO \times P_H + P_B = AO \times P \qquad (7-5)$$

对于一个给定的功率水平值,由 $AO$ 表征的轴向功率分布对堆芯达到最大线功率密度 $(q_1)_{max}$ 有直接影响,随着 $AO$ 变化,要监视的特征量是堆芯功率不均匀系数 $F_q^T$。因此,要建立起 $AO$ 与 $F_q^T$ 之间对应关系式。

状态点、$F_q^T$ 包络线与 $AO$ 关系如图 7-10 所示。此图是当反应堆处在正常运行状态、运行瞬变和有氙振荡时,进行模拟实验研究和计算,对 40 000 个状态点得出的"斑点"。确定这些状态点的位置是为了能确定出包络线,它意味着,对于一个给定的 $AO$,不管反应堆是在 Ⅰ 类或 Ⅱ 类工况,堆芯功率不均匀系数 $F_q^T$ 总是小于或等于包络线所给定的极限。超越这条包络线,堆芯性能就要恶化,包络线由式(7-6)决定。

$$F_q^T = 2.76, \quad -18\% < AO < +14\%$$
$$F_q^T = 0.037\,6|AO| + 2.08, AO < -18\%$$
$$F_q^T = 0.037\,6AO + 2.23, AO > +14\% \qquad (7-6)$$

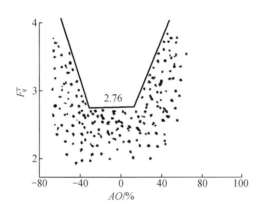

**图 7-10  状态点、$F_q^T$ 包络线与 $AO$ 关系**

2. 限制功率分布的有关准则

(1)防止堆芯熔化准则

燃料芯块温度不应超过氧化铀的熔化温度,对于新燃料它是 2 800 ℃,对应的堆芯线功率密度是 755 W/cm。

考虑到负荷的瞬变和所采用测量方法的精确度,燃料芯块温度极限定为 2 260 ℃,相应的堆芯线功率密度为 590 W/cm。

(2)临界热流密度准则

偏离泡核沸腾比(或称烧毁比)为临界热流密度与该点实际热流密度之比。在额定功

率水平运行时,DNBR > 1.9。在功率突变或出现事故的瞬态过程中,应遵守 DNBR ≥ 1.3 的准则,因此,存在一个不能超越的功率(或 $\Delta T$)极限,保证堆芯最热点的线功率密度不超过 590 W/cm,即堆功率不能再继续上升,以防止燃料芯部熔化。

(3)和失水事故有关的准则

在发生失水事故的情况下,应该避免出现燃料包壳熔化。试验结果表明,燃料包壳不能超过的最高温度是 1 204 ℃,相应的堆芯线功率密度理论极限值约为 480 W/cm,实用值选 418 W/cm,对应于事故发生后包壳的最高温度为 1 060 ℃。

以 900 MW 级压水堆核电厂为例,一般情况下,其额定热功率 $P_n$ = 2 775 MW。其中,燃料产生的功率份额 = 0.974,其余 2.6% 为在慢化剂中中子慢化过程和水吸收 γ 射线过程中所产生的能量。因此,堆芯平均线功率密度 $(q_l)_{av}$ 为

$$(q_l)_{av} = \frac{2\ 775 \times 10^6 \times 0.974}{157 \times 264 \times 366} \approx 178\ W/cm \qquad (7-7)$$

式中,157 为燃料组件数,264 为每个燃料组件中燃料棒数,366 cm 为燃料棒长度。

$$(q_l)_{max} = F_q^T \times (q_l)_{av} < 418\ W/cm \qquad (7-8)$$

对于 900 MW 的压水堆堆芯,$(q_l)_{av}$ 的值为 178 W/cm × $P$,这里 $P$ 是用 %$P_n$ 表示的相对功率,则失水事故准则可以用下式表示

$$F_q^T \cdot P < \frac{418}{178} \approx 2.35 \qquad (7-9)$$

综上所述,防止堆芯熔化准则、临界热流密度(或 DNB)准则、和失水事故有关的准则限制了轴向偏移 AO 变化,其中以和失水事故有关的准则制约性最强,是建立安全运行区域的基本设计依据。

3. 恒定轴向偏移的控制

控制棒组件是控制反应堆轴向功率分布的主要手段,但控制棒的移动有可能引起氙振荡,这个寄生效应是较难控制的。在正常运行时,应力求降低轴向氙振荡出现的几率。为此,目前在压水堆核电厂运行中广泛采用恒定轴向偏移的控制方法,这种方法的目的是,不管反应堆运行功率水平是多少,保持反应堆轴向功率分布为同样的形状,用轴向偏移 AO 为恒定值 $AO_{ref}$ 来控制反应堆。

恒定轴向偏移值 $AO_{ref}$ 又称目标值或参考值。它的物理意义是:在额定功率下,平衡氙及控制棒全部从堆芯抽出(或处于最小插入位置)情况下,堆的轴向偏移值。

$$AO_{ref} = \frac{P_H - P_B}{P_H} \times 100\% \qquad (7-10)$$

$AO_{ref}$ 随燃耗而变化,其值从 -7% ~ +2%(在第一循环期间)。反应堆寿期初,$AO_{ref}$ 值一般在 -7% ~ -5%。当反应堆以恒定轴向偏移值 $AO_{ref}$ 运行时,相应的轴向功率偏差的目标值 $\Delta I_{ref}$ 为

$$\Delta I_{ref} = AO_{ref} \times P \qquad (7-11)$$

式中,$P$ 为运行功率值,由此,可得出 $P-\Delta I$ 和 $P-AO$ 关系图(图 7-11)。

为了运行控制的需要,应将 $F_q^T - AO$ 关系式转换成 $P - \Delta I$ 关系。对于运行功率 $P$ = (0 ~ 100)% $P_n$,引入系数 $K = (q_l)_{max}/178$,则由式(7-8)可得

$$F_q^T = \frac{K}{P} \qquad (7-12)$$

$$AO = \frac{\Delta I}{P} \tag{7-13}$$

把式(7-12)和式(7-13)代入式(7-6)就转换成 $P - \Delta I$ 关系式:

$$P = \frac{K}{2.76}, \ -\frac{K}{2.76} \times 0.18 < \Delta I < \frac{K}{2.76} \times 0.14$$

$$P = 0.018\,1\Delta I + \frac{K}{2.08}, \Delta I < -\frac{K}{2.76} \times 0.18$$

$$P = 0.016\,9\Delta I + \frac{K}{2.23}, \Delta I > \frac{K}{2.76} \times 0.14 \tag{7-14}$$

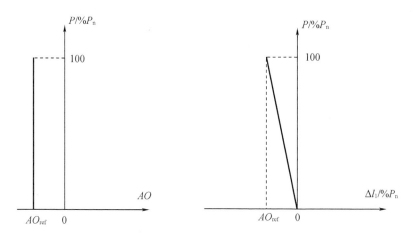

**图 7-11　$P - AO$ 和 $P - \Delta I$ 图**

如前所述,为遵守堆芯不熔化准则,$(q_l)_{\max} < 590$ W/cm,把 $K = 590/178 = 3.31$ 代入式 (7-14),并把式中 $P$ 由额定功率的相对值改为额定功率的绝对值($\% P_n$)表示,则可得出满足堆芯不熔化准则的 $P - \Delta I$ 梯形关系式:

$$P = 120, \ -22\% < \Delta I < +17\%$$

$$P = 1.81\Delta I + 159, \Delta I < -22\%$$

$$P = 1.69 + \Delta I + 149, \Delta I > +17\% \tag{7-15}$$

保护梯形与运行梯形如图 7-12 所示。$P - \Delta I$ 关系图如图 7-12 ABCD 梯形所示,称作堆芯燃料芯块不熔化保护梯形,对于 $-22\% < \Delta I < 17\%$,允许 $20\% P_n$ 的超功率。实际运行时允许最大功率水平是 $118\% P_n$,$2\% P_n$ 留作设计裕量。图中 AOD 即 $P = |\Delta I|$ 线是物理上不可能运行的区域。

在讨论和失水事故有关的准则时,曾给出确保燃料包壳不熔化,堆线功率密度实用值为 $418/178 \approx 2.35$。这样 $K = 418/178 \approx 2.35$,将此值代入式(7-14)就得到遵守和失水事故有关的准则的所有运行工况都将位于由下列等式所决定的 $P - \Delta I$ 梯形之内。

$$P = 85, \ -15\% < \Delta I < +12\%$$

$$P = 1.81\Delta I + 113, \Delta I < -15\%$$

$$P = 1.69\Delta I + 105, \Delta I > 12\% \tag{7-16}$$

上述方程式(7-16)在图 7-12 中用 EFGH 表示的梯形叫作运行梯形。应该指出,在压水堆正常运行期间,若 $\Delta I$ 在 $\Delta I_{ref} \pm 5\%$ 范围内时,允许在 $(0 \sim 100)\% P_n$ 功率间运行。

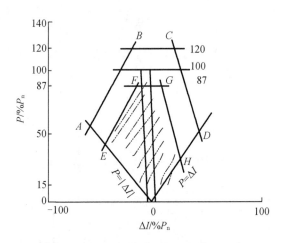

图 7－12    保护梯形与运行梯形

### 7.4.5    核电厂的带基本负荷运行或调峰运行

压水堆核电厂在发展初期,是作为带基本负荷电厂运行的,即连续以可行的最大功率运行,所考虑的控制模式是采用强吸收中子的调节棒束——黑棒束,它能以较大的功率变化速度进行调节,但引起的通量密度畸变将是很大的,这种控制模式称为 A 模式。

当核电的发展在电力生产中占相当份额后,核电机组必须参与实时的电力生产与电力消耗相平衡的精细调节,即要求核电厂参与电网的负荷跟踪,实现调峰运行。A 控制模式就不足以实现电力生产的最佳化运行,这样就产生了采用中子吸收较弱的“灰”调节棒束的 G 模式。

1. A 控制模式

通过平均温度调节系统使棒束型控制棒组件自动移动,使反应堆处于临界,同时,为了限制功率分布的轴向偏差,运行人员采用手动操作来改变硼浓度,以限制调节棒的位移。

改变硼浓度是为了补偿燃耗和氙引起的反应性变、在功率变化很大的过程中补偿功率效应。

当功率上升时,功率效应即多普勒效应吸收反应性。这时须通过提升调节棒以释放一部分后备反应性来补偿这个效应,功率上升越大,调节棒提升幅度越大;功率上升又引起慢化剂平均温度提高,由于慢化剂温度效应,也吸收反应性。因此,对于每个负荷值都有一个调节棒组位置与之对应。实际上,由于给出的冷却剂硼浓度的调节偏差,控制棒束有一个调节范围,或叫操作范围。在 A 控制模式运行的压水堆中,调节棒束分为 A、B、C、D 四组(图 7－13),它们依次移动并有一定的重叠区段(图 7－14)。主调节棒组 D 的移动保证了反应堆功率从 $0 \sim 100\% P_n$ 的调节。

提升极限是根据调节棒组微分效率的降低而定的,当调节棒组超过提升极限时,它就失去了快速改变堆反应性的能力,插入极限则根据紧急停堆时,调节棒组所能保持的最大积分效率来确定。在正常运行时,不管反应堆的功率多大,调节棒组总是处在调节范围内的最高位置,以保持反应堆轴向偏差 AO 的理想值。操作范围对应于调节棒组 D 的移动,只在负荷增加或降低时使用(图 7－15)。

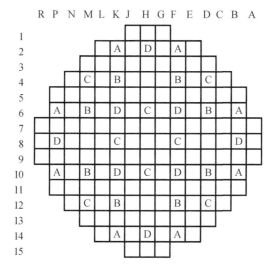

| 调节棒组 | 数量 |
| --- | --- |
| D | 8 |
| C | 8 |
| B | 8 |
| A | 8 |

**图 7-13　A 模式调节棒组布置**

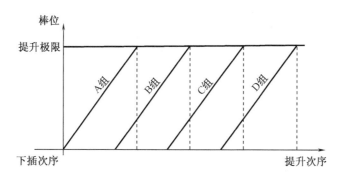

**图 7-14　A 模式调节棒组重迭程序**

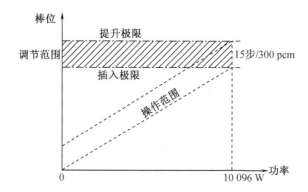

**图 7-15　调节棒组 D 的操作范围**

**2. A 模式的运行控制**

带基本负荷运行方式(ModeA)的允许运行范围,即 A 模式运行梯形如图 7-16 所示。按照这个运行梯形,可确定实用的运行规则。

(1)反应堆运行功率 $P > 87\% P_n$

在恒定轴向偏移控制方式运行时,应维持轴向功率偏差 $\Delta I$ 在 $\Delta I_{ref} \pm 5\%$ 运行带内。如超过这个运行带,则应限制超出运行带的时间,即要求在升功率之前 12 h 内超出的时间不大于 1 h,否则将因氙振荡不可能有效地将堆功率提升到额定值;如果在最近的 12 h 内超出运行带 1 h,则应将功率降到 $87\% P_n$,并使 $\Delta I$ 保持在正常运行梯形内。

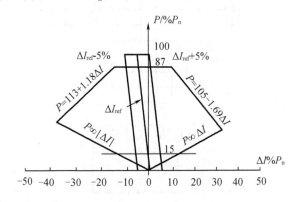

**图 7-16 A 模式运行梯形**

在额定功率正常运行时,通常 $\Delta I$ 位于 $\Delta I_{ref} \pm 3\%$ 带状区域内。这时,如反应堆不在氙平衡状态,反应性将是变化的,为了维持冷却剂平均温度于整定值,调节棒组将在堆内移动,$\Delta I$ 相应变化。调节棒组插入,$\Delta I$ 向负值方向移动;调节棒组提升,$\Delta I$ 向正值方向移动。

(2)反应堆运行功率在 $15\% P_n < P < 87\% P_n$

工作点($\Delta IP$)可以在梯形图内任一点,如工作点接近于梯形腰边界,则应降低反应堆运行功率。

(3)反应堆运行功率 $P < 15\% P_n$

由于没有氙峰出现的危险,可以不限制轴向偏移值。

应用 A 控制模式,主要优点是:

①运行简便,只有一个调节回路,正常运行时只需改变硼浓度;

②控制棒组件的插入数量少,径向和轴向的燃耗都相当均匀,通过标准的操作程序可极方便地保证停堆深度。

A 控制模式的缺点是,由于控制棒组件的插入很少,当要改变功率时就受化学和容积控制系统的限制,考虑到在一个燃料循环中功率提升速度有规律地下降,实际上不可能在瞬间实现大幅度的负荷变化,例如低于 60% 额定功率的堆功率瞬间回复到满功率。

**3. G 控制模式**

这种模式称为灰棒模式,它要求反应堆上配备以下两部分才能实现。

(1)在控制棒组件中有一些称为灰棒的棒束,这种棒束由 8 根 Ag-In-Cd 吸收棒和 16 根钢棒组成,而黑棒束由 24 根 Ag-In-Cd 棒组成。灰棒束又有两组:G1 组,由 4 束灰棒组成;G2 组,由 8 束灰棒组成。黑棒束分为 N1、N2 两组,各有 8 束。灰棒组 G1、G2 的布置应使反应堆径向功率畸形最小。G 模式调节棒组和停堆棒组位置如图 7-17 所示。其中,R

棒组将起温度调节作用。

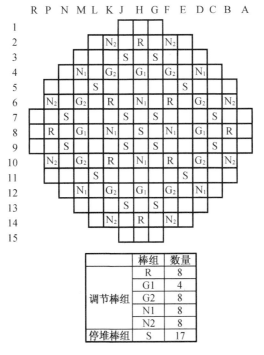

| | 棒组 | 数量 |
|---|---|---|
| | R | 8 |
| | G1 | 4 |
| 调节棒组 | G2 | 8 |
| | N1 | 8 |
| | N2 | 8 |
| 停堆棒组 | S | 17 |

图 7 - 17　G 模式调节棒组和停堆棒组位置

（2）有两个调节回路，一个为开环调节回路，它跟随汽轮发电机组功率整定值顺序控制功率补偿棒组 G1、G2、N1、N2（部分重叠）；另一个回路通过调节棒组（R 棒组）来保证平均温度调节，就如 A 控制模式一样。

900 MW 压水堆核电厂的调节回路原理如图 7 - 18 所示。

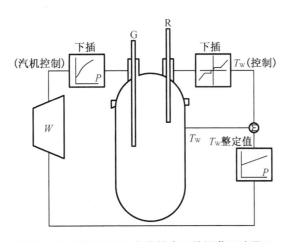

图 7 - 18　900 MW 压水堆核电厂的调节回路原理

G 控制模式的目的是要确定一种核蒸汽供应系统控制方案，以改善 A 控制模式特别是实现某些 A 模式中不可能实现的负荷快变化。在负荷跟踪运行时，灰棒组 G1、G2，随后是黑棒组 N1、N2，依次插入堆芯并有一定的重叠，它们的位置决定于汽轮发电机组功率的整定值,而可溶硼仍用于补偿反应性因氙、燃耗而引起的慢变化。

由慢化剂平均温度调节系统控制的黑棒组的作用,则补偿由于弱的氙变化或因灰棒组整定不准确而产生的剩余反应性变化,以及当功率轴向差值 $\Delta I$ 超出 $\Delta I_{ref} + 5\%$ 时,使轴向振荡停止。然而,R 棒组的移动被限制在一个调节带内,以免引起过大的轴向畸变,一旦超出,运行人员必须改变硼浓度,使 R 棒组回复到调节带内。

4. G 模式的运行控制

负荷跟踪运行方式(ModeG)允许的运行范围是依据 ModeA 同样的原理并结合 ModeG 运行特点而确定的。根据 $F_q^T AO$ 关系,为了遵守和失水事故有关的准则,必须限制负端的 $AO$,这个限值在转换为 $P - \Delta I$ 曲线后就确定了负端 $\Delta I$ 允许运行区域的边界,超过这个边界运行功率自动下降。考虑到正端 $\Delta I$ 功率偏差是严重的轴向氙振荡的潜在根源,为了限制正端 $\Delta I$,把 ModeG 允许运行范围以 $\Delta I_{ref} + 5\%$ 为正端边界(图 7 - 19)。

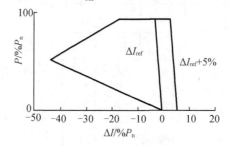

图 7 - 19　G 模式运行范围

G 控制模式的优点是,在任何时刻都允许有各种瞬态而不需要运行人员的干预,控制棒组对功率分布的干扰不会产生轴向振荡;G 模式的缺点是,由于硼和棒束的作用清楚地分开,因此当负荷降低时,不可能像 A 模式那样补偿由氙变化引起的功率效应,以致在反应堆循环末期紧急停堆后的再启动中,可操纵性将大大降低。

### 7.4.6　功率运行中的几个问题

1. 冷却剂压力的控制

压水堆核电厂正常运行时,冷却剂系统压力必须保持在一定的范围内,如 2.2.7 节列举的 900 MW 级压水堆冷却剂系统压力为 $(15.5 \pm 0.2)$ MPa,但由于它是个封闭的回路系统。因此,当压水堆适应负荷的变化而运行在各功率水平,导致冷却剂系统温度场分布和平均温度的改变时,或冷却剂系统补水、泄漏等原因引起水容积的波动时,都会引起冷却剂系统压力的变化。压力过高,会使系统设备受到损坏;压力过低,会造成堆芯局部沸腾,严重时可能会出现体积沸腾而烧毁燃料元件。

在压水堆的任何功率水平上,稳压器控制着反应堆冷却剂的压力,压力的控制力图维持稳压器内液相和汽相处于相当于整定压力的饱和温度之下。

压水堆核电厂稳压器的压力控制程序图如图 7 - 20 所示。通常,稳压器内一直稳定地保持着一小股喷雾流量,以避免喷雾管线和膨胀管受到热冲击,并且使稳压器中的硼浓度接近于冷却剂系统的硼浓度。喷雾器的压力控制阀处于"稳压器压力——整定压力"误差信号的控制之下。当系统的压力上升,超过压力整定值上限时动作,喷雾流量在最小流量到最大流量范围内变动。稳压器内六组加热器的两组可调式加热器由"稳压器压力——整定压力"误差信号来控制,它们补偿了稳压器的热损失,和由正常运行时的最小喷雾流量所引起的冷却,其余的四组通断式加热器自动地在"稳压器压力过低"(这时水位应在正常范围)和"稳压器水位过高"时开动。在压水堆启动或冷停闭运行期间,加热器由手动来控制。

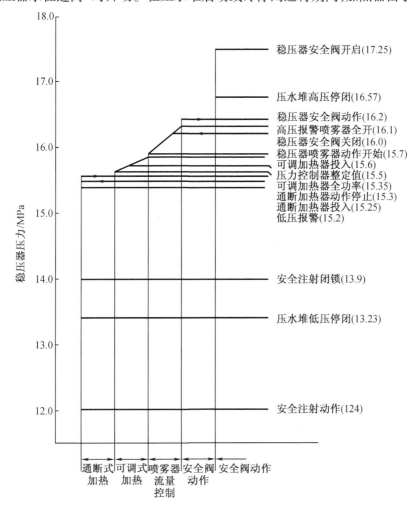

图 7-20 压水堆核电厂稳压器的压力控制程序图

在核电厂的事故工况下,或由于某种原因造成系统压力持续不断地上升,而稳压器喷雾流量开到最大值仍不足以补偿和限制系统的超压时,装在稳压器顶部的三个安全阀组在不同的压力整定值相继开启,将稳压器汽空间的蒸汽导入卸压箱,使一回路系统卸压。

2.冷却剂体积的控制

稳压器的体积可以吸收由于负荷变化所引起的压水堆冷却剂体积的正常变化。若与化学和容积控制系统一起,稳压器还可以补偿由于运行工况的突变所引起的压水堆冷却剂体积的变化。

压水堆正常运行时,可以采取在某种负荷以上冷却剂平均温度不变,改变蒸汽温度和压力;或改变冷却剂平均温度,而二回路蒸汽温度及压力维持不变等两种调节方案。以平均温度为主调节参数时,稳压器水位被当作冷却剂平均温度 $T_{av}$ 的函数来控制。根据一个给定的 $T_{av}$ 来计算水位整定值。水位在整定值附近的任何变化都要调节化学和容积控制系统的上充阀,使上充流量发生变化。用容积控制箱的水位来补偿下泄流的不足或过剩。在功率不变的情况下,下泄流量等于上充流量和反应堆主泵轴封水流量之和。

当功率增加,冷却剂平均温度增加,一回路水膨胀时,其大部分由稳压器吸收,过剩的小部分冷却剂通过下泄贮存在容积控制箱内;同时,水位自动控制系统将水位整定值升高到与新的功率相对应的位置上。在这个过程中,由于经过下泄孔板的流量保持不变,但稳压器水位控制信号使上充流量减少,下泄水温度就增加,当下泄水温度超过混合床离子交换器运行的最高温度,则下泄流自动旁通,直接流入容积控制箱,以保护树脂。容积控制箱的一个高水位信号将转动三通控制阀,这个阀调整了到容积控制箱和到硼回收系统的流量。

功率减小时,冷却剂平均温度降低,一回路水体积收缩,稳压器中水位给定值也降低,以补偿这些收缩。如果需要增加上充流量,而容积控制箱内水位又非常低时,则可将上充泵的入口接到换料水贮存箱,将硼水注入到反应堆冷却剂系统中。

3. 冷却剂硼浓度的控制

冷却剂系统中硼浓度的控制,由化学和容积控制系统上充泵进行,以配合控制棒组件控制压水堆的反应性,硼浓度控制有自动补给、稀释和硼化几种程序。

正常运行时,按自动补给程序,将预先选定流量的硼酸和除盐水相混合,经容积控制箱由上充泵把混合水注入一回路系统,对一回路泄漏进行自动补偿。随着燃耗的增加和裂变产物氙、钐等毒物的积累对反应性的影响,以及为保证调节棒组处于所希望的位置,必须通过降低冷却剂硼浓度来进行补偿。操作时,把补水调节器放在“稀释”位置,在调节器上给定除盐水加入到反应堆冷却剂系统中的流量和总量。当容积控制箱的水位达到最高水位,下泄流将自动地直接排放到硼回收系统。在稀释过程中应监视调节棒组位置的指示和冷却剂温度的变化。当已达到预先确定的补充量,或调节棒组已处于所希望的位置时,补给水停止。

当出现由于负荷的变动引起氙的变化时,补水控制允许调节除氧除盐水的进入量,当氙减少时,应调节注入到一回路系统中浓硼酸数量和流量,增加冷却剂中硼浓度,以保持控制棒位置。这时,应把补水控制开关放到“硼化”位置上,并给定希望注入一回路的硼酸总量和流量,注入由硼酸制备系统供给的 4% 浓硼酸溶液,并把相应数量的冷却剂排放到硼回收系统,来提高冷却剂硼浓度。

利用充排方式来控制冷却剂硼浓度的调硼操作简单、可靠,在堆芯寿期的大部分时间内,可以运用。但在堆芯寿期末,冷却剂中含硼浓度已很低时,则可以利用离子交换法除硼,做进一步稀释,让冷却剂通过除硼离子交换器,使冷却剂中硼酸根离子 $BO_3^{3-}$ 与树脂中氢氧根离子 $OH^{-1}$ 发生交换反应。冷却剂中硼浓度也随之降低。

4. 蒸汽排放系统的控制

在正常运行中,当汽轮机负荷很快地下降时,反应堆要经受一个过渡过程,蒸汽排放系统可减小过渡过程的幅度;启动和停堆的初期,蒸汽排放系统用来吸收反应堆多余或剩余的能量。汽轮机蒸汽旁路阀允许将额定压力下最大蒸汽产量的 85%(有的压水堆设计为 40%)排向凝汽器,以吸收汽轮发电机甩掉的外负荷。排放的蒸汽在凝汽器中冷凝成凝结水,并除氧。

当发生了负荷的快速降低或者甩负荷,而汽轮机蒸汽旁路阀由于凝汽器真空不足或其他原因而闭锁时,将使蒸汽压力上升,造成主蒸汽管线上向大气排放的释放阀开启,并导致停堆。对空释放阀的排汽容量一般为额定参数下蒸汽产量的10%;蒸汽压力再升高时,安全阀也会很快地打开,它的容量是按照能够排放汽机在满负荷时甩负荷的总蒸汽量而确定的。

5. 蒸汽发生器给水的控制

在正常运行时,蒸汽发生器的给水由主汽动给水泵供水;在启动时,由电动辅助给水泵或汽动辅助给水泵供水,辅助给水来自辅助给水箱。每一条主给水线的流量由主给水阀或它的旁路阀来控制,或由主汽动给水泵的转速来控制,辅助给水流量由辅助给水阀来控制。

蒸汽发生器的设计,要求保持二次侧的液位在一个预定的值上。在低负荷时,水位随负荷而变动,以测量到的水位和整定值数值相比较作为水位误差信号。同时,一个"给水蒸汽流量不符"差值信号被加到水位误差信号上,以改善系统的动态响应,得到的信号用来控制主给水阀。

主汽动给水泵的速度调节实现给水控制阀的作用,这个速度调节受一个误差信号的控制,这个误差信号是由蒸汽流量导出的压力整定值同给水管和蒸汽管之间压差相比较而得到的。

在堆启动时,通常在15%额定负荷以前,都是用手动控制来调整主给水阀的开度和主汽动给水泵的转速,在这以后,控制就成为自动的。

在反应堆紧急停闭以后,主给水阀关闭,蒸汽发生器的给水,在手动控制之下,通过主给水阀的旁路阀供给。

# 7.5 停 闭

核电厂的停闭就是把运行着的反应堆从功率运行水平降低到中子源水平。停闭运行有两种方式,即正常停闭和事故停闭。正常停闭又可按停闭的工况及停闭时间的长短分为热停闭(短期的停闭)和冷停闭(长期的停闭)两类。

## 7.5.1 热停闭

核电厂的热停闭是短期的暂时性的停堆,这时,冷却剂系统保持热态零负荷时的运行温度和压力,二回路系统处于热备用工况,随时准备带负荷继续运行。

反应堆从热备用工况(见7.4.1节)进行热停闭时,反应堆的负荷降到零,所有调节棒组完全插入,停堆棒组可以插入或抽出(但必须保证冷却剂维持在最小停堆深度的硼浓度),反应堆处于次临界,$K_{eff} < 0.99$。

一回路和二回路温度由控制蒸汽压力来维持,其能量来自堆芯的余热和冷却剂泵的转动,蒸汽排放到大气或凝汽器,一回路压力由稳压器的自动控制(加热或喷淋)维持在它的正常值。稳压器的水位则由化学和容积控制系统维持在零负荷值,如长时间内处于热停闭,则至少应有一台主泵在运行。

如果反应堆热停闭超过了11 h,堆内裂变产物氙毒的变化超过了碘坑,氙毒反应性减少,如果不加补偿,可能会使反应堆重返临界,为此,必须进行冷却剂加硼操作,以保证在热停闭期间 $K_{eff}$ 始终 <0.99。

### 7.5.2 冷停闭

反应堆处于热停闭状态以后,才能进行冷停闭操作。冷停闭时,调节棒组及停堆棒组全插入,尚需向冷却剂加硼,以抵消从热态降到冷态过程中,因负温度效应引入的正反应性,维持堆的足够的次临界度。此外,还需要对系统进行冷却,具体的操作有:

(1)冷停闭开始之前,首先降低容积控制箱的压力,关闭氢气供应管系,使冷却剂中氢气浓度降到 5 cm³/kg 以下,用氮气吹扫容积控制箱气空间,以消除氢和裂变气体。

(2)对冷却剂加硼,根据棒位、硼浓度、氙毒变化等运行情况,准确估算实现冷停闭时冷却剂硼浓度规定值和所需增加硼酸溶液的总容积,保证足够的停堆深度。加硼过程中,一回路系统的几个环路内至少要有一台冷却剂泵运行,并且加大稳压器喷雾流量,以均匀稳压器和冷却剂环路的硼浓度,使两者之差值小于 50 mg/kg。加硼时,必须密切注视源量程通道计数率和冷却剂平均温度的变化,以观察和分析硼化效果,如发现计数率上升或冷却剂温度增加等异常现象时,应立即中止硼化操作,查究原因,纠正后方可继续进行。

在加硼操作时,反应堆补水控制开关置于"硼化"位置;加硼操作完成后,将补水控制开关转向"自动补给"位置,并按照冷停闭浓度重新调整硼酸控制给定值,以补偿在系统冷却过程中冷却剂的泄漏损失和体积收缩,确保容积控制箱内冷却剂的正常水平。

(3)冷却剂加硼到冷停闭工况所要求的硼浓度后,关闭稳压器的电加热器,手动控制喷雾流量,使系统冷却卸压至常温常压,可分为两个阶段:

第一阶段堆芯的剩余发热和冷却剂的显热通过蒸汽发生器,由二回路控制系统把产生的蒸汽旁路到凝汽器,凝汽器真空度破坏时,可由释放阀向大气排放,使冷却剂冷却至180 ℃、3.0 MPa。冷却剂系统的冷却速率应符合规定,冷却过程中必须保证冷却剂系统各环路的均匀冷却。在这个过程中还应注意:

①降温过程中要保证冷却剂温度比稳压器饱和温度稍低。

②冷却剂降压至 13.8 MPa 时,安全注射系统的动作线路应予闭锁,否则,当压力再降低时,安全注射信号会启动高压注射泵向堆芯紧急注入含硼水。

③冷却剂降压至 6.9 MPa 时,安全注射箱应予隔离,关闭电动隔离阀,在控制室手动进行这个操作。

④在卸压过程中,依次打开各下泄孔板,以维持下泄流量在它的正常值附近,然后,增大上充流来淹没稳压器汽空间,并且打开喷雾器。

当冷却剂压力降到 2.5 ~ 3.0 MPa,冷却剂温度低于 180 ℃时,启动余热排出系统,以控制一回路温度,以上是冷却卸压的第一阶段。

第二阶段将余热排出系统与化学和容积控制系统连接起来,以保证下泄流量,这时可关闭正常下泄管线上的下泄孔板。温度降低到接近于 180 ℃时,改善蒸汽发生器水的化学性质,以着手准备冷停闭。为此,在一定温度下注入化学添加剂,当获得了所需的水量以后,就让蒸汽发生器进入湿保养状态。

用余热排出系统继续完成冷却,直至达到温度小于 70 ℃的冷停闭状态。

在停堆冷却过程中,对运转着的冷却剂泵和停转的冷却剂泵均需连续供应设备冷却水,及时冷却冷却剂泵的轴密封,直至一回路系统降温降压到冷态和冷却剂泵停转超过半小时为止。堆停闭时的降温降压全过程如图 7 – 21 所示。

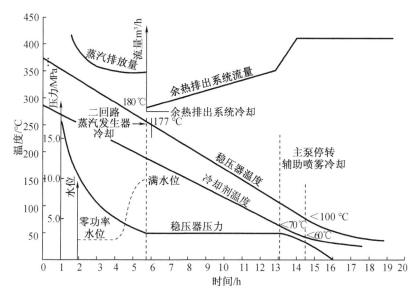

图 7－21　堆停闭时的降温降压过程

在切断了化学和容积控制系统的上充流以后,开动辅助喷淋系统,最终完成稳压器的冷却。

在稳压器和回路中的温度均匀了以后,切断辅助喷淋管系,上充泵停转,并使一回路系统恢复到常压状态。

当有设备需要维修或堆芯要进行换料时,应在冷却剂温度降到 60 ℃,冷却剂加硼到 $K_{eff} < 0.9$ 规定值后进行。需要换料时,还应在吊起压力容器顶盖的同时,将含硼浓度 > 2 000 mg/kg 水灌入堆池及运输管道,开动安全壳通风和过滤系统,以降低在维修或换料时的放射性水平。

### 7.5.3　事故停闭

当核电厂发生直接危及反应堆安全的事故时,保护系统动作,快速插入全部控制棒组件紧急停堆。如果事故严重(如主蒸汽管道破裂、失水事故),则需向堆芯紧急注入含硼水,使裂变反应瞬即停止。事故停闭后,必须保证对反应堆的继续冷却。

### 7.5.4　压水堆核电厂停闭中的问题

压水堆核电厂停闭以后,必须注意裂变产物衰变所放出的衰变热,而在短期停闭后再次启动时,需考虑裂变产物氙的累积。

#### 1. 衰变热

压水堆在停闭后的相当长时间内,由于核分裂所产生的裂变产物——β、γ 放射性衰变而发出的热量是相当可观的,以一个在满功率运行超过 100 d 的压水堆为例,堆热停闭后,它的停堆剩余发热随时间的下降大致如表 7－2 所示。

表 7 – 2    反应堆停闭后的剩余发热

| 停闭后时间 | 衰变热/%$P_n$ |
|---|---|
| 1 min | 4.5 |
| 30 min | 2.0 |
| 1 h | 1.62 |
| 8 h | 0.96 |
| 48 h | 0.62 |

衰变热可按下式近似算出：

$$衰变热 = 0.006\,22P\left[T^{-0.2} - (T + T_1)^{-0.2}\right] \tag{7 – 17}$$

式中    $P$——反应堆热功率,MW；

$T_1$——运行时间,s；

$T$——停闭后时间,s。

因此,压水堆停闭后,为了除去衰变热,防止燃料元件包壳融化,冷却剂泵必须继续运转,衰变热通过蒸汽发生器由二回路带出,当一回路压力、温度降到一定程度时,余热排出系统必须投入。若在反应堆停闭的同时发生了断电事故,主泵不能工作时,则依靠冷却剂自然循环使堆芯冷却,系统也靠应急电源的投入而继续工作,此外,在发生一回路管道破裂的失水事故时,由安全注射系统将硼水注入堆芯,为堆芯提供应急的和持续的冷却。

2. 氙 – 135 的累积

反应堆停闭后堆内反应性变化的特点是由于裂变产物氙中毒而使堆内出现了积毒和中毒的过程。氙的中毒曲线如图 7 – 22 所示。

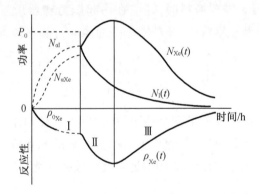

图 7 – 22    氙的中毒曲线

压水堆在一定功率水平上运行,随着燃料的燃耗,裂变产物在堆内吸收中子将使反应堆中毒,而引起反应性损失。裂变产物中主要毒素氙 – 135 来自裂变产物碘 – 135 的衰变,以及由裂变直接产生。当反应堆运行在高功率时,由氙积累所引起的反应性损失达到平衡,从图 7 – 22 上可看出,大致相当于碘的衰变速度；在停堆时,碘和氙已达到了稳定浓度,中毒实际上已达到了平衡值,即(图 7 – 22 上线段 Ⅰ ),$\rho = -\rho_{0Xe}$。

而在停堆以后,由于氙的消失速度减慢,便会产生碘坑,从图 7 – 22 上可以清楚地看出,堆热停闭后大约11 个小时,由于碘的衰变速度 $N_I(t)$(即氙的积累速度)大于氙的衰变速度

$N_{Xe}(t)$,因此,氙的积累是主要的,这时,堆内剩余反应性将下降(线段 H),这一阶段称为"积毒",反应堆则由于次临界度的加深而偏于安全;到停闭后 11 个小时,碘的衰变速度与氙的衰变速度相等,氙中毒引起的反应性损失达最大值,即碘坑的最大值;之后,氙的衰变速度大于由碘而产生的速度,反应性损失减小,即中毒减小,反应性开始回升,这个阶段称为氙的"消毒"(线段)。

碘坑曲线反映了随着停闭时间的增加,堆内反应性的变化。它给停闭后再启动时的操作带来了一定的复杂性,可以分为如下三种情况。

（1）在积毒阶段启动

碘坑最大值之前的积毒阶段,例如,热停闭后两小时内再启动,这是最简单的情况,这时可直接按顺序提升调节棒组而达临界。在提升调节棒组时,应估计到随时都有可能达到临界;在接近临界时,必须避免任何可能使冷却剂平均温度突变 5 ℃或冷却剂硼浓度稀释 10 mg/kg 的操作,并且应注意堆内中子的倍增率不超过每分钟 10 倍(相当于反应堆周期 $T = 26$ s)。

（2）最大碘坑中启动

如果反应堆停闭时间较长,在最大碘坑中开堆,即使把控制棒组件全部抽出,由于碘坑深度大于停堆时的剩余反应性,使反应堆不可能临界。这时,只有对冷却剂进行适当的硼稀释操作,才有可能使反应堆启动。但是,反应堆一旦启动之后,随着功率的提升,毒素氙因吸收大量中子迅速减少,而碘的生成还很少(即氙的产生十分缓慢),氙的浓度下降,使得反应性相应地上升。这时,又需要及时对冷却剂加硼,以抑制反应性的增加,不使反应堆功率有急增的可能。

由此可见,在最大碘坑中启动,为了抵消部分氙毒,需要对冷却剂先进行硼稀释,启动后又要加硼,操作过程十分复杂,并且产生大量的废水,所以应尽量避免这样的启动。

在堆的寿期末,由于后备反应性较小,可能会发生在碘坑中根本无法启动的情况。

（3）在消毒阶段启动

在最大碘坑后的消毒阶段再启动反应堆时,由于氙的自发消毒引入了反应性,因而就不需要对冷却剂硼浓度做稀释,但启动操作必须十分小心,特别要防止因反应性引入速率过大而出现短周期事故。

以上是反应堆停闭后,在碘坑中再次启动的三种典型情况。应该指出的是:堆达到临界,电厂恢复额定功率运行过程中,对功率的提升必须十分小心,使氙毒消失速度能有效地得到控制。在提升到额定功率过程中,堆内已经积累起来的氙毒,因中子通量的增大会迅速消失,引起反应性增加,以后,氙的减少被碘的积累和衰变成氙所补偿,氙毒又按通常规律积累达到平衡值。堆停闭后再启动时堆内反应性变化如图 7 - 2 所示。由图 7 - 23 可以看出,碘坑中启动反应堆后,在 2 ~ 3 h 内氙的消失比产生的快(曲线 I),在 3 小时后,消毒作用才减弱而开始积毒(曲线 II)。实际上,堆内反应性按曲线 m 变化,所以当功率提升到 80% 额定功率时,要注意氙毒的消失能得到控制,使主调节棒组始终能处于调节带内。

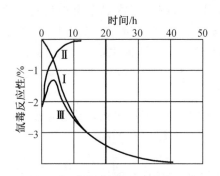

图 7 – 23　堆停闭后再启动时堆内反应性变化

# 7.6　卸料 – 装料

### 7.6.1　燃料管理

燃料管理的目的是要使燃料在堆内有最佳使用时间,为此,必须使燃耗尽可能均匀。

在一座反应堆中,径向中子通量密度以贝塞尔函数分布,轴向中子通量密度呈正弦分布,使得反应堆中心与边缘处的局部功率有很大差别,即反应堆中心的中子数要比边缘处的中子数多,因为边缘处有很多中子向外泄漏。由此,造成反应堆平均功率远远低于最大局部功率,以致燃料的燃耗不均匀,导致燃料的使用效果不好(图 7 – 24)。

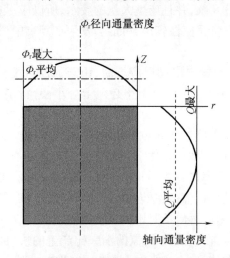

图 7 – 24　反应堆堆芯内径向与轴向中子通量密度分布

为了获得尽可能均匀的中子通量密度分布(功率分布),使中子通量密度展平,可以通过增大裂变核数来补偿边缘处较少的中子数,对堆芯的径向功率分布,采取不同富集度燃料的分区布置、可燃毒物的布置、控制棒分组及提棒程序等方法来展平。轴向功率分布主要由棒控方式、可燃毒物的轴向尺寸和布置、燃料组件格架布置、堆芯高度,以及温度反馈效应等因素决定。

### 7.6.2　装卸料及贮存系统

装卸料及贮存系统用于压水堆停闭以后的装料和卸料,压水堆的装卸料有以下特殊性:

(1)卸料时,由于用过的燃料元件放射性非常强,因此它的运输和贮存必须在水下进行。水是一种经济有效的冷却剂,只要有足够的深度,又可作为对中子与 γ 的屏蔽,透过它还能观察装卸料操作。为保证卸料时堆芯处于次临界,水中需加入硼酸。

(2)燃料组件系无盒组件,相邻两个燃料组件间之间隙仅 1 mm,因此,装卸料机应有可靠的自动定位系统,保证装卸料时的精确对中定位。

(3)为了提高电厂的利用系数,应尽可能缩短装卸料时间。

压水堆装卸料设备一般分设在两个厂房内,换料水池在安全壳内,位于压水堆上部;乏燃料贮存池和新燃料干贮存室设置在安全壳旁边的燃料厂房内。有的压水堆设计把换料水池和乏燃料池、新燃料干贮存室都放在安全壳内。

换料水池在反应堆停闭后用 2 000 mg/kg 的硼水充满,换料水池内能贮存堆内构件及控制棒组件等。燃料组件的装卸料操作由装卸料机进行。

乏燃料池又分成三个隔室:

(1)贮存隔室。充有硼水,可供一个全堆芯乏燃料组件再加上处于衰变期的 4/3(至少应为 1/3)堆芯乏燃料组件的贮存,即可贮存 7/3(或 4/3)堆芯的乏燃料组件。可根据需要确定贮存池的大小,但乏燃料最少应贮存三个月才能运往后处理厂。

(2)运输隔室在堆停闭时充水。

(3)乏燃料装罐隔室。

乏燃料池中贮存间距的设计,应能保证在纯水中对最高富集度的新燃料来说,有效增殖因子小于 0.95,有的堆取 410 mm,有的设计中,贮存隔室用强吸中子材料建造,以缩小贮存间距,或在同样空间可贮存更多的乏燃料。乏燃料池配备有装卸桥吊和乏燃料贮存架。

新燃料贮存室内可进行新燃料组件从容器内取出的操作、新燃料组件检验,以及新燃料组件的干贮存。贮存钢架的贮存间距一般取 520 mm,分成两区,在分别贮存 34 个和 27 个燃料组件情况下,有效增殖因子小于 0.9。一般是按可存放 1/3 炉燃料组件来设计的。

换料水池与乏燃料池之间,由一个穿过安全壳的水平运输管道相连,停堆时,运输管道充水,运输小车每次允许带一个燃料组件在换料水池和运输隔室之间往返通行。用过的燃料组件从压水堆中取出是由装卸料机来完成的。装卸料机的抓取机构能准确地在被操作的燃料组件上面定位。抓取机构由一个气动控制夹钳所组成。夹钳的爪伸进燃料组件导向孔的内边缘,用绞盘提升,燃料组件进入装卸料机伸缩柱的外管内,由小车放到运输框架上,靠翻转器的翻转,燃料组件从垂直位置转到水平位置,然后由运输小车移送到运输隔室,燃料组件重新从水平位置转回到垂直位置,由装卸料桥吊接收并安放在贮存隔室内的废燃料贮存架上。

新燃料组件运入安全壳装入堆芯的操作步骤是与上述过程完全相反的操作。

压水堆装卸料及贮存系统和燃料组件装换料过程如图 7-25 所示。

### 7.6.3　换料方式

压水堆在运行过程中,由于核燃料的消耗,堆芯反应性降低。为了使反应堆维持额定功率,在一定时期以后,就需要换料。连续两次换料操作之间的间隔称为"循环",对于包含三个不同富集度燃料组件的压水堆堆芯,通常每次更换堆芯内 1/3 的燃料组件。燃料循环的长短取决于一回路水的硼含量,当硼溶液浓度为零时即为循环的结束。一般换料循环为 12 个月,也有采用 18 个月的。由于换料时要打开压力容器,所以可结合进行设备的定期检查。

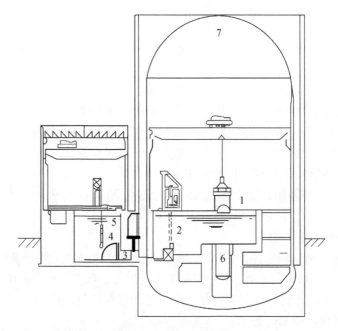

1—起吊压力容器盖;2—装卸料机;3—运输管道;4—运输小车(翻转机);5—装卸料桥吊;6—反应堆;7—安全壳。

**图 7 – 25   压水堆装卸料及贮存系统和燃料组件装换料过程**

压水堆换料方式,有以下三种。

**1. 由外向里三区循环倒换料**

初始装料时,三种不同富集度的燃料组件装载在堆芯内沿径向分布的三个区中,外区燃料组件富集度最高,中心区最低。每次换料时,取出中心区燃耗最深的燃料组件,将第二区燃料组件倒换入中心区,外区的燃料组件则倒换入第二区,而在外区装入新补充的同一种富集度的燃料组件。

这种三区循环倒换料方法的特点是:在运行过程中堆芯能保持较为均匀的径向功率分布,每一区燃料都可在堆芯停留三个换料周期,即使在运行后期,功率分布仍能保持初装料时的水平。主要缺点是反应堆每次停闭换料时,每个燃料组件都要经倒换料的操作,容易发生燃料组件外表面被擦伤等操作事故,这种方法目前已不采用。

**2. 跳棋式倒换料**

初装料时,三种不同富集度的燃料组件交叉排列,均匀布置在堆芯内(图 7 – 26)。

每次换料时,只取出其中某一区的燃料组件,同时,在取出燃料组件的位置上装入同一种富集度的燃料组件,其他区不动,下一次则更换另一区的燃料组件。周而复始,进行跳棋式的分区换料。

这种方法的优点是加强了新旧燃料的耦合、分布均匀,而且又克服了循环倒换料次数多的缺点,每次只换 1/3 堆芯的燃料组件,换料简单。主要问题是新旧燃料间有较大的局部功率峰起伏。当燃料组件尺寸较小、每个组件内燃料棒不超过 100 根时,使用这种方法较合适。但应考虑到,这种情况下,燃料组件的加工制造成本会有所增加。

| 1 | | | | | | |
|---|---|---|---|---|---|---|
| 3 | 1 | 2 | | | | |
| 2 | 3 | 1 | 2 | | | |
| 1 | 2 | 3 | 1 | 2 | | |
| 3 | 1 | 2 | 3 | 1 | | |
| 2 | 3 | 1 | 2 | 3 | 1 | |
| 1 | 2 | 3 | 1 | 2 | 3 | |

图 7-26　跳棋式换料(图示 1/4 象限)

3.分区倒换料与跳棋式相结合的换料方法

这种换料方法是上两种换料方法的结合,以一个 900 MW 级压水堆为例,首次装载时,堆芯内三种不同富集度的燃料组件,按质量比,它们分别是 1.8%、2.4% 和 3.1%(根据不同设计要求而定),堆芯的四周由 3.1% 富集度的燃料组件围成一圈,其余部分由两种较低富集度的燃料组件按跳棋式布置(图 7-27)。

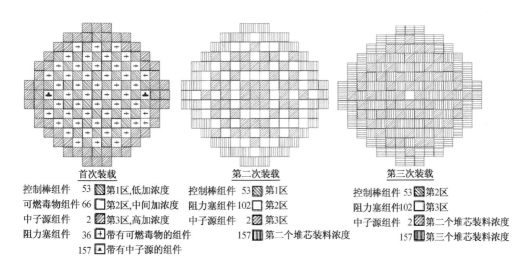

| 首次装载 | 第二次装载 | 第三次装载 |
|---|---|---|
| 控制棒组件　53　▨第1区,低加浓度 | 控制棒组件　53　▨第1区 | 控制棒组件　53　▨第2区 |
| 可燃毒物组件　66　□第2区,中间加浓度 | 阻力塞组件　102　□第2区 | 阻力塞组件　102　□第3区 |
| 中子源组件　2　▨第3区,高加浓度 | 中子源组件　2　▨第3区 | 中子源组件　2　▨第二个堆芯装料浓度 |
| 阻力塞组件　36　⊞带有可燃毒物的组件 | 157　▥第二个堆芯装料浓度 | 157　▦第三个堆芯装料浓度 |
| 157　□带有中子源的组件 | | |

图 7-27　900 MW 级压水堆堆芯装载图

每次换料时,将内区燃耗较深的燃料组件取出,而将外区的燃料组件移向内区,新燃料组件加在外区。

这种换料方法采纳了上述两种方法的优点,既适当减少了燃料组件的倒换料操作,又因为倒换到内区的燃料元件已经在外区使用过,缩小了新旧燃料组件间的差别,因此可获得较高的燃耗深度和低的堆芯功率局部峰系数。

### 7.6.4　装换料操作顺序

压水堆装换料包括如下操作步骤:

（1）反应堆压力容器的开启。

（2）卸料。

（3）换料。

（4）压力容器关闭。

（5）乏燃料组件的封装。

1. 反应堆压力容器的开启

（1）反应堆冷停闭——停堆、降压并冷到常温。

（2）安全壳内进行全面的辐射测量并换气。

（3）移去防飞块屏蔽。

（4）打开运输管道（在堆池侧取走管塞，在运输隔室侧打开阀门）。

（5）检验装卸料机。

（6）拆除控制棒驱动机构及控制棒位置指示装置电源电缆，拆除热电偶及通风管。

（7）松开压力容器螺栓，卸去螺栓杆，在螺栓孔里安上垫圈和塞块。安装上导向杆。

（8）控制棒组件从其驱动杆上松开。

（9）装上换料水池密封装置。

（10）抬起压力容器顶盖高于法兰 2~3 mm，硼水充入堆池到低于压力容器顶盖的高度，起生物保护作用，水灌入堆池的同时，也充入运输管道和运输隔室。当水位足以保证防护时，移走压力容器顶盖，放在换料水池干贮存区。

（11）当水位达到运输隔室中的指定标高时，打开运输隔室和贮存隔室之间的门。

（12）用专门的操作工具，取出控制棒组件驱动杆。

（13）吊出上部堆芯支承结构，并将它贮存在换料水池中。

（14）从堆芯中抽出堆芯测量仪表，以便能自由地装卸燃料组件和控制棒组件。

2. 乏燃料组件运输和取走

（1）用装卸料机把燃料组件（带着控制棒组件）从堆芯中吊出，利用控制棒组件更换设备抽出控制棒组件。

（2）把燃料组件放在运输框架上，框架从垂直位置转到水平位置，由运输小车通过运输管道送到乏燃料水池运输隔室。

（3）燃料组件重新从水平位置转回到垂直位置，由装卸料桥吊来接收并安放在一个贮存隔室中。

3. 新燃料组件的装入

新燃料组件到厂后，从运输容器中卸出，进行检验，然后干贮存于新燃料贮存室中。

（1）新燃料组件由装卸料桥吊从贮存室取出并安放在运输框架中。

（2）运输框架由垂直位置转到水平位置，并且由运输小车运到反应堆换料水池。

（3）运输框架重新从水平位置回到垂直位置，用装卸料机取燃料组件，并安放在一个控制棒组件更换设备中。

（4）燃料组件内装入控制棒组件（也可能装入中子源组件、阻力塞组件，视燃料组件在堆芯内位置而定）。

（5）把燃料组件装入堆芯内一定的栅元位置。

（6）堆芯测量仪表重新插入燃料组件。

4. 压力容器封闭

在压力容器内的卸料和换燃料操作全部完成之后，进行下列操作：

（1）关闭运输隔室和贮存隔室间的闸门。

（2）装入上部堆芯支承结构，控制棒组件驱动杆就位，控制棒组件接到它们的驱动杆上。

（3）检验压力容器密封平面的清洁度，更换压力容器顶盖密封。

（4）压力容器顶盖下降，同时换料水池水位下降，压力容器顶盖放在法兰上。

（5）换料水池排空，冲洗并烘干。

（6）取走压力容器螺栓孔塞块和导向杆，装入螺栓和螺母，并拧紧。

（7）封闭运输管道。

（8）安装并接好控制棒组件位置指示系统、热电偶、通风管和电源电缆。

（9）使冷却剂充满一回路系统，并经密封试验。

（10）重装防飞块屏蔽。

（11）检验控制棒驱动机构，并完成冷态控制棒落棒试验。

此时，反应堆已做好了重新启动的准备。

以上所叙述的操作总时间约需 500～600 h（未计入排除各项操作中可能遇到故障所需的时间）。

# 7.7　运行管理

## 7.7.1　堆芯的运行管理

在压水堆核电厂的运行中，应该把对燃料元件的管理放在重要位置上。

在各种工况中，为了保持燃料包壳的完整性，一回路的功率、压力、温度等的变化率，以及堆芯轴向中子通量差值，应保持在燃料棒设计要求所规定的安全范围内，即：

（1）最大线性比功率（即元件单位长度的功率）不超过规定值，如有些压水堆要求不超过 692 W/cm（约为初始额定功率的118%，额定功率时相当于 581 W/cm），这个上限值保证了即使发生一回路失水事故，二氧化铀芯块的中心也到不了熔化温度。

（2）在所有的过渡工况和事故情况中，应保证烧毁比（烧毁比为临界热流密度与燃料包壳局部热流密度的比值）>1.30，以防止包壳表面热流密度超过临界值而达到膜态沸腾，在失水事故时锆合金和水反应量不得超过锆合金总质量的1%。

（3）在正常运行条件下，保证堆芯中功率分布尽可能地均匀。

为了达到上述要求，在压水堆运行时，应利用堆外、堆芯内检测系统监视堆的功率水平和功率分布，如：

（1）在稳定工况时，定期地将中子探测器从压力容器底部引入部分燃料组件的导向管中，测出中子通量的空间分布，计算出随温度而变的轴向峰值功率，同时得到热通道因子 Fq。

（2）利用放在部分燃料组件出口处热电偶的连续检测，可测得这些燃料组件出口温度（热端）和入口温度（冷端）之差，以确定堆芯熔升分布，可监督烧毁比数值，防止发生膜态沸腾。

（3）由控制棒组件或化学和容积控制系统所引入的总的负反应性速度，被限制在一定定值，保证对热通道因子 Fq 和烧毁比的规定条件能得到满足。

（4）从中子通量空间分布计算出燃耗量，并根据负荷要求，拟定最佳换料方案。

压水堆从装料到停堆换料，单位质量燃料所发出的平均热量称为燃耗深度，用 MW·d/tU 表示。在运行中，烧耗深度愈大，则核燃料的利用愈经济。在运行后期，为了延长反应堆工作寿期，提高核电厂的经济性，可采取降功率的运行方式，继续发电，以适应电网调度的需要。降温后，由于负温度效应可释放出一部分反应性，降功率后使多普勒效应及平衡氙毒都减小，也可释放一部分反应性，这样就可使 $K_{eff}$ 值加大，多运行一段时间。

### 7.7.2　燃料元件破损的检测

新燃料组件在接受贮存前，要在现场进行外观检查，确认在运输过程中，燃料组件未受损伤。

当燃料组件运输容器开箱时，应注意运输容器外表面有无异常，检查容器内的加压状态和密封的记录，并测定容器表面的放射性剂量率，确认无危险性。

尽管对燃料组件的制造、运输、贮存，以及装换料操作有各种严格的规定，以确保燃料元件包壳的良好密封性，实际运行中还是会有极少数燃料元件包壳发生破损。

对燃料元件包壳的允许破损率设计规定为 1%。燃料元件是否有破损需要在压水堆运行过程中加以监测。如果要具体确定哪一根燃料元件有破损，则需要在停堆后取出逐个检定。所使用的监测方法如下。

1. 一回路水的 β、γ 总放射性测量

当燃料元件破损时，裂变碎片泄漏到冷却剂中，因此，测定冷却剂的 β 或 γ 放射性是否有显著增加，就可发现燃料元件破损。

对冷却剂水的放射性的测量可以通过反应堆取样系统定时取样，在实验室里做详细分析。测定时，应注意到冷却剂自身的放射性及本底的影响。为此，取样后至少应等待几分钟，让半衰期短的氮-16（半衰期 7.2 s）衰变掉，然后送到实验室，一般还将水样经蒸发浓缩后用 β 或 γ 法测量。β 法是测量裂变产物的放射性，γ 法同时测量裂变产物及腐蚀产物的放射性，而以测 β 总放射性法较为灵敏。有时为了进一步确定元件是否破损，还需测量水中是否有裂变产物碘-131 或铯-137，或某些裂变产物同位素的比例关系。一般当反应堆稳态运行时，每天测定一次；若有瞬变工况时，每半小时测定一次。这个方法因裂变碎片的 β、γ 放射性强、半衰期较长，因此测量装置简单，即使在反应堆停闭时，也仍然有效。

为了更好地检测和跟踪冷却剂放射性的变化，并在冷却剂放射性水平有变化时及时对运行人员做出报警，必须对冷却剂的 γ 放射性进行连续的检测。为此，可将放射性探测器安置在接近化学和容积控制系统下泄管线外（在过滤器和除盐离子交换器之间），对整个容积的放射性进行连续的相对测量，并可与取样分析的放射性结果相比较。测点的选择应注

意减少氮 – 16 的影响,并应加以屏蔽,以降低本底。

2. 缓发中子法

当燃料元件包壳破损,冷却剂因裂变产物的释放而引起放射性水平增加时,裂变碎片中$^{87}$Br(溴)、$^{137}$I(碘)将分别以 55 s、24 s 的半衰期衰变而放出缓发中子:

$$^{87}Br \xrightarrow{55\ s} {}^{36}Kr + n$$

$$^{137}I \xrightarrow{24\ s} {}^{36}Xe + n$$

因此,测量$^{67}$Br、$^{137}$I 放出的缓发中子,就可以监测元件的破损。监测点取在蒸汽发生器与冷却剂泵之间,缓发中子的平均能量在 200 ~ 400 keV,可采用热中子探测器 BF$_3$ 计数管或裂变电离室、外包石蜡等慢化材料,来测定缓发中子。通常测量点离堆芯需让冷却剂流过时有 80 s 的行程,这样,$^{67}$Br、$^{137}$I 等裂变碎片已衰变,冷却剂内的氧($^{18}$O)俘获中子而形成的氮($^{16}$N)半衰期更短(7.11 s),也已衰变完,但是,由于能测到的中子通量很弱,接近于 1 n/(cm$^2$·s),必须加强对中子探测器和仪表周围的屏蔽。

缓发中子法可以对压水堆实现连续监督,若在每个环路上各装一套监督探测器和仪表,还可以确定破损元件大致发生在堆芯内哪个区域。

上述方法都是在运行中取冷却剂进行检测的。在实际运行中,由于元件破损率难以定量测定,因此,现在有的反应堆中已不用破损率这一概念,而采用一回路水的放射性水平(其中有一部分系腐蚀产物的贡献)作为衡量标准。例如,目前美国限制一回路水放射性小于 $7.4 \times 10^{12}$ Bq/m$^3$;法国安全委员会规定,当压水堆一回路水放射性达到 $1.85 \times 10^{12}$ Bq/m$^3$ 时,即需停堆。

当发现运行着的反应堆发生燃料元件破损时,利用中子通量倾斜法,可判断出破损燃料元件在堆芯内的大致位置。它的原理是,在一定功率下运行着的反应堆,若抽出任意的一个控制棒组件,则不仅使抽出部分中子通量倾斜,而且形成通量峰;如果所抽出控制棒组件附近有破损燃料元件的话,由于那里的高中子通量将使核反应加剧,这样,裂变产物的产量,以及从包壳破损处泄漏出的也更多,由此可以确定出破损燃料组件的大致位置。

通量倾斜法存在的问题是,测定时需要降低功率,然后分区抽出控制棒组件,而每一次抽出控制棒组件,观察一回路系统冷却剂放射性的有无增加约需 30 min 以上的时间,有时候甚至要使反应堆先停闭,然后在再启动时进行测量。

在反应堆停闭(计划停闭或事故停闭)以后,燃料组件移送至乏燃料水池,可以用啜漏试验来具体确定哪个燃料组件发生了破损。

啜漏试验有干法和湿法两种:干法啜漏试验是将燃料组件放在密闭的容器中,加热或减压后通氮气带出裂变气体,测量其放射性,即可判断燃料元件包壳是否有破损,装置简图如图 7 – 28(a)所示;湿法啜漏试验如图 7 – 28(b)所示,将燃料组件放入特制的密闭容器,由于裂变产物$^{137}$I、$^{134}$CS、$^{137}$Cs 的衰变热,使冷却剂加热,然后取水样到化学实验室进行分析,可根据所测定水样的放射性水平来确定组件内的元件棒是否有破损。

干法啜漏试验由于是连续吹气测量,所以检测的速度较快;而湿法啜漏试验的准确度高一些。

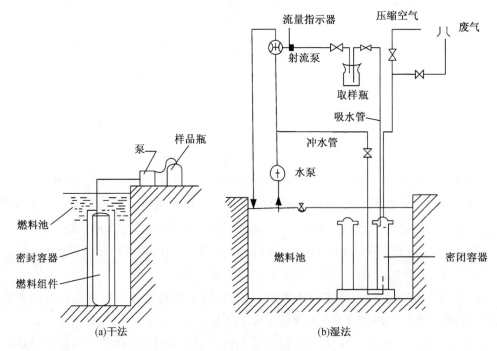

图 7-28　啜漏试验

除上述测试项目外,对存放在燃料水池的乏燃料组件要进行无损检验,检验的内容如下。

(1)用水下电视设备对燃料组件六个外表面(即上、下及四周)进行外观检查。

(2)测量组件及最外一层燃料元件棒的变形。

(3)对燃料组件进行 γ 射线扫描检验,以测定相对燃耗。

(4)用潜望镜直接观察燃料组件的四个表面。

有的反应堆设计了多用途检验装置,可以对辐照后的燃料组件完成上述多项目的检验。

(5)从燃料棒表面取水垢进行分析。

如需对燃料元件做进一步的检查或破坏性试验,则需送到热室中进行。

### 7.7.3　水质管理

压水堆核电厂的水质管理主要是对一回路冷却剂及二回路给水水质的控制。

水质管理工作的好坏是关系到压水堆主要设备能否在 40 年工作寿期内安全运行的关键问题,主要原因如下。

(1)在压水反应堆中,燃料元件是在高温、高热通量的条件下工作,必须保证在燃料元件表面上没有污垢沉淀。据估计,在热负荷为 $1.16 \times 10^6$ kW/$m^2$ 情况下,如果因冷却剂水含有杂质而在燃料元件包壳表面上形成 0.2 mm 厚的污垢,将会使燃料元件表面温度增加 100 ℃。

(2)由于冷却剂水是在放射性辐照条件下工作,水中的杂质会被活化而生成放射性同位素,给操作和维修带来困难,同时,在中子与辐照情况下,水会分解,又加剧了对材料的腐蚀。因此,控制水中所含杂质以减少腐蚀,比常规火力电厂有更重要的意义。

(3)压水堆及一回路的系统和设备大量使用了不锈钢材及锆材。在这种情况下,如果忽视了对水中氯离子、氟离子和溶解氧的控制,就有可能使某些重要设备发生严重的应力腐蚀裂纹而损坏,甚至报废。

1. 一回路冷却剂水质

在正常运行时,某压水堆一回路冷却剂水质指标见表7-3。

表7-3　某压水堆一回路冷却剂水质指标(参考值)

| 指标 | 单位 | 冷却剂 | 补水 |
|---|---|---|---|
| 电导率(25 ℃) | μs/cm | 1 ~ 40 | <1.0 |
| pH 值(25 ℃) | | 4.2 ~ 10.5 | 6.0 ~ 8.0 |
| 二氧化碳含量 | mg/kg | <2.0 | <2 |
| 氧含量 | mg/kg | <0.1 | <0.1 |
| 氯含量 | mg/kg | <0.15 | <0.15 |
| 氟含量 | mg/kg | <0.1 | <0.1 |
| 氢含量 | ml/kg · $H_2O$ | 25 ~ 35 | |
| 总悬浮态固体量 | mg/kg | <1.0 | <0.1 |
| 铀 | mg/kg | 0.22 ~ 2.2 | |
| 硼酸 | mg/kg | 0 ~ 4 000 | <5 |
| 过滤度 | μ | | 5 |

控制上述指标的要求和意义如下。

(1)pH 值

pH 值是表示水中氢离子浓度值的一个量。在常温下,中性水的氢离子浓度 $H^+$ = $10^{-7}$ mol/l,即 pH =7。所以,当 pH 值大于7 时,溶液呈碱性,而 pH 值小于7 时,溶液呈酸性。pH 值的大小对金属材料的腐蚀速率有很大的影响。冷却剂水偏于碱性时,金属表面会形成一层致密的氧化膜,能使不锈钢材料的腐蚀速率明显下降。但是,当冷却剂的 pH 值过高时,会引起材料的苛性脆化。实验结果表明,冷却剂的 pH 值如果超过11.3时,锆合金的腐蚀速率急剧上升。因此,为安全起见,规定冷却剂的 pH 值上限为10.5;同时考虑到压水堆运行初期,冷却剂含硼浓度要达1 500 mg/kg 左右,如果想把冷却剂调到碱性,需要加入大量的碱溶液,而这些化合物的浓度过大也会加速元件包壳材料的腐蚀,因此,一般取 pH 值的下限为4.2。

当需要调整 pH 值时,由化学和容积控制系统中的化学添加箱向冷却剂系统添加控制剂氢氧化锂来提高 pH 值。氢氧化锂的辐照稳定性好,碱性也比较高,锂-7 的中子吸收截面较小,同时,它对不锈钢引起荷性断裂的影响很小。使用氢氧化锂的缺点是锂的价格较为昂贵,锂-7 的同位素分离又是个复杂的过程,所以,冷却剂中氢氧化锂的添加量必须根据对冷却剂硼浓度的取样分析来确定。当冷却剂中累积过量的锂时(超过 2.2 mg/kg),应经除锂离子交换器除锂,以调整冷却剂的 pH 值。

(2)氧含量和氢含量

氧是造成金属材料腐蚀的重要原因之一。冷却剂水中的氧来自两方面:一方面是核电厂调试启动时系统充水,以及在补水的制备和贮存过程中,由于水与空气相接触而溶入的,称为溶解氧;另一方面是水在压水堆内受射线的辐照分解而产生的辐照分解氧。

(3)溶解氧的控制

如前所述,一回路系统一般采用联氨除氧法。联氨与冷却剂中的氧发生下述反应:

$$N_2H_4 + O_2 \longrightarrow 2H_2O + N_2 \uparrow$$

当冷却剂温度在 90~120 ℃,这个化学反应速率最快,除氧效果最好。因之,压水堆启动时冷却剂温度至 90~120 ℃时应停止升温数小时,加联氨除氧,直至取样分析表明冷却剂氧含量达到规定水质指标时为止。

使用联氨除氧的优点是:

①联氨与氧的反应生成 $N_2$ 和水,都不会增加水中溶解固体。

②联氨在高温下分解生成氨,有助于提高 pH 值,在碱性介质下,不锈钢和碳钢都不易腐蚀。在长时间运行中,可减少 pH 值控制剂添加量,而节省运行费用。

③联氨是强还原剂,氯和高氯酸能很快使联氨氧化生成氮($N_2$)。

④金属面是反应触媒,所以在管壁面反应比在液体中反应进行得更快,对金属抵抗氧的点腐蚀提供了保护。

所以,联氨在高温冷却剂中,几乎可以完全消除溶解氧,使其浓度不超过 20 μg/kg。

应该注意的是,联氨系剧毒、易燃、腐蚀性强的氮氢化合物,使用时应特别注意安全;另外,它又是一种不稳定的化合物,在温度高于 175 ℃时会逐渐分解,生成氨和氮气,所以进行除氧操作时冷却剂温度不能超过 175 ℃。

(4)辐照分解氧的控制

冷却剂在反应堆内,受射线的辐照分解生成氢氧根和氢离子,氢氧根离子进一步又分解成水和氧,它们的反应是:

$$2H_2O \rightleftharpoons 2OH^{-1} + 2H^+$$
$$OH + OH \longrightarrow H_2O_2$$
$$2H_2O_2 \longrightarrow 2H_2O + O_2$$

为了抑制水的电离分解,向系统内加入过量的氢气,让可逆反应朝着复合的方向进行:

$$2H_2 + O_2 \longrightarrow 2H_2$$

为此,在核电厂启动,一回路系统升温过程中,必须打开氢气供应管系,使容积控制箱上部空间充以 1.0~1.5 MPa 表压的氢气。

(5)氢含量的控制

由于冷却剂中氢含量的过分增多,会给锆合金包壳带来氢脆问题。锆合金的吸氢量随着冷却剂中氢含量的增加而增加,当锆合金中吸入的氢超过其固熔极限值时,会以氢化物形态析出,而使材料性能变脆。

根据大量的实验数据和核电厂运行实践表明,在标准状态下冷却剂含氢量在 25~35 mL/kg 比较合适。这种情况下,既能起到抑制辐照分解氧,又可避免出现严重的锆合金氢脆现象。

(6)氯含量和氟含量

不锈钢的应力腐蚀是引起设备损坏的重要原因之一。造成应力腐蚀必须有两个条件:一是设备受外力或在加工过程中留下的残余应力作用;另一个冷却剂中存在着氟离子和氯离子,后者是造成应力腐蚀的必要条件。

冷却剂中氯离子的主要来源是密封填料、化学添加剂、离子交换树脂等外来物质,所以,控制氯离子的主要措施是严格限制含氯物质的使用量。氯离子的含量超过 1 mg/kg 时,对锆合金有明显的侵蚀作用。

氟离子的来源可能是用含有浓硝酸、浓氢氟酸的溶液清洗锆合金表面后未用高纯度除盐水冲刷干净,材料表面上留着的部分氟离子带入了冷却剂,也可能因一些密封填料如聚四氟乙烯、石棉绳等材料在冷却剂中溶入了少量氟离子。

2. 冷却剂水质的控制

压水堆运行过程中,为了保持冷却剂水质,让冷却剂下泄流经过过滤器去除颗粒状杂质,通过两个混合床离子交换器中的一个,进入另一个过滤器,再喷淋到容积控制箱中。

容积控制箱中的气相主要是氢气,改变压力调节器给定值可使氢的含量变化。压力调节器装在容积控制箱氢气进口集管上,反应堆冷却剂从这里获得氢气,以达到规定的氢含量。

为了从回路中把裂变气体排走,把容积控制箱中的气体抽到废气处理系统中,要特别注意此操作必须在堆冷停闭或更换燃料停闭之前进行。

位于混合床下游的阳床离子交换器是间断使用的,以减少冷却剂中铯活性和除去由硼的 (n,a) 反应而形成的过量的锂 $[^{10}B(n,a)^7Li]$。

除了化学和容积控制系统本身的离子交换器以外,在燃料寿期末期,由于冷却剂中含硼量较低,化学和容积控制系统还可使用属于一回路排水系统的离子交换器,进行反应堆冷却剂的除硼。

在核蒸汽供应系统冷却期间,当一回路压力较低而不能使用正常下泄系统时,由余热排出系统进行下泄,再进入化学和容积控制系统净化,即一回路水流的一部分离开余热排出系统热交换器后,经过下泄热交换器、混合床离子交换器、净化过滤器,回到容积控制箱。上充泵把净化后的冷却剂通过上充管线送回一回路中。

### 7.7.4　二回路水质

二回路的水质直接关系到蒸汽发生器运行的可靠性,这是由于在蒸汽发生器运行中,存在着一些化学反应会产生氢氧化合物(游离苛性物质),它的过量浓集就会使蒸汽发生器管子因晶间应力腐蚀而损坏。运行实践表明,改善水处理,管子材料的选择便不成为主要矛盾,例如,一些采用不锈钢做传热管材的蒸汽发生器,由于严格控制了二回路水质,可以不发生大规模的泄漏事故,而用高镍合金因科镍 - 600 作管材的蒸汽发生器,在水质选用不当时,引起晶间腐蚀和应力腐蚀,发生过成千根管子泄漏的事故。

运行中某压水堆核电厂所采用的二回路给水、凝结水及炉水等水质标准见表 7 - 4。

表 7 - 4　运行中某压水堆核电厂所采用的二回路给水、凝结水及炉水等水质标准(参考值)

| 项目 | 指标 | 单位 | 数值 |
|---|---|---|---|
| 给水① | pH 值(25 ℃) | | 9.6 ~ 9.8 |
| | 溶解氧 | μg/g | <0.005 |
| | 铁含量 | μg/g | <0.02 |
| | 铜含量 | μg/g | <0.005 |
| | 镍含量 | μg/g | <0.05 |
| | 氯离子 | μg/g | <0.02 |

表 7 –4(续)

| 项目 | 指标 | 单位 | 数值 |
|---|---|---|---|
| 凝结水 | 阳离子电导率[2](25 ℃) | μs/cm | <0.5 |
| | 电导率[3] | μs/cm | <0.5 |
| 炉水 | 阴离子电导率(25 ℃) | μs/cm | <1.0 |
| | 氯离子 | μg/g | <0.005 |
| | 钠含量 | μg/g | <0.02 |
| 补充水 | 电导率(25 ℃) | μs/cm | <0.2 |
| | 总盐量 | μg/l | <0.02 |
| | 矽含量 | μg/l | <0.05 |
| | pH 值(25 ℃) | | 7 |

注:①高压加热器出口。②凝汽器出口。③凝汽器除盐装置出口。

为了避免应力腐蚀,对二回路水的含氧量及氯离子量需要有严格的控制,含氧量要求小于 0.005 mg/kg,除氧由凝汽器或专设的除氧器进行。

蒸汽发生器内二回路侧给水的 pH 值和一般动力设备相同,控制在 8.9～9.3。有些压水堆利用普通锅炉的经验,对炉水采用磷酸盐处理,来控制 pH 值,使磷酸盐和水中的硬性成分(钙、镁盐)起作用形成疏松的沉渣,然后用排污方法放走,使之不在传热管上结垢和避免晶间腐蚀。但在实际应用中,有些用因科镍 – 600 作管材的蒸汽发生器发生了大量的沉渣,在管子蒸发表面极高的盐分浓度,以及由于 U 形管底部的滞流,而造成大量的晶间腐蚀及应力腐蚀裂纹和管壁变薄。因此,现在有较多的核电厂对使用因科镍 – 600 作传热管的蒸汽发生器改用全挥发处理,即用添加吗啉和联氨等挥发性物质,来调节给水 pH 值,并降低氧含量。全挥发处理的优点是所加入的化学药品不会浓集,这样就不会形成局部高浓度的苛性溶液。它的主要缺点是在蒸汽发生器给水中添加的挥发性物质的容纳量是很小的,不能防止结垢,而且不能应付水中杂质瞬间过高的情况,所以还必须对凝结水进行处理,从根本上减少进入蒸汽发生器的杂质。

进入蒸汽发生器的杂质有两个来源:一个是腐蚀产物;另一个是冷却水漏入凝汽器。后者是根本原因。当用海水作循环水时更要特别注意。在凝汽器采用海水冷却时,为减少海水的腐蚀作用,凝结水系统需增设除盐装置。另外,尚需在凝结水泵出口侧装设化学注入系统,对给水进行化学处理,以保证给水水质符合规定指标。所加化学溶剂经混合稀释后,贮存在密封箱内,由药剂泵将溶剂注入到凝结水泵的出口侧。

现在有些用淡水冷却的核电厂也准备采用凝结水除盐装置,以提高蒸汽发生器的可靠性。

## 7.8 定期试验与检查

核电厂营运单位在运行开始之前必须制定出为安全运行所必需的建筑物,系统和部件的定期维修、试验、检验和检查的大纲。大纲必须存档,并便于国家核安全部门查验。大纲还必须根据运行经验进行重新评价。

核电厂营运单位必须做出安排,由合格的人员使用合适的设备和技术完成符合要求的定期试验、检验和检查。维修、试验、检验和检查大纲必须计及运行限值和条件,以及其他适用的核安全管理要求。必须确定安全重要的核电厂建筑物,系统和部件维修、试验、检验和检查的标准和周期,使其可靠性和有效性与设计要求保持一致,并保证运行开始后,核电厂的安全状态不致受到有害的影响。建筑物,系统和部件的维修、试验、检验和检查的频度必须根据它们的相对重要性而定,同时,要适当地考虑到其功能失效的概率和维修时人员所受辐照,保持合理可行尽量低的要求。

### 7.8.1 日常维护

为保证核电厂的安全运行,应规定对核蒸汽供应系统、二回路系统仪表的通道进行试验、检查和校准的最少次数。各仪表通道试验、检查和校准的最少次数见表7-5。

**表7-5 各仪表通道试验、检查和校准的最少次数**

| 通道 | 试验 | 检查 | 校准 | 附注 |
|---|---|---|---|---|
| 功率量程测量通道 | 每两周(1) | 每班 | 每日(2) | 1. $\Delta T$信号、双稳动作(许可、停棒、停堆)。2. 以热功率值校核 |
| 中间量程测量通道 | 每次启动前(1) | 每班(2) | — | 1. 记录水平、双稳动作(许可、停棒、停堆)。2. 工作时每班一次 |
| 源量程测量通道 | 每次启动前(1) | 每班(2) | — | 1. 双稳态动作(报警、停堆)。2. 工作时每班一次 |
| 冷却剂温度 | 每两周(1)(2) | 每班 | 每次换料停堆 | 1. 超温$\Delta T$。2. 超功率$\Delta T$ |
| 冷却剂流量 | 每月 | 每班 | 每次换料停堆 | |
| 稳压器水位 | 每月 | 每班 | 每次换料停堆 | |
| 稳压器压力 | 每月 | 每班 | 每次换料停堆 | |
| 外电源电压、频率 | 每月 | — | 每次换料停堆 | 只限于反应堆安全保护系统 |
| 模拟的棒位 | 每月 | 每班(1) | 每次换料停堆 | 与位置指示器比较 |
| 控制棒位置指示器 | — | 每班(1) | — | 与模拟的棒位比较 |
| 蒸汽发生器水位 | 每月 | 每班 | 每次换料停堆 | |
| 上充水流量 | — | 每班 | 每次换料停堆 | |
| 停堆冷却泵流量 | — | 每班(运行时) | 每次换料停堆 | |
| 硼酸箱液位 | — | 每周 | 每次换料停堆 | 鼓泡管每周插入一次 |
| 换料水箱水位 | — | 每周 | 每次换料停堆 | |
| 容积控制箱水位 | — | 每班 | 每次换料停堆 | |

表 7 - 5(续)

| 通道 | 试验 | 检查 | 校准 | 附注 |
|---|---|---|---|---|
| 安全壳压力 | 每月 | 每天 | 每次换料停堆 | — |
| 放射性监视系统 | 每月 | 每天 | 每次换料停堆 | — |
| 硼酸控制 | 每年 | — | 每次换料停堆 | — |
| 安全壳地坑水位 | 每年 | — | — | — |
| 汽机脱扣整定点 | 每月(1) | — | 每次换料停堆 | 闭锁脱扣 |
| 卸压箱水位、压力 | — | 每班 | 每次换料停堆 | — |
| 蒸汽发生器、汽机第一级压力 | 每月 | 每班 | 每次换料停堆 | — |
| 逻辑通道试验 | 每月 | — | — | — |

各设备功能试验或取样分析的最少次数见表 7 - 6。

表 7 - 6  各设备功能试验或取样分析的最少次数

| 项目 | 试验 | 次数 |
|---|---|---|
| 冷却剂取样 | 放射化学分析 | 每周五次 |
| | 氚放射性 | 每周一次 |
| | 氯、氟离子分析 | 每周五次 |
| 反应堆冷却剂含硼量 | 硼浓度 | 连续测量 |
| 换料水箱水质 | 硼浓度 | 每周一次 |
| 硼酸箱 | 硼浓度 | 每周两次 |
| 控制棒组件 | 落棒时间 | 每次换料停堆 |
| 控制棒组件 | 部分运动试验 | 每月一次 |
| 稳压器安全阀组 | 整定点 | 每次换料停堆 |
| 主蒸汽安全阀 | 整定点 | 每次换料停堆 |
| 安全壳隔离动作 | 功能 | 每次换料停堆 |
| 换料系统联锁装置 | 功能 | 换料操作前 |
| 硼注入箱 | 硼浓度 | 每周两次 |
| 安全注射箱 | 硼浓度 | 每月一次 |
| 一回路系统泄漏 | 鉴定 | 每天一次 |
| 柴油机组燃油供应 | 燃油存量 | 每周一次 |
| 乏燃料贮存水池 | 硼浓度 | 每月一次 |

### 7.8.2　定期试验

大型压水堆核电厂定期试验主要内容见表 7 - 7。

表 7 - 7　压水堆核电厂定期试验主要内容

| 项目 | | 内容 | 说明 |
|---|---|---|---|
| 反应堆冷却剂系统 | 反应堆冷却剂系统泄漏率测量 | 反应堆功率稳定,稳压器水位和反应堆冷却剂平均温度保持不变,从容积控制箱水位下降中得出总泄漏量,总泄漏率要小于 230 L/h | 试验时从以下各处测定泄漏率:<br>1. 压力容器 O 形环引漏。<br>2. 稳压器卸压箱水位的变化。<br>3. 核岛排气及疏排水系统排水贮存箱的水位。<br>4. 安全注射箱的水位 |
| | 换料或维修后反应堆冷却剂系统的密封性试验 | 初始状态:<br>温度:(275 - 280)℃<br>压力:额定压力 ×1.5<br>压力增加到 22.9 MPa 保持不变,升压过程中检验稳压器安全阀组密封性 | 试验时可以得出总的反应堆冷却剂系统泄漏量 |
| | 稳压器安全阀组整定压力检验 | 换料过程中,反应堆冷却剂系统降压和疏水时,对安全阀组的保护阀和隔离阀的开启和回座压力进行检验 | 使用一台与安全阀组控制柜相连接的试验泵来进行 |
| | 稳压器安全阀组动作试验 | 每次换料后核电厂启动期间,反应堆冷却剂系统压力达到 2.5 MPa 时,进行安全阀组保护阀和隔离阀的动作试验 | — |
| | 连接阀密封性试验 | 反应堆启动过程中,达到热停堆状态时,对余热排出系统入口处阀门进行泄漏试验;对安全注射系统的止回阀进行泄漏试验 | — |
| 化学和容积控制系统 | 上充泵试验 | 正常运行时,一台上充泵投入运行,试验将在两台停运的泵上进行 | — |
| | 上充泵润滑油泵试验 | 保持上充泵增速器齿轮和轴承上的油膜 | 每月一次 |
| | 执行安全任务的某些启动器的试验 | 本系统接收来自反应堆保护系统专设保护信号的启动器有:<br>电动阀、止回阀、输出继电器、压力敏感元件流量计 | — |
| 余热排出系统 | 循环泵运行试验 | 每次换料停堆时,检查循环泵和电动机的运行参数 | — |
| | 本系统安全阀压力整定值检验 | 换料冷停堆,压力 2.4 ~ 2.8 MPa,温度低于 70 ℃时,检查安全阀压力整定值 | — |

表 7-7(续1)

| 项目 | | 内容 | 说明 |
|---|---|---|---|
| 余热排出系统 | 本系统隔离阀泄漏试验 | 对本系统入口阀门定期进行试验,以保证本系统与反应堆冷却剂系统接口的密封性 | 反应堆启动期间,在本系统被隔离时进行 |
| | 本系统气动控制阀试验 | 检查当压缩空气分配系统气源丧失时气动控制阀能否保持它们的阀位 | 每隔一次换料停堆时进行 |
| 反应堆硼和水补给系统 | 除盐水泵和硼酸泵可操作性试验 | 检验除盐水泵和硼酸泵能否按预先设定的程序投入运行 | — |
| | 安全壳隔离阀密封试验和操作试验 | 对阀门的一侧进行局部增压,对另一侧测量空气或水的泄漏,检查密封性 | — |
| 设备冷却水系统 | 电动泵机组的性能试验 | 记录流量和轴承温度,校验电机和泵的位移等参数 | 每台泵,在两次换料停堆之间 |
| | 本系统逻辑电路和启动器试验 | 检验设备冷却水系统,重要厂用水系统的常规应急和自动切换 | — |
| | 本系统热交换器的状态 | 校验热交换器流量 | 每台热交换器,在两次换料停堆之间 |
| | 本系统隔离阀门和止回阀门功能试验 | 密封性能试验 | — |
| 重要厂用水系统 | 泵的功能试验 | 试验期间尽可能按需要运转较长一段时间,校核功能特性,检查运行情况(轴承温度、振动)是否良好 | — |
| | 泵的运行试验 | 设备冷却水系统系列的切换,而引起本系统系列切换时,泵的切换试验 | — |
| 主蒸汽系统 | 主蒸汽阀快关试验 | 试验主蒸汽隔离阀快速关闭的时间 | 利用接收阀门限位开关信号的记录仪,或利用集中数据记录系统,监测主蒸汽隔离阀的关闭时间(应<5 s) |
| | 快速关闭分配器的试验和主蒸汽阀的部分关闭试验 | 验证快速关闭分配器的正确动作,并同时验证主蒸汽隔离阀的可操作性 | 每条管线每月试验一次 |
| | 蒸汽发生器安全阀压力整定值试验 | 验证安全阀弹簧元件的整定压力 | — |
| | 4只弹簧加载安全阀和3只动力操作安全阀 | 验证为动力操作安全阀而设的控制装置 | — |
| | 主蒸汽的疏水旁路阀性能试验 | 检查其功能性操作 | — |
| | 主蒸汽的疏水水位控制装置性能试验 | 检查其功能性操作 | — |

表 7 – 7（续 2）

| 项目 | | 内容 | 说明 |
|---|---|---|---|
| 汽机调节系统 | 超速试验 | 汽机转速已经提升后，但尚未带负荷以前进行，在汽机达到超速以前证实超速脱扣销的动作及其定值 | 至少每年一次，当汽机在一次彻底检修后再投入使用时，也应进行 |
| | 阀门带负荷试验 | 在微型调节器控制下，进行主蒸汽阀门带负荷试验，要求在长期带负荷运行后，汽机的全部主蒸汽阀门（截止阀和调节阀）在紧急情况下能自由地关闭 | 汽机连续运行时，至少每月进行一次。每次汽机升速后，可在一整月后再进行 |
| 汽机保护系统 | 对汽机保护系统的设备做带负荷试验 | 试验的设备包括：<br>1. 超速脱扣销带负荷试验（用注油办法）。<br>2. 汽机脱扣线圈的带负荷试验微型调节器联动脱扣压力开关的带负荷试验。<br>3. 反应堆联动脱扣压力开关的带负荷试验。<br>4. 高压缸排汽压力传感器的带负荷试验 | 每周进行 |
| 汽动主给水泵系统 | 主给水泵性能检查 | 检查进口和出口压力，压力级泵的转速，供油温度和压力，轴承温度，升压泵填料轴承处泄漏。压力级泵机械密封处泄漏、振动、噪声等运行参数 | 每日一次，或每周一次 |
| | 湿保养 | 换料周期内 | — |
| | 汽机脱扣 | 1. 检查汽机的超速脱扣和手动脱扣。<br>2. 电磁脱扣阀的正确动作 | 每月一次<br>每周一次 |
| 低压给水加热器系统 | 带负荷定期试验 | 检查本系统总体的完整性，检查水位、流量、温度和压力仪表读数正常 | 每日、每周、每月分别进行 |
| 给水除气器系统 | 带负荷定期试验 | 检查本系统设备总体的完整性，检查水位、温度和压力仪表读数正常，除氧器水位发送器输出与除氧器水位的一致性 | 每日、每周或每月分别进行 |
| 生水系统 | 系统性能检验 | 指示仪、报警开关动作试验，水位敏感元件手动干预后动作检验 | 季度试验 |

### 7.8.3　蒸汽发生器传热管的检修

运行中蒸汽发生器的传热管有无泄漏,可以用检测主蒸汽、蒸汽发生器排污水或凝汽器抽气中有无放射性来鉴定。

例如,正常运行时,当一回路水的放射性浓度为 $3.7 \times 10^4$ Bq/g,一回路向二回路泄漏为每台蒸汽发生器小于 70 L/h。这时,蒸汽发生器二次侧水的放射性浓度为 18.5 Bq/g。当蒸汽发生器有一根管子破裂时,一、二回路的泄漏量增大,蒸汽发生器二次侧水的放射性浓度也将增加,因此,对泄漏量、排污水或主蒸汽管的放射性监测可及时判断蒸汽发生器管子是否有泄漏。

为了确定泄漏的性质和程度、破损的部位和原因,必须对传热管进行检查,目前使用的检查方法是从管子内侧做涡流探伤,该法使用方便、可靠,它对管子微小几何形状的变化,例如裂纹、管壁减薄或穿孔等缺陷均很灵敏。蒸汽发生器传热管涡流探伤检查如图 7-29 所示。它可以在蒸汽发生器管板上自动换位,做远距离检查,以减少检修人员所受到的辐射剂量。

在定期检查时,用涡流探伤检查法检查全部或一部分传热管。当停堆检验时发现有管子穿孔,或有管壁减薄达 30% 管壁厚度时,就需要堵管。

对于有缺陷的传热管,检修时可予以堵塞。堵管的方法,以前用胀接和焊接的方法,使检修人员剂量率高达 10 R/h。1973 年以后,已普遍采用爆炸法堵管,方法简单,又可遥控操作,大大减少了检修人员所受的剂量,约为原来总剂量的 1/4。爆炸法堵管原理如图 7-30 所示,堵管用锥形塞断面如图 7-31 所示。锥形塞 1 包括一个中空的盲孔圆柱体 4 和锥形表面 9,锥形角 a 在 2°~6°,盲孔 5 中装有一个塑性套 7,塑性套 7 有一个加长尾端 10,它带有凸肩和纵向沟槽,以便将套 7 塞进锥形塞中;塞 1 与套 7 构成一个整体,可插入蒸汽发生器 U 形管的端部。雷管 2 装在套 7 的前端,炸药 8 的装载长度,大约相当于塞子 1 的锥形部分 9 的长度,点火线 6 同雷管 2 相连接,沿着雷管 2 与炸药 8 引出。

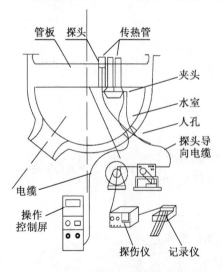

图 7-29　蒸汽发生器传热管涡流探伤检查

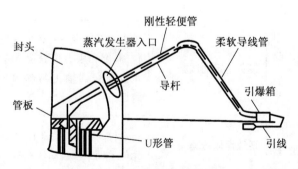

图 7-30　爆炸法堵管原理图

为了堵住漏管,检修人员从人孔进入下封头中,然后仔细清洗应堵住的 U 形管端内表面,将锥形塞插入管内。点火线同电引爆管连接而爆炸,爆炸的冲击波经塑性套 7 传给塞子 1,使锥形部分 9 产生变形,由于在很短时间内的高压作用,管子和塞的连接部分的金属表面相互磨擦撞击,使管子和塞子的表面焊接在一起。

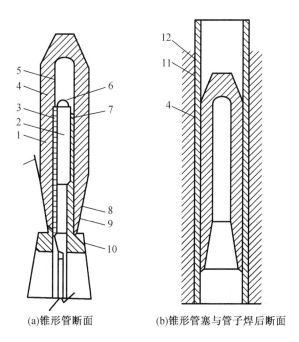

(a)锥形管断面　　　　　(b)锥形管塞与管子焊后断面

1—锥形塞;2—端部雷管;3—塑性套;4—盲孔圆柱体;5—盲孔;6—点火线;

7—塑性套;8—炸药;9—锥形表面;10—加长尾端;11—U 形管内表面;12—U 形管外表面。

图 7 – 31　堵管用锥形塞断面

### 7.8.4　在役检查

核电厂投入运行后,进行的定期检查叫作在役检查。检查时对反应堆冷却剂承压边界的耐压设备(如容器、管道)进行无损探伤,并与役前检查(又称基准检查)进行比较,判断原有缺陷是否有扩展、是否有新的缺陷等,以确保耐压设备的安全性。有些情况下在役检查工作也扩大至辅助系统和安全保护系统的设备。

在役检查的时间间隔,一般为电厂运行开始后每 10 年检查一次,每次做 100% 检查。这样,在 40 年反应堆寿期中要重复进行 3 次。近来,有的核电厂采取在运行初期集中进行的办法,如在开始运行的头 5 年做第一次在役检查时,要做 100% 检查;第二次在其后 10 年进行;第三次在第二次后 15 年进行。这样的安排可以尽早地发现设备的缺陷,提高运行的可靠性。

压水堆核电厂在役检查项目见表 7 – 8。

表7-8 压水堆核电厂在役检查项目

| 检查部位 | | 检查要求 | 检查方法 | 检查程度 |
|---|---|---|---|---|
| 压力容器及上盖 | 堆芯区筒体纵向、圆周焊缝 | 容积检查 | UT | 5%~10% |
| | 其他地方的纵向、圆周焊缝 | 容积检查 | UT | 5%~10% |
| | 上盖的纵向、圆周焊缝 | 容积检查 | UT | 5%~10% |
| | 下底的纵向、圆周焊缝 | 容积检查 | UT | 5%~10% |
| 压力容器及上盖 | 筒体与法兰的焊缝 | 容积检查 | UT | 100% |
| | 上盖与法兰的焊缝 | 容积检查 | UT | 100% |
| | 冷却剂接管焊缝 | 容积检查 | UT | 100% |
| | 控制棒驱动机构罩壳焊缝 | 容积检查 | UT | 25% |
| | 堆内仪表管道焊缝 | 容积检查 | UT | 25% |
| | 控制棒驱动机构贯穿处 | 目视检查 | VT | 25% |
| | 一次侧接管与过渡段焊缝 | 容积、目视、表面检查 | VT、PT | 100% |
| | 筒体法兰边 | 容积检查 | UT | 100% |
| | 双头螺栓、螺母 | 容积检查 | UT、VT | 100% |
| | 垫圈 | 目视检查 | VT | 100% |
| | 压力容器支撑 | 容积检查 | UT | 10% |
| | 上盖的堆焊处 | 目视、容积检查 | VT | 100% |
| | 容器的堆焊处 | 目视、容积检查 | VT | 100% |
| | 堆芯结构 | 目视检查 | VT | 可能范围 |
| 蒸汽发生器 | 管板与水室的焊缝 | 目视、容积检查 | UT、VT | 5% |
| | 接管处焊缝 | 容积、目视、表面检查 | UT、VT | 100% |
| | 人孔安装螺栓 | 目视检查 | VT | 100% |
| | 一次侧内面覆盖层 | 目视检查 | VT | 100% |
| 稳压器 | 纵向与圆周焊缝 | 目视、容积检查 | UT、VT | 5%~10% |
| | 接管与容器的焊缝 | 容积检查 | UT | 100% |
| | 接管弯曲面 | 容积检查 | UT | 100% |
| | 加热器接管 | 目视检查 | VT | 100% |
| | 人孔安装螺栓 | 目视检查 | VT | 100% |
| | 支裙焊缝 | 目视、容积检查 | UT、VT | 100% |
| | 容器内面覆盖层 | 目视检查 | VT | 100% |
| | 接管与过渡段焊缝 | 容积、目视、表面检查 | UT、PT | 100% |

表 7-8(续)

| 检查部位 | | 检查要求 | 检查方法 | 检查程度 |
|---|---|---|---|---|
| 一回路冷却剂泵 | 泵罩壳的焊接缝 | 目视、容积检查 | UT、VT | 一台 |
| | 泵壳的内表面 | 目视检查 | VT | 一台 |
| | 主法兰螺栓 | 目视、容积检查 | UT、VT | 100% |
| | 密封罩壳螺栓 | 目视检查 | VT | 25% |
| | 支持凸缘 | 目视、容积检查 | VT | 100% |
| 阀 | 阀的内表面 | 目视检查 | VT | 1个 |
| | 螺栓 | 目视检查 | VT | 1个 |
| 管道 | 圆周焊接缝 | 目视、容积检查 | UT、VT | 25% |
| | 超过100 m支管的焊缝 | 目视、容积检查 | UT、VT | 25% |
| | 套管焊缝 | 目视、容积检查 | UT、VT | 25% |
| | 100 m以下圆周支管焊缝 | 目视、容积检查 | UT、VT | 25% |
| | 支持凸缘 | 目视、容积检查 | PT | 25% |
| | 支持吊架 | 目视检查 | VT | 100% |

注:VT为目视检查,PT为液体浸透试验,UT为超声波探伤试验。

在役检查中所使用的试验方法,全部为非破坏性检查,即无损检查,主要的试验方法如下。

1. 目视检查

目视检查是为观察设备和部件及它们的表面状态而进行的,内容包括表面的划伤、磨损、裂缝、腐蚀、侵蚀,以及设备和部件的连接状况,有无泄漏等。目视检查又可分以下两种:

(1)直观检查

在距被检查表面60 cm,视角大于30°以上的能够接近场合,可以直接用肉眼进行检查,如为了改善视角,可以使用平面镜。

(2)远距离目视检查

对设备的缺陷判别当用肉眼做直观检查有困难,例如,因辐射剂量过大而不能接近时,可以借助于望远镜、潜望镜、内窥视潜望镜、光学纤维内孔窥镜、光学照相,以及电视摄像等方法做远距离目视检查。

2. 表面检查

表面检查是对表面或近于表面的裂缝和不连续部分进行的检测。对带有磁性材料的表面缺陷的检测用磁粉探伤试验较为有效。表面检查所使用的主要方法是染色浸透探伤试验。对蒸汽发生器管板密封焊接处、压力容器过渡段焊接处等难于接近的地方,可与电视摄像相结合而制成远距离液体浸透探伤试验装置。

3. 容积检查

容积检查是通过设备的整个体积对包含在表面下的缺陷进行的试验检查,所使用的检查方法主要有:放射线穿透试验、超声波探伤试验和涡流探伤试验。

在役检查中使用得最多的是容积检查,而在大部分场合广泛采用了超声波探伤试验。与放射线穿透试验相比,超声波探伤试验对缺陷检测的能力高,又易于自动化和远距离操作。涡流探伤试验,主要用于蒸汽发生器传热管的缺陷检查。

反应堆压力容器是压水堆核电厂最主要的在役检查对象,通常用超声波探伤试验法从压力容器内表面或从压力容器外部对它的焊缝进行检查(图7-32)。从内表面或从外部检查各有优缺点,从内表面进行检查的优点如下。

(1)可以在水中进行,减少了辐照剂量。

(2)不会受到检查部位的表面状态(有涂料或锈蚀)影响。

(3)对压力容器接管部位的探伤容易。

(4)在高度方向、圆周方向进行定位较容易。

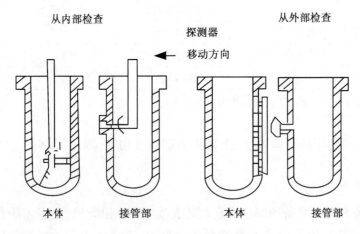

图7-32 压力容器焊缝从内表面或外部检查的方法

它不利的方面如下。

(1)必须取出堆内构件。

(2)探伤时,会受到内表面不锈钢衬里的影响。

(3)容易受到污染。

反应堆压力容器远距离操作内面检查装置如图7-33所示。此图示意出反应堆压力容器取出堆芯及堆内构件后,利用远距离操作的超声波探伤装置进行检查的情况,检查的部位是一回路接管与补强部分的焊缝、一回路接管与反应堆压力容器的焊缝和接管与压力容器内壁焊缝部分、带内螺栓孔与螺栓的连接部分、反应堆压力容器与法兰的焊缝部分、反应堆压力容器的纵向和径向焊缝部分。

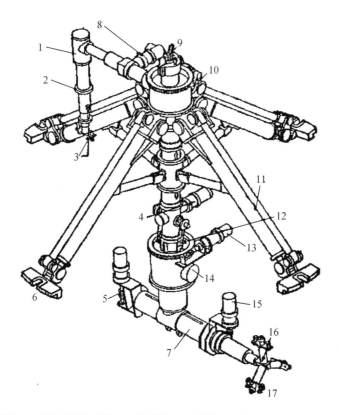

1—法兰的扫描检查装置；2—垂直位置指示器；3—传感器组；4—转筒的升降驱动装置；5—接管的纵向进给驱动装置；

6—支撑瓦；7—接管的扫描检查装置；8—径向位置指示器的驱动装置；9—转筒的旋转驱动装置；10—上部转筒；

11—伞头式部件；12—中心组合柱；13—转筒的旋转驱动装置；14—主转筒；15—检查接管的旋转进给驱动装置；

16—三叉式接管检查装置；17—传感器组。

图 7 - 33　反应堆压力容器远距离操作内面检查装置

# 参 考 文 献

[1] 叶奇蓁.中国电气工程大典(第六卷)[M].北京:中国电力出版社,2009.

[2] 朱继洲.压水堆核电厂的运行[M].北京:原子能出版社,2000.

[3] 濮继龙.大亚湾核电站运行教程(上、下)[M].北京:原子能出版社,1999.

[4] 广东核电培训中心.900 MW 压水堆核电站系统与设备[M].北京:原子能出版社,2005.

[5] 沈俊雄.大亚湾核电站建设经验汇编(施工卷)[M].北京:原子能出版社,1992.

[6] 孙汉虹.第三代核电技术 AP1000[M].北京:中国电力出版社,2016.

[7] 林诚格.非能动安全先进核电厂 AP1000[M].北京:原子能出版社,2008.

[8] 夏祖讽,王明弹,黄小林,等.百万千瓦级核电厂安全壳结构设计与实验研究[J].核动力工程,2002,23(2):123-129.

[9] 张志强.秦山核电厂安全壳预应力施工[J].建筑技术,1992(6):153-161.

[10] 马泽龙.桃花江核电工程 CV 筒体分段方案的分析[C]//中国核学会 2011 年学术年会,2011.

[11] 卢喜杰,朱洪喜.AP1000 核电机组钢制安全壳底封头施工工艺探讨[J].城市建设理论研究,2012(7):142-147.

[12] 王玉旭,霍亚邦.岭澳核电站二期工程核岛环形吊车安装与管理[J].中国核电,2011(4):325-337.

[13] 陈松涛,高宁,王翰涛.核岛内部环行桥式起重机设计[J].起重运输机械,2011(6):33-37.

[14] 谢永辉.CPR1000 核电站环行起重机的性能特点[J].中国高新技术企业,2013(6):115-116.

[15] 庄延军,王东,梁健.环吊检修拱架对穹顶影响的分析与对策[J].机电工程技术,2012(6):157-160.

[16] 苏晓冰.反应堆厂房环型吊车安装技术与实践[J].山西建筑,2007(22):343-344.

[17] 邱天,罗英,马姝丽,等.反应堆压力容器 60 年设计寿命研究[J].压力容器,2013,30(4):18-22.

[18] 李承亮,张明乾.压水堆核电站反应堆压力容器材料概述[J].材料导报,2008,22(9):65-68.

[19] 尹清辽,何树延,吴莘馨.模块式高温气冷堆采用预应力混凝土压力容器的可行性研究[J].核动力工程,2005,26(1):54-58.

[20] 郭吉林,陈立颖,刘伟.核供热堆钢安全壳及压力容器吊装方法研究[J].核动力工程,2000,21(6):507-510.

[21] 许跃武,高宝宁.AP1000 核电机组反应堆压力容器的安装[J].压力容器,2012,29(1):69-74.

[22] 刘丹玉.吊装施工机具的选择方法[J].城市建设,2010(34):72-73.

［23］ 郭君.核反应堆压力容器的大件运输方案设计［D］.大连:大连海事大学,2003.

［24］ 赵刚.国际航运管理［M］.大连:大连海事大学出版社,2006.

［25］ 安金平,姜国来.浅谈核电机组反应堆压力容器的安装技术［J］.科技与生活,2012 (14):113.

［26］ 陆磐谷.高压法兰螺栓上紧技术的探讨［J］.压力容器,2008,25(3):57-61.

［27］ 薛杨,郎红方.核级压力容器变厚度过渡段连接结构设计与优化［J］.压力容器, 2011,28(1):23-27,39.

［28］ 郑东宏,刘宝勇,陈晶晶,等.AP1000反应堆压力容器安装技术［J］.发电设备,2013, 27(6):401-405.

［29］ 吴显明.CRP1000核电厂蒸汽发生器支撑安装技术的研究［J］.城市建设理论研究, 2012(19):118-130.

［30］ 陈玉祥.核岛主要设备安装［J］.核动力工程,1990,11(2):19-26.

［31］ 陈玉祥.核岛大型设备和堆内构件的吊装［J］.起重运输机械,1992(6):3-7.

［32］ 孙远明,刘恒松.AP1000蒸汽发生器海运技术［J］.起重运输机械,2013(5):63-65.

［33］ 魏俊明,孙良善.AP1000核电机组蒸汽发生器的安装［J］.电力建设,2009,30(11): 87-89.

［34］ 张鹏,高宝宁.AP1000核电机组蒸汽发生器的吊装［J］.电站辅机,2012,33 (3):35-38.

［35］ 武仲斌.田湾核电站蒸汽发生器吊装［C］//2005年建筑业十项新技术"大型设备整体安装技术"讲座与观摩会议论文集,2005:233-240.

［36］ 康健.改进型百万千瓦级核电站核岛主设备:堆内构件［J］.装备机械,2010(4):26-31.

［37］ 吴德民.CPR1000核岛堆内构件安装及调整技术的研究［J］.中国新技术新产品, 2011(21):7-8.

［38］ 苏晓冰.堆内构件安装技术［J］.山西建筑,2007,33(24):137-138.

［39］ 张彩放.压水堆核电厂堆内构件安装加工件控制［J］.中国核电,2010,3(4):323-330.

［40］ 李军建.冷装工艺在堆内构件安装中的应用［J］.科技风,2010(12):237.

［41］ 核电秦山联营有限公司.秦山核电二期工程建设经验汇编(施工卷)［M］.北京:原子能出版社,2004.

［42］ 莫国钧,钱纪生,高胜玉.调试和启动［M］.北京:原子能出版社,2000.